72

新知

文库

XINZHI

An Ocean of Air:
A Natural History
of the Atmosphere

万物的起源

[英]加布里埃尔·沃克 著
蔡承志 译

生活·讀書·新知 三联书店

图书在版编目（CIP）数据

大气：万物的起源／（美）沃克著；蔡承志译．—北京：生活 · 读书 · 新知三联书店，2017.1 （2021.4 重印）
（新知文库）
ISBN 978－7－108－05671－9

Ⅰ. ①大… Ⅱ. ①沃… ②蔡… Ⅲ. ①大气－普及读物 Ⅳ. ① P42-49

中国版本图书馆 CIP 数据核字（2016）第 064056 号

责任编辑 徐国强
装帧设计 陆智昌 刘 洋
责任校对 龚黔兰
责任印制 卢 岳
出版发行 生活 · 讀書 · 新知 三联书店
（北京市东城区美术馆东街 22 号 100010）
网 址 www.sdxjpc.com
经 销 新华书店
图 字 01-2016-8476
印 刷 北京市松源印刷有限公司
版 次 2017 年 1 月北京第 1 版
2021 年 4 月北京第 3 次印刷
开 本 635 毫米 × 965 毫米 1/16 印张 18.5
字 数 218 千字
印 数 13,001－16,000 册
定 价 35.00 元
（印装查询：01064002715；邮购查询：01084010542）

新知文库

出版说明

在今天三联书店的前身——生活书店、读书出版社和新知书店的出版史上，介绍新知识和新观念的图书曾占有很大比重。熟悉三联的读者也都会记得，20世纪80年代后期，我们曾以“新知文库”的名义，出版过一批译介西方现代人文社会科学知识的图书。今年是生活·读书·新知三联书店恢复独立建制20周年，我们再次推出“新知文库”，正是为了接续这一传统。

近半个世纪以来，无论在自然科学方面，还是在人文社会科学方面，知识都在以前所未有的速度更新。涉及自然环境、社会文化等领域的新发现、新探索和新成果层出不穷，并以同样前所未有的深度和广度影响人类的社会和生活。了解这种知识成果的内容，思考其与我们生活的关系，固然是明了社会变迁趋势的必需，但更为重要的，乃是通过知识演进的背景和过程，领悟和体会隐藏其中的理性精神和科学规律。

“新知文库”拟选编一些介绍人文社会科学和自然科学新知识及其如何被发现和传播的图书，陆续出版。希望读者能在愉悦的阅读中获取新知，开阔视野，启迪思维，激发好奇心和想象力。

生活·讀書·新知 三联书店

2006年3月

我装点整片大地。

我是微风，孕育万物披上绿意。

我让繁花盛开，成熟结实。

我凭神灵引领灌注最纯净的溪流。

我是雨，来自露水。

让青草含笑享有生命喜乐。

——宾根的希尔德嘉（Hildegard of Bingen），
12世纪女修道院院长

目　录

前 言

1960年8月16日上午7点

约瑟夫·基廷格（Joseph Kittinger）高悬在美国新墨西哥州上方30多公里的空中。11分钟过去了，他在吊舱里面蓄势待发。那是个开放式吊舱，挂在一颗庞大氦气球底下缓慢旋转。尽管太阳早就升起，周围大气依旧黝黑犹如午夜。遥望下方，地球的弯曲表面朝远方延伸，构成一道弧形地平线，映衬着漆黑的太空，绽现了一圈蓝色的光晕。

这道光圈就是大气，地球拥有的最宝贵的礼物。地球的湛蓝色泽不是得自海洋，而是染自天空。凡是见过那道细腻光晕的宇航员，返航之后都会告诉我们：他们不敢相信，它让地球显得多么娇弱，却又无比美丽。

回到地表，没有了那种超然的视角，大家往往等闲看待我们的大气层。然而，空气是宇宙间最奇妙的物质之一。单凭这道黯淡蓝线，就让地球从荒凉岩块转变为充满生命的世界。而且在地表和要命的太空环境之间，也唯有这道屏障能保护脆弱的地球生灵。

基廷格却越出了大气保护圈。到了太空边际，大气十分稀薄，只要压力服失灵，不消几分钟他就会死亡。首先他的口水会冒泡，接着他的双眼爆出、腹胃肿胀，最后血液也要开始沸腾。尽管他是美国空军的试飞员，经历过种种凶险，然而这样危险的处境却也是有生以来第一遭。

他独自待在吊舱里面，对这种险境了然于胸。他有种奇妙的感受，那里的近真空似乎触摸得到，仿佛有层毒气团团包裹。黑暗的景象令人心惊，他遥望下方云层大幕，却看不穿障壁也完全瞧不见家乡，这更令他不安。他用无线电和地面管制站进行通信联络。他说："我上方的天空很不友善，人类永远不可能征服太空。或许可以到那里居住，但想要征服却是永无指望。"

他拖着脚步走向舱门，身负70公斤重的保命装备、仪器和摄影机，他把靴子略微伸出边缘，在那里站了一会儿。他双脚下方十几厘米处有块标志，上书"世界上最高的阶梯"。他从严密封合的头盔里吸了一口纯氧，说道："求主保佑我。"接着便纵身跃下。

刚开始基廷格并不觉得自己向下坠落，他见得到脚下远方的暴风云涡旋，却看不出云层逐渐接近。由于周围的空气十分稀薄，他听不到声音，感受不到风吹，也毫无其他线索足以显示：他正在人类有史以来最凶险的环境中向下急坠。他在空中摊开四肢，心中涌现几可算是祥和的感受。他飘浮在一片虚无的海上。

尽管那里的环境危险，却仍在保护着他。太空中的无压力情况并非唯一风险，那里还有大半来自太阳的密集辐射，它们不断轰击着。太阳每天都为地球带来光和热，让我们能够生活在这里，但它也同时释放出彩虹频谱致命的那一端——X射线和紫外线。

感谢我们的天空介入干预，这种辐射始终不会抵达地表。基廷格上方约80公里处，少数空气原子稀疏散布，它们发挥警戒哨的功能，负责拦截、吸收那批致命的X射线。那批原子在这个过程中被撕扯击碎，加热到1000摄氏度。它们构成电离层，那层稀薄大气的主导力量是电。那里有巨大的蓝火从雷雨云的顶部向上喷发，从地表却见不到这种上下颠倒的雷霆闪电。来自太空的陨石在这里灰飞烟灭，化为道道灿烂光芒，变成我们口中所说的流星。陨石带来的金属在大气中层层泼洒，从而使电流得以在地球上空四处飞蹿。无线电广播便由这处带电表面反射，朝四面八方弹往全球各处。

再往上看，基廷格上方的空气还要面对更猛烈的攻势，那种打击力量被称为太阳风。来自太阳的带电粒子喷流以极高速度朝地球射来，速度超过每小时160万公里，还趁势劫掠我们的大气，把气层向地球后方推涌，构成一道尾迹，让地球看来就像颗庞大的彗星。

不过在此之前，太阳风必须先通过我们强固无双的精锐防线：地球磁场。磁场拉动罗盘针指向北方，除了这项用途，我们在地表很少注意到它。但其实地球的弯拱磁场影响远播，及于我们头顶几万公里高空，磁场迫使太阳风向四方绕道，就像水流受迫绕过船头；基廷格上方远处，道道磁性防护拱弧会导开太阳风，使地球不致造成伤害。磁场防护十分周密，只有少数粒子会漏网渗入两极空域并与大气对撞，带来舞动的极光，照耀着南北两极。

尽管如此，我们的防护大气几乎全都位于地表上方几公里范围内，而基廷格进行那次划时代的高空纵跃之时，大气也大半位于他的下方。坠落几秒钟后，他踢腿扭身面朝上方，这时就可以见到他那颗白色饱胀的浑圆气球，以极端高速朝暗空直射而去。基廷格知道，这只是个错觉。气球仍然在他跃出的位置缓缓飘浮。其实是他自己以接近声速的速度，由高空向下坠落。

这时基廷格正翻滚穿越地球的另一道重要防护屏障：臭氧层。他的周围散布着一团无形气体云雾，所有溜过电离层的无形紫外线，全在这里被吸收尽净。臭氧是种奇妙的东西。地表附近的闪电和火花塞偶尔都会生成臭氧，它闻起来像电线失火，还会让你气噎。然而在上空高处，臭氧却十分机敏又很容易再生。基廷格周围的臭氧分子受紫外线轰击分裂，接着便重新构组。就像摩西遇见的着火树丛，尽管烈焰不止，却永远不会烧毁。

25000米、20000米，继续往下。压力危机解除，这时就算压力服出现破洞，基廷格的血液也不会沸腾蒸散到空中。不过他还要面对最后一项危机：他已经抵达这次下坠历程的最寒冷阶段，到了那里，温度已经降到零下72摄氏度左右，他的压力服加热装置也成为最重要的元件。

接着就遇上云层和气流，基于种种迹象显示基廷格终于逐渐接近老家了。12000米、10000米，继续往下。他就要下坠到珠穆朗玛峰标高以下了。这时若有喷气式飞机恰好飞经附近空域，就会看到一个身着古怪服装的人，飞蹿过窗口。他早先在吊舱见到的云层，那时遮挡视线让他见不到老家的屏障，现在便急速向他冲过来。尽管他知道云朵只是一群触摸不到的细小水滴，却依旧蜷曲身体，双腿上抬，下意识地预备承受冲击。他触及云朵那一刹那，降落伞同时开启，这时他知道，自己可以活下去了。“4分37秒自由下坠！”他对着语音记录器发话：“哇啊！”

这时基廷格已经安全下坠到大气的最底层：对流层。这里的大气，与其说是一道防护屏障，倒不如说是促成地球转变的契机，这是一层浓密的空气厚毯，还有气流和气候现象，为我们的行星带来生命，也把地球转化为可居之所。基廷格越过了极度干旱的太空，这时云朵在他的面罩上染上片片湿气。空气逐渐浓密，他可以感受到那种拉扯。这时天空已经充满生命，只是他还见不到它们。随风攀升的菌群黏附于云雾微滴，在远离家乡的地方搜寻新的侵染对象。

昆虫一路飘荡前往新的觅食场所，而种子则飘向更肥沃的土壤。

还有，谢天谢地，两架搜救直升机就在附近盘旋。随着地面迅速接近，基廷格持刀奋力切除他的重装备套件以便减轻着陆冲击，然而最后一条管子，却怎么切都切不断，他放弃了，改打开头盔护罩深吸一口新鲜空气。空气涌入他的肺部，氧气跃过细胞膜进入血液细胞，让它们转而呈现带了灿烂生机的血红色泽。（其中有些氧气则着手引发一场旷日持久、从这辈子吸入第一口空气开始便延续不断的狂躁历程。这批无赖分子，还会继续在基廷格脸上留下痕迹，拖累他的身体，持续我们通常所说的老化进程。）

最后，经过了13分40秒的飞行时间，基廷格跌跌撞撞地摔入矮树丛中，着陆地点位于新墨西哥州图拉罗萨（Tularosa）以西约43公里处。医生、地勤人员、后援队伍和媒体记者，纷纷涌出直升机，赶往他着陆的地点。他的面罩开启，对众人露出笑容。他说："我很高兴能回来和大家重逢。"尽管沙漠景致实在称不上苍翠，但在这个曾经超越大气层的人眼中，丝兰和灌木艾却充满生机。后来他还说："我在15分钟之前到了太空边缘，而现在就我看来，自己身处伊甸园。"

美国空军上尉，约瑟夫·基廷格成为坠落地表生还的第一人。这项壮举无人能及，他从太空边陲出发，穿越稀薄空气，进入浓密大气并回返家园，见证了地球的若干非凡特色。太空几乎近得触摸得到。我们头顶区区30多公里以上，就是一片风险四伏的骇人环境，我们到了那里就要被冻僵、烧焦，终至沸腾丧命。然而，我们周遭的大气，却提供那么严密的防护，甚至让我们对那些凶险都懵然无知。这就是基廷格那次飞行带来的信息，也是所有探测地球大气的先驱人物留给我们的启示：我们不只是住在大气中，我们的生命都是拜它所赐。

上篇

和暖覆盖的毯子

地球诞生之时，周围便包覆了一层空气汪洋。就像太阳和太阳系内的其他行星一样，地球也是由一团不定形的气体云雾、尘埃和岩块碎屑，缓慢地塌陷并凝聚而成的。

第一章

一片空气汪洋

将近四百年前，如今我们称为意大利的地区，还分由众多封建领主割据，一场思想革命就在那时艰难成形。传统世界观开始遭受新生代抨击，天启圣命和抽象推理[①]不再是理解世事的金科玉律。当年还没有发明“科学家”（scientist）一词，那群后起之秀自称为“自然哲学家”（natural philosopher）。他们并不端坐空谈万象之所运行，他们起身到现场实地观察。但这恐怕不会是教会（当年的正统学问大本营）所赏识的途径，自然也不见容于身为教会帮办的异端裁判官。那批裁判官和罗马总部有密切往来，对此已是议论纷纷。当时，一位自然哲学家和那群异端裁判官恶言相向，被迫终止了他的天空构造研究。他叫作伽利略 · 伽利莱（Galileo Galilei），我们的故事就从他开始讲起。

罗马密涅瓦女修道院（Convent of Minerva），1633年6月22日

① 这些知识分子宣称他们的方法出自一项希腊传统，这肯定要让第一位实验主义学者亚里士多德感到诧异。

敝人伽利略·伽利莱，70岁，先父为佛罗伦萨人士，名叫温琴扎·伽利莱（Vincenzo Galilei）。敝人奉传讯亲身出庭，跪见诸位最尊贵的枢机主教阁下，对抗全基督徒共和政体异端邪说的全体异端审判官尊驾……经宗教法庭宣称为具有强烈异端之嫌疑，亦言之，即抱持太阳为世界中心且恒定不动，而地球则非中心且运动不止之信念。

因而，为求冰释诸位大人暨全体虔诚基督徒心中对敝人之合理强烈疑虑，乃诚心诚意起誓：敝人弃绝、诅咒、痛恶前述谬误和异端邪说。同时敝人宣誓：将来敝人永不再以言辞或文字来陈述或主张任何或有可能同样启人疑窦，从而诘难敝人之事例。

初揭空气的神秘面纱

伟大的伽利略跪受无耻的逼审，迫不得已而改弦更张，据说最后他起身时，还在喃喃自语："可是地球会动啊！"他心知肚明，不论异端裁判官如何逼他自白，地球依旧会绕日运行。然而，由于他虔信基督，实在不想背弃自己的教会。同时，他也不想步前人后尘，重蹈乔尔丹诺·布鲁诺（Giordano Bruno）的凄惨命运。几十年前，布鲁诺就是抱持相同见解才被公开烧死。伽利略或许是当年全意大利最著名的哲学家，不过他知道，光凭这点还没办法让他逃脱火焚。

而且尽管当时已经70岁，心力衰竭，视力也逐渐减退，他却还不打算就死。他的视力受损，全因长久使用望远镜凝望他亲自发现的奇观所致：太阳表面周期出现的斑点、月球上的坑穴，还有在环木轨道上若隐若现却又明确可辨的卫星群（谁能料到，其他行星竟然自有成群卫星？）加上旁人毫无所悉的恒星群。这时伽利略还能视物，他必须赶在白内障和青光眼终于遮蔽视觉之前，完成最后一项工作，迫不得已只有秘密从事。伽利略早就料到会有这场“审讯”；他在若干时日之前，已经知道自己不能再继续研究天空，于是他历经数年、审慎改弦易辙，将焦点转往地球本身。尽管视觉衰减，他仍改变了世人的眼界，让我们改用不同观点看待世界上最普通不过的物质：空气。

异端裁判官对此一无所知。他们见伽利略撤销前说便心满意足，决定宽宏大量饶他性命，后来更恩准他回到位于佛罗伦萨阿切特里区（Arcetri）的自家别墅。不过裁判官也提醒伽利略，他仍然被视为危险人物，因此要接受软禁处分。除非事先获得教会批准，否则他不得接见任何访客。另外，伽利略平日还必须诵读《圣经·诗篇》来苦修赎罪，以祈求他的灵魂能得永生。

伽利略奉指示回到自家别墅并勤奋苦修。异端裁判官曾令他宣誓，永远不再发表会触怒宗教法庭的论述，不过他并不想奉守诺言。因为他前往阿切特里时，已随身带了一部接近完成的手稿。

早先他等候传唤前往罗马期间，已经根据手稿内容展开几项实验。那时伽利略已经不再运用望远镜，却逐渐迷上物体在空气中的各种运动方式[①]。后来这项研究还成为他的名作。那份手稿记载了好几项发现，更发展出和木星卫星群同等著名的成就。举例来说，伽利略完成一项惊人发现，阐明地球的重力丝毫不理会物体是轻是重，从高塔上投落一颗炮弹和一颗石子，两件物体会在同一刻触及地面[②]。不过在手稿篇幅中，他还记述了另一项发现，尽管较不出

① 见伽利略的《关于两门新科学的对话》。顺便一提，这“两门新科学”其一指的是固体耐受破坏的抗力，其二则是就各种运动形式所作的论述。

② 事实与传说不符，其实他没有在比萨斜塔进行这项演示。

名，然而其重要性却不亚于其他。伽利略测出了空气的重量。

这种想法看似古怪，像空气那般虚无缥缈的东西，怎么可能有丝毫重量？其实地球上的空气始终以强大的力量，向下对我们施压。由于我们习以为常，所以才没有注意到，这就好比龙虾在海床上四处漫步，全然无视上方海水带有千钧重压。或许我们对自己上方的空气汪洋太不重视了，甚至不时还有人形容充满空气的空间为“空无一物”。

回溯伽利略那个时代，有关空气的概念也同样含混不清。多数人都采信亚里士多德在公元前4世纪提出的见解，认为世上万物都由四种元素构成：土、空气、火和水。土和水明显受到重力牵引向下，火显然不含重量，然而空气却是个问题儿童。空气究竟是重得足以被拉到地表呢，还是轻得可以像火焰般飘升，或者完全无视地球重力拉扯，在半空盘旋呢？

伽利略认为空气很重，并开始动手测试他的概念。他所作实验通常都独具创意。首先，他取出一支带密封皮质瓶塞的细颈玻璃瓶，接着在瓶塞插入一根注射器，并连接一具风箱。他用力挤压风箱两三次，瓶中原本就有空气，这下又打入更多空气。接下来，他把玻璃瓶摆上天平，并不断增减最细小沙粒砝码，以最精确做法来测定玻璃瓶的重量，直到他对答案满意为止。接着，他打开瓶塞活门，被压缩的空气马上从容器涌出，同时，瓶子也突然减轻了相当于几颗沙粒的重量。重量减轻肯定是由于空气逃逸所致。

这便证明，空气并不如我们平常所想那般虚无缥缈。但是这时伽利略还想精确知道，多少空气相当于多少颗沙粒。就此他必须思考，该如何测定逃逸空气的重量和体积。

这次他也使用同一支细长颈玻璃瓶，不过他并不在瓶中打入更多空气，而是加入了一些水。当瓶子装了四分之三水量，原有空气便受挤压、局促于原有空间的四分之一角落。伽利略精确测量瓶重，然后打开活门让压缩空气逃逸，接着又测量瓶重，求出有多少空气消失了。就体积而言，原本在他加水的时候，水分占据了原本空气的位置，里头的空气被推挤到一旁，所以逃离瓶子的空气体积，肯定与残留水量完全相等。他只需要倒出水，测量水的体积，于是看哪，他已经求出给定体积空气的重量。

伽利略求得的数值高得令人吃惊：空气的重量似乎相当于等量水重[①]的四百分之一。若是你觉得这没什么大不了，还请斟酌一下。花一点时间设想某特定体积的空气，好比纽约市卡内基音乐厅内“没有东西”的空间。你觉得那么多空气应该有多重？是5公斤呢？或50公斤？说不定还可达到100公斤？

答案约为32000公斤。

空气极重，连伽利略都无法通盘领悟其中意涵。他甚至不曾寻思我们如何能够肩负起那种压垮一切的千钧重担，因为他压根没想到我们上方的空气也是很沉重的，他测出瓶中空气的重量，却认为当空气由瓶中释出、回归自然环境，马上就不再有丝毫重量[②]压在我们身上。伽利略认为，我们的整体大气并不具有推挤力量。这是这位伟人犯下的少数错误之一。

尽管有教会反对，伽利略依旧完成了他的手稿，并公开发表。他在佛罗伦萨、罗马和威尼斯设法说服书商出版作品，结果没有人胆敢违抗异端裁判官，最后伽利略只得把手稿偷运出境，委请荷兰一家印刷厂印制。四年之后，开始有几本作品漏网被携回意大利，那时他已经风烛残年来日无多。每本作品上都印有伽利略刻意写上

---

① 精确地说，他所得数值过高、为实际重量之两倍，不过依然接近得令人惊讶。

② 这种概念最早出自前4世纪的亚里士多德，并一直延续到当时。伽利略生平就这么一次因循守旧，没有自行思考，于是才犯下这项错误。

的违心之论，写道自己多么惊讶，尽管他如此遵从教宗勒令不再出版，但不知为什么他的著作竟然仍找到门路付梓印行。

同时，虽然伽利略误判了我们上空的空气，但他伟大的研究终将发挥影响力，引领两个非常不同的人物发现真相。

空气重量和真空吸力

有两个人恰巧都在1641年10月，也就是伽利略死前几个月来到佛罗伦萨，约略在相同时日抵达。其中一位是33岁的罗马数学家，叫做埃万杰利斯塔·托里拆利（Evangelista Torricelli）。伽利略生前最后三个月期间，便曾与他协力进行研究。

托里拆利早先迷上了伽利略的空气实验，对他“打入瓶中的空气很沉重，处于自然态的空气则全无重量”的观念也深感兴趣。他特别侧重钻研伽利略和意大利热那亚省一位哲学家的旧有争议。那位哲学家叫作乔万尼·巴蒂斯塔·巴利亚尼（Giovanni Battista Baliani），双方曾就运用虹吸管把一处的水运往他处的相关问题僵持不下。虹吸管输运法常需跨越山丘等垂直障碍，这种输水方式和从汽车油箱抽取汽油都遵循相同的原理。长管里装满水，一端伸入池塘或溪流，另一端则拉到山丘另一侧。这样就可以轻松把水输送到远端，而且水流源源不绝，直到你把原来那处池水抽光，或者把管子拉出水面为止。

巴利亚尼注意到，虹吸管似乎有个高度上限，超过这个门槛就不灵了。若是山丘海拔过高，约超过18佛罗伦萨肘（Florentine ell，18肘略超过9米），虹吸管就不再生效，也不会有水涌出来。

他认为沿管道推水前进的力量，就是地球大气的重量。他说，空气不断向下压迫池面，由于空气很沉重，才能够把水向上推进管中。他推论，虹吸管之所以不再运作，是由于就算把大气层整个算进来，其重量都有上限。当高度超过9米，空气对池面的下压力量不够大，无法克服把水拉回下方的重力，于是虹吸管就会失灵。

然而，伽利略并不同意这一点。他无法相信大气本身带有重量，他认定双方争议的作用力不是推力，而是吸力。他说，山丘两侧的水都设法坠回下方并流出水管。然而当水下坠，便在后面管中产生空间。由于那里完全没有任何物质、构成所谓的真空地带，从而产生特殊性质，包括吸引的力量。就是这种力量把水吸过山丘。倘若山丘高于9米，管中的水就太重了，真空吸引不动。

托里拆利认为伽利略错了，也认为大气确实有推力。他决心证明这点。

首先，他构思出如何仿效虹吸作用，而且采用一种比较方便处理的尺度。他不用水，改采水银，水银当时称之为“流银”(quicksilver)，倒不是由于水银能敏捷运动，而是由于水银看来似乎有生命。金属都显得森冷、死寂，水银却不一样，液态水银会自行蜷缩成颗颗明珠，在桌面四处滚窜，跌落地面时还四处泼洒灿烂珠粒。然而，水银和其他金属一样非常沉重。由虹吸管研究结果推断，若是托里拆利采用清水来称量大气的重量，他就必须使用超过9米的长管。既然水银的重量远高于水，管子长度约只需90厘米就够用了。

托里拆利取了一根90厘米的玻璃管①，其中一端封合，在里面装满水银，然后用一指摁住开口。接着，他把管子上下反转置入一盆水银里面，然后小心松开手指。倘若空气没有压力影响，那么水

① 目前还不清楚究竟是谁执行那项名闻后世的实验，不过托里拆利或许是委托和他同在伽利略门下受业的挚友温琴佐·维维亚尼（Vincenzo Viviani）负责制作仪器，并实际动手完成实验。

银就只能屈从重力作用力，一路向下直坠，并从开口溢出管外。不过若是托里拆利对了，那么水银就会停在某个位置上，显示管外空气的重量和水银的重量，就在那点构成压力均势。他权衡水银和水的相对重量，算出水银不会像虹吸管中的水那样停在18肘处，而是停在1.25肘加上一指高度[①]。

结果正是如此。

不过究竟是哪种力量让水银保持在那一个高度呢？是空气的压力吗，或者就如伽利略的观点，肇因于真空的强大吸力？

托里拆利略事改动实验，希望再做一次以便找出答案。他拿两根管子并列在一起。一根是长约90厘米的笔直玻璃管，全管直径相等。另一根大体相同，只除了封合那端带了一个大型玻璃圆球。两根管子里面都装了水银（带玻璃球的那根装的水银量略多），接着上下反转管子，置入同一个盆子里面。

若是伽利略的论点正确，那么一端带圆球的管子就会产生较多空间吸扯水银，从而把水银拉到较高的水平面。不过，若是托里拆利对了，那么两根管中的水银，就会坠落到同一处水平高度。

两根管子里的亮银色水银都沿着管壁下滑，最后停在完全相等的高度，也就是盆中液面以上1.25肘加上一指处。托里拆利对了。不论水银上方的真空范围多大，维持水银向上的力量都保持相等。不是真空吸扯的，是空气推上去的。

这是一项十分高超的见解，点出地球大气时时刻刻对我们产生

---

① 采用水银的念头是谁想出的，如今意见依旧有分歧；这或许是出自托里拆利，也可能是维维亚尼甚至伽利略本人。根据一份伽利略的《对话》抄本，有个段落描述运用抽吸泵抽水能够达到的高度限制，随后隐约指出，伽利略曾向维维亚尼口述几则重点，并记载在书页边缘，大意是，其他液体也应该产生相仿作用，不过抽吸高度要看所用液体的相对重量而有高下之别，而且还明确提及酒、油和流银。

的作用，而我们对此却毫无所悉。当你用吸管喝饮料，或许你会认为，那是你的吸吮力量把饮料吸进口中。其实不然。你吸吮时只是把吸管一端的空气吸走，接着就要仰赖你周围的空气，施加千钧重量把饮料压进你口中。婴儿吸吮母乳之时也有相同现象。婴儿的热切吸吮动作，只是把母亲乳头周围的空气吸走；接着乳房上方的空气便施力挤压乳房，送出母乳并喷进婴儿口中。真空吸尘器也依循相同原理，吸尘管两端的空气原本压力相等，由于一端空气被移除，于是管外的空气就由另一端推着尘埃和残屑进入管中。若是在太空中使用吸尘器，你就吸不到宇宙尘埃，因为管子另一端并没有空气来发挥推挤作用。

托里拆利采玻璃球管进行实验，得愿所偿证明大气有重量。不过，要想说服其他世人，还需要更多佐证才办得到。这道难题，部分要归咎于那项观念和我们的直觉大相径庭。我们实在不觉得，空气有那么沉重。我们四处穿梭走动，丝毫不会注意到沿路存有空气。倘若空气真的以这种巨大力量，不断向下对我们施压，那么我们为什么没有被压垮？（答案是，我们身体的大多数部位都不受压缩，而少数会被压陷的空间，内含空气的压力和体外的气压又正好相等。大气向下对我们施压，我们也以相等力量反压回去。）

结果令人遗憾，这组重大实验的成果，却只能借助口语传闻点滴向外散布。尽管托里拆利对自己的发现深感自豪，他却不敢对外倡言所见。问题出在他研究的内容是“真空”。教会曾就物理学领域颁布了好几项令人遗憾的裁定，其中一项指称真空是种异端思想。

教会之所以切齿痛恨真空，主要肇因于远比基督时代更早的众多哲学家的教诲学说。举亚里士多德为例，他认为就逻辑推论，真空是不可能存在的。在他心目中，空间的意义早有定论，那就是指物体存在的地方。若是空间不含物体，那就不成为空间，也因此不会有真空。然而另一边，德谟克利特（Democritus）和较晚期的卢克莱修（Lucretius）两位唯物派学者，却认为所有物质都由纤小的粒子组成，那种粒子称为原子，彼此由空无一物的空间隔开。

往后21个世纪期间，这项问题并没有多大进展，到了16世纪，天主教会已经决定支持亚里士多德学说。相反的，德谟克利特和卢克莱修把整个宇宙的创世成果，简约概括为原子集结构成的产物，这让精神或灵魂无处倚仗，进而引发若干难解问题，科学上无法解释酒和圣餐薄饼如何转变为血和肉，教会因此诅咒他们的哲理。不幸的是，世上所有关于真空的信念，受此牵连同沦异端。按宗教当局的说法，神谕真空乃不自然现象，空气肯定会即刻涌入，不使真空成形。凡违此论都要面对异端裁判所的严厉斥责。

托里拆利眼见伽利略稍述真相便招致恶果，于是刻意低调行事。他从不公开他的研究成果，唯一例外是一封著名的信函，在1644年6月11日写给他的密友，米开朗基罗·里奇（Michelangelo Ricci）。里奇是个耶稣会会士，然而他也坚定拥戴托里拆利的研究，托里拆利翔实叙述他的实验细节，还在信中附上仪器草图。大体上他只描述实际论据，不过偶尔也流露出他发现的喜悦。他描述我们看不见的空气如何把他的水银推上管中，同时写道："这是多么奇妙啊！"他心怀敬畏地写着，覆盖我们上空或可达80公里高空的空气厚毯，不断挤压底下的地球。于是他就此精简描绘出一幅壮丽图像，他说："我们深潜栖居于一片空气汪洋的底层。"

托里拆利以他的水银实验，如愿以偿地证明了空气的压力作用。然而他对结果极度守密，再加上主流思潮顽强抗拒这项卓越新见，这就意味着至少在一时之间，旧有思想仍然为当世显学。

再现空气的重量

所幸在伽利略垂死之际，还有另一个人来到佛罗伦萨，而且那个人也像托里拆利一样，注定要承续伽利略的衣钵。那个人叫作罗勃特·波义耳（Robert Boyle），他在1641年10月来到佛罗伦萨，当时的他才16岁，还是个学生，对科学也还没有特殊爱好。

波义耳的父亲是爱尔兰极为富裕的贵族。他曾与一位兄弟及家庭教师，车马巡行遍游欧陆，其中一程由日内瓦出发，并在当年夏天来到佛罗伦萨。当年的权贵年轻士绅常不顾天花、鼠疫疫情，甘冒盗匪凶险、周游欧陆来充实履历，而波义耳却有点不同，他是真心希望能够学习。他走到哪里都随身携带书本；他边走边读，翻山越岭手不释卷。他在旅店和客宿的民众争辩哲学和宗教议题，对所见所闻也都精思熟虑，探究其中深意。

抵达佛罗伦萨没多久，波义耳找到一本伽利略的最后著述，读之深受感动。他得知作者就在区区几公里外的自家别墅濒临死亡，如此凄惨命运令他义愤填膺。波义耳在他的日记中，写下那位“伟大观星家”接见来访僧侣的对话内容。僧侣怪他得罪上帝才招致瞎眼惩罚，伽利略素富急智，他答道，至少他“在失明之前得遂所愿，见到了天国，瞻仰了凡人之所未见”。

就波义耳看来，教会也蒙受失明的惩罚。他坚信宗教的宗旨是彰显神工奇迹，不该以沉闷教条蒙蔽神迹。波义耳可不想任人束缚他的信仰。他要穷究世事万象，自行发现真相来荣耀上帝。

然而，伽利略在他心中播下的种子却历经多年风霜，眼看就要逐渐凋萎。波义耳离开佛罗伦萨之后不久，他的故乡爆发叛乱，爱尔兰陷入乱局，而英格兰本身也在此时爆发内战。波义耳花了两年多时光才回到故国，而且还只能来到英格兰，首先回到伦敦姐姐家中，接着又住进斯塔布里奇（Stalbridge）宅邸，那是他父亲在德文郡（Devon）帮他买的一栋朴实的庄园住家。

波义耳在这里度过一段乡绅生活，照讲他应该感到满足，因为当时英格兰已经很少出现动乱，查理一世国王已然被捕，后来应讯受审还被斩首示众。况且这时护国公奥利弗·克伦威尔（Oliver Cromwell）掌握了大权，加上他的"新军"武力，政局大体恢复稳定。这段时日波义耳身居田园、逍遥置身事外，他大可以沉浸士绅消遣，骑马、射击、钓鱼度日。

但是，他晓得他的生活还欠缺某些东西。满脑子念头，眼前却找不到渠道可供抒发所见。波义耳浅尝宗教著述，他接连写了几篇"反思偶得"，寄给他最喜欢的姐姐凯瑟琳·拉内勒弗（Katherine Ranelagh）夫人。这几封信的内容往往包含道德教训，坦白讲，这类描写往往引人生厌。他的灵感常得自生活琐事，好比"见挤奶玉女对牛歌唱感言"和"谈我的西班牙猎犬随我到陌生地方如何审慎预防走丢"等经历，他也因此遭人嘲弄，其实这对他并不公正，波义耳虔诚信教却绝不矫揉造作。他和蔼可亲，还顽强坚守正义，在这方面几乎称得上是无可救药。同时，尽管其宗教情操自然天成，但他终究还只是个20刚出头的小伙子。

几十年后，讽刺作家乔纳森·斯威夫特（Jonathan Swift）也仿效波义耳的"反思"书写讽刺文，成为戏弄波义耳最著名的模仿文之一。当时斯威夫特担任一位朝臣夫人的私人牧师，由于夫人对波义耳的论述神魂颠倒，时时想听人为她朗诵其内容。斯威夫特对此十分懊恼，于是越权偷偷念了一篇非常有趣的文章，标题为《就扫帚竿子虔思心得》："然而你或许会说，扫帚柄象征颠倒屹立的树木；还祈祷，所谓的人，只不过是种颠三倒四的生物……”尽管斯威夫特拿波义耳当笑柄，然而他最著名的小说《格列佛游记》（*Gulliver's Travels*），却大有可能是参酌了波义耳的鲜明想象力，才激发的创作灵感[①]。

波义耳写过一部浪漫小说，内容却富有高度的道德寓意，而且有那么一阵子，他似乎要动用他的求知能力，涉足文艺创作。然而，他对于世事万象的好奇心却扰动他的思绪。他希望从崭新角度，依循伽利略显现给他的观点来探究世界。毕竟，他想做的是实验。

于是，1649年波义耳便在斯塔布里奇宅第建立了一间实验室。他向欧陆订制熔炉，还涉入炼金研究，想把铅转化为金。不过他的几次实验尝试似乎都漫无目标，他有必要和同样渴望借实验来探究自然界的人士往来，单凭独自推敲是没有用的。早先他前往伦敦住在姐姐凯瑟琳家中的时候，就认识许多这样的人物，当时他们已经开始讨论探究自然的最佳方式。他们彼此互访、在成员家中聚会，还自称为“无形学院”（Invisible College），不过波义耳始终称这群人为“无形派”（Invisibles）。（后来伦敦著名的“皇家学会”就是由此初试啼声。直到克伦威尔死亡，君主政体复辟之后学会才正式

---

① 波义耳还有一篇文章，名为《吃牡蛎偶思》，情节纯属虚构，描述两位朋友讨论一种不公正的现象；世人往往把其他国家的习俗当成半开化举止，却未能体察外人是如何看待我们自己的习性。其中一人说：“我们怪罪印度等许多国家，竟然有像野兽那样吃生肉的粗野习俗。然后还说那种劣习，远比我们吃生鱼更为粗鄙。而我们竟然在吃……整只牡蛎，连肠子带粪便通通吃下去。”他的同伴回答表示：“你这番话让我的脑海浮现出你的朋友，波义耳先生的身影。”接着继续描述，波义耳是怎样希望以南太平洋某座岛屿为背景，来创作一篇浪漫小说。那座岛屿采乌托邦理性律法来治理岛民，小说描述，岛上一位原住民前往欧洲，遍历各处之后返家，他满心疑惑，叙述我们自己古怪、荒诞的习俗。尽管斯威夫特始终不曾坦承自己由此受惠，不过这幅景象大有可能为他带来灵感，后来才创作出《格列佛游记》。

成立。）波义耳与这群人士交游讨论，获益良多，也向他心思细密又聪明的姐姐学到许多东西。不过伦敦政局动荡愈甚，他们开始觉得不安，许多人到牛津大学任职，藏身于那所远称不上无形的学院，借校园高墙来保障平安。到了17世纪50年代中期，波义耳决定加入他们的阵营。姐姐帮他向一位药剂师租了几个房间，于是他离开宏伟的庄园宅第，搬进房东家中。

这下子波义耳终于找到了称心的环境。他是世家子弟，但对社会地位却始终不是特别感兴趣。他对声望和钱财也不感兴趣，这辈子曾多次婉拒荣誉推崇和高薪职位。他以典型贤明语调说道，他喜欢“启思”的事情、不喜欢“图利”的工作，也就是说与其靠工作聚财，他宁愿从事启思的工作。于是，他身边终于围绕着一群和他有相同爱好的人物，其中有化学家、数学家、物理学家和医师。这群人士包括理查德·洛厄（Richard Lower）和汤姆·威利斯（Tom Willis），不久之后，这两人合作进行了世界上第一次的输血实验；还有堪称鸿儒硕学的建筑师暨科学艺术通才克里斯托弗·雷恩（Christopher Wren）爵士，牛津似乎充满好学之士，他们渴望做实验自行发现世事的运作方式。

前几年间，波义耳眼观耳闻求知学习，他还没有决定要投入哪个研究领域。同时，托里拆利拿水银做实验的风声，已经逐渐传遍欧洲大陆。当时法国的大半地区都非罗马异端裁判官势力所能企及，那里有位叫作布莱兹·帕斯卡（Blaise Pascal）的哲学家，曾以几根长9米多的玻璃管公开演示造成轰动。他实验时管中装了水和酒，另外还采用托里拆利偏爱的水银，不过效果就没有那么抢眼。他还以不同液体受空气上推所达高度，求出大气的总重数值。他宣布，我们的空气汪洋，总重约为3757513512532770吨，他的结果并没有太过离谱①。

这次实验的消息从法国跨越英吉利海峡传往伦敦，“无形派”欣然采信，还实际动手重作多次。其实波义耳在前往牛津之前就经常去伦敦，也早就见过那项实验，于是这起新闻迅速燃起他的兴趣。后来他写道，空气是理想的研究课题。空气不单是呼吸不可或缺的要素，而且我们的身体内外，日常活动，也是每天都要接触空气。这种既是十分必要又属四处可见的事物，肯定充满迄今犹未引人注意的科学宝藏。然而，托里拆利的实验已从内到外彻底地为人解析，还经常被仿效重作，恐怕没有多少留待波义耳来钻研推展。

马德堡半球的启发

1657年传来几则耸动新闻，德国马德堡（Magdeburg）市长发明了一种唧抽空气的做法，那人名叫奥托·冯·居里克（Otto von Guericke）。他的做法有点简陋，不过他极擅长吸引大众目光，运用他的新式气泵演出精彩的效果。他取两个铜质半球，直径约为50厘米，仔细研磨让两半球边缘完全吻合。他把两个半球合拢，构成一个密合圆球，然后用气泵把球内的空气大半抽光。最后，他调来两队马匹，分别系在两侧半球上，然后要马队拉扯。由于大气施加千钧力道将两半球压在一起，最后动用了32匹马一起使劲出力，才

① 这约等于3750兆吨，低于华生引述的5600兆吨。1648年，帕斯卡也曾说服他的姻亲兄弟，携带流银液盆和玻璃管上高山，以此证明高处空气重量较轻。帕斯卡的姻亲兄弟完成壮举并大有斩获，不过，携带乱糟糟一堆液盆、玻管和流银，手忙脚乱登高，恐怕并不轻松，而且他还得把全副装备，搬上多姆山省海拔约1500米的圆顶山（Puy-de-Dome）顶峰。结果他反复实验，总共做了六次，“一次在坐落于山上的小礼拜堂庇护下进行，一次在室外，一次在掩蔽处所，一次在风中，一次气候不错，还有一次在不时下雨起雾的天候当中”。

扯开两个半球。

波义耳对这项实验着迷不已。他写道："由此可见，外界空气具有强大力量，那种强度比我先前听过的任何实验结果，都更显而易见。"不过这项争议依旧未平息。先前采信空气压力之说的人士，其诠释说法和波义耳相同，然而这种现象还是可以解释为，马德堡半球不是受外部空气重压才紧紧密合，而是球体内部的真空吸力所致。

但是就这个故事来讲，更重要的是冯·居里克发明了一种崭新做法来研究空气。在此之前，要产生真空只有一种笨拙做法，那就是把托里拆利管装满水银，在顶端生成真空。这时却出现一种新式做法，而且肯定可以拿来作为实验用途，这正是波义耳寻寻觅觅的法门。

冯·居里克的空气泵设计，还不够适合用来进行波义耳心目中的实验，因为里面没有多余空间来装设其他仪器，而且不论用来泵什么东西，全都必须在水面下操作。但这至少是个可以拿来改良的起步，波义耳马上雇请英格兰最高明的实验设计师罗勃特·胡克（Robert Hooke）来帮忙设计。

胡克是个驼子，性情暴躁，忧郁成疾，反应机敏但尖辣刻薄，行为举止令人生畏。不过他是个天才。随后不到几年，伦敦失火、市区大半毁于祝融之时，他投入重建工作，在工程、建筑上大展长才，成就只亚于克里斯托弗·雷恩爵士。尽管他刚在牛津完成学业，却已经以创意技能享有盛名。胡克着手设计出符合波义耳一切需求的空气泵。于是他不必仿效托里拆利的做法，手忙脚乱地处理水银和薄壁玻璃管，也不必像冯·居里克那样在水中操作气泵。有了胡克设计的机器，波义耳很快就可以随心所欲地移动空气。

胡克一边埋头工作，外界局势也愈来愈令人忧心。克伦威尔为英格兰带来的稳定局面开始瓦解。连大自然也似乎和他作对。1657—1658年的那个冬季凛冽难熬，打破一切纪录，刺骨低温延续到6月。民众持斋多日，期望能躲过肆虐英国的恶魔。克伦威尔在8月21日病倒，举国屏息待变。十天之后，一场暴风雨吹袭英格兰，风雨狂猛异常，拥护克伦威尔的民众宣称那是神明示警，若有人再诋毁克伦威尔就要受到天谴，而他的政敌则表示，那是恶魔乘风而来，要拘提那个叛逆弑君首谋的灵魂。不论狂风暴雨的真正起因为何，克伦威尔都只有几天好活了，在他死后，紧接着爆发了另一场动乱。

保王党开始鼓吹国王复辟，同时圆颅党人则拥戴克伦威尔的阿斗儿子，高举旗帜集结力量。至于波义耳和胡克，他们在这段时间仍然完全置身事外，安然栖身牛津，按部就班地打造他们的气泵。

但这段日子对波义耳来说可不容易[①]，波义耳罹患瘟热，双眼不适，处境十分艰难。几年之前，他在爱尔兰因坠马染病，久年不愈且身体日虚。过没多久他的视力开始出现问题，有时他简直连仪器都看不清楚。不过他依旧迫切希望做出结果，他称之为“我发誓要借助我们的动力机取得的首要成果”。因为波义耳已经认定托里拆利和冯·居里克的做法正确，而且托里拆利的水银实验，正是得力于空气的重量才能实现。同时他也相信，等到新气泵完成之后，他就可以说服世人认同他的见解。

波义耳的构想是在真空里面，全盘重做托里拆利的实验。已经有人数度尝试这种做法，然而由于没有气泵，过程非常凌乱，进行时要先产生真空，然后把装了水银的玻璃管摆进里面，叠在另一支

① 波义耳成年之后，大半岁月都饱受病痛折磨，不过他采取典型务实的态度来应付。为了保护自己免受寒气侵害，他准备了多款斗篷，可以因应一切气候变动以选择穿戴。他外出之前会参酌一种新发明仪器（称为温变计）的读数，来决定该穿哪件。

管子上。胡克采用冯·居里克的发明，可以大幅简化实验做法。

最后气泵终于完成。胡克设计的仪器包括一个大型玻璃球，颈部带一广口瓶嘴，容积将近28.5升。这可作为气泵的“容器”，也就是实验的执行场所。玻璃球底下连接一根中空黄铜圆筒，长度略超过30厘米，里面有个活塞，活塞外围包覆鞣革并捶打密合。此外还装了一套巧妙的阀门，玻璃球和圆筒都可以开启以导入空气，也可以密封与外界隔绝。只要向下拉动活塞，便可以把空气抽出球外。于是只要适度调节阀门，重复相同程序几次，就可以轻松产生真空状态。

第一步是重做托里拆利的实验。波义耳和胡克采用一根细长的玻璃圆管，长度约90厘米，封合其中一端，然后在里面装填水银。接着，他们按照前例把管子上下颠倒，置入装了半满水银的盒子。结果一如预期，管内水银开始下坠，最后停在75厘米高度。

下一个部分比较细腻。包括盒、管等所有装备全都以细线吊挂，悬垂在玻璃球中央。（玻璃管顶端依旧从容器的长颈突出，不过波义耳拿一个塞子紧紧封合。）结果就玻璃管中的水银而言，情况完全没有两样。水银柱顶依然超出底下盒中的水银液面75厘米①。

这时开始抽出玻璃容器内部的空气。倘若伽利略是对的，这就不会造成任何改变。根据他的说法，把水银撑在高处的唯一力量，就是玻璃管顶密闭空间的真空吸力；不论球外有没有空气，都应该

① 其实这不尽然符合波义耳的预期。托里拆利曾表示，水银高度维持在液面以上66或69厘米处，却非75厘米高处。倘若水银是由大气的重量下压力量撑起，那么为什么会出现这种差异？毕竟，英国和意大利所受下压力量，都是得自同一大气层。是否仪器出了问题，或者，更糟糕的是，理论有误？就这些方面有许多令人忧心的想法，不过，就在波义耳有机会循此略事考量之前，他便发现，问题主要是出在欧洲境内的协调不足，和大气层的行为关系不大。他宽心地指出：“我们英国的英寸，长度略短于外国各地所用数值。”

没有影响。然而，倘若托里拆利和波义耳对了，那么抽走球中的空气就会挪除撑持水银的力量，于是水银应该按理向下坠落。

操作气泵的助理抓住把手，开始用力转柄向下唧动。相当于一个气筒量的空气，被从大玻璃球中抽出来了。同时，水银肯定无误地向下滑坠。转动阀门，归位活塞，再试一次。又有相当于一个气筒量的空气从球体消失，这时，由气泵顶端向上突伸的玻璃管内的水银，也再次向下滑坠一段距离。很快，水银就滑坠到圆球长颈以下，看不见了。原先波义耳贴了一张用来标示高度的记录纸，这时他再也无法在这张纸上标示高度。由于视力很差，看不清楚，他必须透过玻璃球壁仔细端详，才能辨识水银的闪亮液面，看着它在管中随着曲柄每次转动，朝着下方的盒子逐步晃荡滑坠[①]。

这无疑就是波义耳寻寻觅觅的证明，不过为小心起见，他决定尝试逆转程序。他转动阀门让空气回流涌入玻璃球。管中水银马上迅速攀回高处。波义耳让空气涌入球体，向水银面朝下施压，流入的气量愈多，水银管柱就攀升愈高。若是他排除球内空气并减轻压力，排除的空气愈多，水银就滑坠愈甚。水银得以待在高处，肯定是肇因于空气压力。这是再清楚不过了。

然而，争议却还没有平息。这时波义耳被诱入陷阱，竟和他避之唯恐不及的耶稣会会士杠上了。那个人叫作利努斯（Linus），他固执己见，坚信真空不可能存在。利努斯宣称，水银之所以能够悬空吊挂，要归功于他所谓的“缚拉索带”（funiculus）。那是他发明的古怪观念，认为有条奇异的隐形细索悬在水银上方全无一物的空间，就像吊挂傀儡那般把水银挂在半空中。

---

① 水银永远不会一直降到盒内液面水平，因为泵永远没办法抽光所有空气。不论胡克的设计多么精良，一定会出现某些漏洞。但是液面下降幅度相当大，足够让波义耳感到满意，最后还让全世界都信服。

世上第一位科学家

波义耳秉性温和，面对这种荒谬观点依旧礼貌回应。不过，就连他也忍不住表示，那种观念“有点信口开河，有点晦涩难懂，还有点捕风捉影，同时也”——这就是最后一击——“无此必要”。

最后的确凿证据早就找到了，足以证明空气确实有压力，而且朝四面八方施力，这是得自波义耳的另一项气泵实验成果，第31号实验。波义耳执行这项实验的时候，完全省掉整个玻璃球。他只需要气泵本身就够了。

实验观念简单得令人惊叹。首先，开启圆筒（汽缸）顶部的阀门，把活塞由底部直推到顶，填满圆筒不留丝毫间隙，接着关闭筒顶阀门不让其他空气涌入。最后，在活塞底部吊挂重物，设法向下拉动活塞。5公斤、10公斤、15公斤……30公斤，活塞依旧固定不动。直到挂上45公斤重物向下施力，活塞终于开始下坠。

波义耳以这项实验证明自己的观点，这时在圆筒内部，活塞上方完全没有东西，里面没有真空，也没有“缚拉索带”拉住活塞。尽管有这么沉重的重物向下施力拉扯，活塞却依旧保持定位，这个撑持力量肯定是来自外界。那只可能源自环绕我们身边，表面上虚无缥缈、无关紧要，却永远向下挤迫我们、无日或缺的东西，那就是无所不包的空气汪洋。

波义耳在1660年发表他的结果。当时牛津的知识分子多已四散各处。其中许多人都曾支持克伦威尔，如今保王势力重新崛起，他们深恐祸在燃眉。波义耳本人一向稳健保持中立，不过就连他也离开牛津一阵子，迁往一个朋友的乡间住宅，等待初发的政治乱象局势明朗。他在这段时间筹备他的专著，后来书名便定为《关于空气弹性的新物理–力学实验》（*New Experiments Physico-Mechanical Touching the Spring of Air*）。

尽管波义耳擅长多种语言，拉丁文也同样流利，他却选择以浅显易懂的英文著述，这在当年哲学界实属罕见。更奇特的是，他不遵循科学著述的“常规”（以虚构人物对话来论述哲理），却开门见山地直接描述他的仪器，还有每项实验的做法和他所获得的结果。他希望民众清楚地明白他的研究做法，甚而能依法重现他的实验。就此而言，他是世界上第一位真正的科学家[①]。

那本书马上广受欢迎，书中不只证明空气压力还提出更为精辟的见解，难怪要掀起热潮。仅只验证托里拆利已经成就的发现，绝对不会令波义耳心满意足。既然手头掌握了新式气泵，他总要精益求精才行。

波义耳成就了几项新发现，其中一项是空气和水不同，空气似乎有弹力。当他尝试排出玻璃球内的空气，几乎马上就注意到了这点。第一次拉下活塞，在黄铜圆筒内产生真空，接着，（直到这时）才打开通往玻璃球的阀门，空气立刻由球体呼啸涌入圆筒。屋里所有人都听得到那阵声音。若是关闭阀门、清空圆筒，再重复相同程序，这时依然会发出呼啸声响，不过这次涌出玻璃球的空气较少，因此比较不引人注意。接着再尝试一次，这次涌出的空气就更少了。

波义耳推论，空气肯定包含某种会彼此挤压的微粒。当圆球装满空气，那里就像是过于拥挤的房间；一旦阀门开启，微粒便向外

① 他有种令人遗憾的倾向，就是论述往往过于长篇大论。你可以想象他向可怜秘书口述文稿的情景，他的视力太模糊了，没办法亲自动笔书写，然而他脑中却有种种念头奔腾飞蹿，还下定决心不留错误、不使存疑：还有一件事情，再加一件事情，另外我还必须再提一件事情。单独一个句子，所含字数往往远超过一百字。

逸出。然而每当你拉动气泵，残存微粒都随之四散八方——结果就远比先前更不容易离开。

波义耳的见解，和我们如今的想法并不十分相同，他设想空气就像是充满弹性的团团羊毛。如今我们知道，方糖般大小的一团空气，约含有2500万兆颗分子，全都以超音高速四处飞蹿。所有分子不断互撞，每颗每秒50亿次，也就是这种接连不断的钢珠冲撞现象，让空气带了弹性。因此轮胎内部的几十亿颗弹跳分子才能够撑起卡车，也因此空气的重量并不只是向下施压，还朝四面八方产生作用[1]。

波义耳希望验证这种弹性空气是否影响声音知觉，若有影响，那么扮演的角色为何。当时还没有人真正了解声音是以哪种方式传播，不过已经隐约明白，声音知觉和大气有某种关系。

波义耳的空气探险

他决定试做一项细腻实验。他用丝线绑住一支滴答作响的钟，小心挂在大型玻璃球内。那支钟是当年最新款式之一，除了较常见的时针和分针之外，还拥有一根秒针。这样一来，实验者就可以确认钟挂在球体内部之时，是否仍旧保持运作。

刚开始，滴答声响清晰可闻，就算离开球体30厘米也没问题。然而，当气泵开始抽出空气，情况就不同了：滴答声响愈来愈模

① 波义耳还发现了以他姓氏命名的著名定律，该定律称，若是你把任意体积的空气压缩成较小体积，压力便会提高。压缩空气使压力提高，也改变了煮沸水所需温度。珠穆朗玛峰峰顶空气稀薄，约71摄氏度就可以把水煮沸，因此在那里不可能泡出一杯好茶。这就是压力锅背后的基本原理。压力锅是波义耳时代的人——德尼·帕潘（Denis Papin）在1682年发明的。新近才成立的伦敦皇家学会诸位绅士，便曾以一具压力锅来料理晚餐，后来他们写道，结果“让我们兴高采烈，所有人都乐不可支”。

糊。最后，当气泵把能抽的空气都尽量抽走了，波义耳和他那群帮手，便纷纷把耳朵贴上圆球外壁。他们见得到新式秒针继续绕着钟面运行，然而，尽管室内所有人都竖起耳朵，想听出最轻微的嘀嗒声响，却没有人听得到任何声音。空气离开圆球，也随之把传播声音的能力带走。如今我们知道，声音是振动引发的。声音可以借一切能晃动的东西来传播，只要你的耳朵接触到任何振动的事物，就不必靠空气作为中介来传播。不过我们在乎的声音，多半发生在一段距离之外，于是大气便十分重要。地表上一切会发出声音的事物，全都会让周围的空气抖动，而我们整个浓密大气，作用就像一张会产生振动的巨鼓。这张鼓并不是由鼓皮衔接起来，而是由空气的分子世界不断互撞来串联相接。只需花些许力气，你就可以发出声音、传遍整个房间，因为你的喉头震颤时，也会把振动传递给几十亿颗横冲直撞的空气分子，接着这群分子便冲撞相邻的分子。若没有空气，就算一尊大炮贴近你耳旁发射，你也听不到、感觉不到任何东西。（就连爆炸威力也得借助空气传播。炸弹引爆会推动无数空气分子朝你这边飞来，把你打倒在地。）倘若没有空气，地球就会像坟墓般死寂。

接着，波义耳还想知道，空气对飞行究竟有什么影响。人类显然只能在地表活动，然而鸟类和昆虫却能轻轻松松地在空中飞翔。它们是不是就像海中的鱼类，也是借了某种力量，才能在我们上空飘浮？（果真如此，那么为什么我们不能也像它们那样在空中翱翔？）

波义耳动手探究为什么必须有空气才能飞行，他从一只嗡嗡作响的蜜蜂下手。（他原本想用蝴蝶，蝴蝶似乎更仰赖空气，它们完全靠飘荡的气流来飞行，可惜季节不对，天气还太冷，让他有点失望。）他把蜜蜂摆进圆球空腔，靠近球顶吊了一束花朵，用一条丝线挂着。接着他戳刺逗弄那只可怜的生物，让它停上花朵并保持在那个位置。接下来，他开始缓缓地抽出空气。刚开始那只蜜蜂并没有警觉，接着实验猛然终止。那只蜜蜂无助地跌落球壁，丝毫没有办法使用翅膀。等到他设法让空气回流进入球腔，蜜蜂已经死了。

这恐怕不能最后下定义。究竟那只蜜蜂飞不起来，是由于它没有空气，还是因为它闷死了？波义耳再试一次，这次采用的是一只百灵鸟，那只鸟的翅膀被猎人射断，但波义耳写道，除此之外它“非常活泼”。然而一旦百灵进入球腔，随着空气的逐渐流失，不久它也开始萎靡。很快它开始抽搐扭动，猛烈翻滚不可自抑。波义耳的助理仓促地转动气阀让新鲜空气流入，结果这次也太迟了。波义耳写道：“这整起悲剧，在10分钟之内就酿成了。”

波义耳明白，用气泵探究飞行是得不出任何结果了。他的实验对象都半死不活，根本没有机会挥动翅膀。于是他转移注意焦点，改探究呼吸课题。空气对生命为什么这么重要？他感到好奇，倘若让一只动物熟悉密闭空间，它的表现会不会比较好？但是把一只小鼠“摆进这种陷阱，尽管不会伤害它，却把它吓坏了”，结果小鼠也步了鸟儿后尘。

波义耳做实验时一向欢迎外人旁观，这时他却觉得旁边有人碍手碍脚。他用另一只鸟进行一次实验时，由于“某淑女”搭救受试动物，结果只好终止实验。那位女子见鸟儿抽搐便吓坏了，坚决要求波义耳立刻重新导入空气。从此以后，他都在夜间进行比较有争议的实验。

他开始感到好奇，他的动物为什么都面临死亡，是否由于它们呼出某些东西，塞满球体所致。于是他安排让一只小鼠留在密闭容器里面过夜，里面用纸张当床供它睡卧，还有一些乳酪以防它饥饿。然后他把容器摆在火旁确保小鼠不会受冻。隔天早上，那只小鼠不只还活着，而且几乎把乳酪全部吃光。

这整件事情都非常难解。那个时代有众多理论试图解释为什么必须呼吸，却没有一项真正引人注目，这大概不会令人讶异，因为没有一项是对的。波义耳本人比较认同一种概念，他认为我们呼吸是为了冷却肺部，否则肺脏有可能过热。毕竟鱼类等冷血动物并没有肺脏，但就另一方面而言，波义耳也正确猜到，鱼类有可能采取某种方式运用溶于水中的空气。

不只是动物需要空气。波义耳还发现若把火焰摆进圆球，一旦他抽出空气，马上就会摇曳熄灭。他在几次实验中使用灼热煤炭等材料，这时重新导入空气就可以让火焰复燃。不过若是把煤炭摆在里面超过5分钟，火花就会彻底熄灭。波义耳不由得想起，火焰和生命的相同之处。他论述表示："空气一经抽出，灯火也延续不了，几乎就像动物生命那样瞬间即逝。"空气对这两种历程显然都是不可或缺，波义耳对个中原因却毫无头绪。

至少他说明，他已经发现空气具有"弹性"，而这种性能让空气极难移除。每次他操作气泵，残存空气就益发不愿离开球体，波义耳认定这是上帝的恩赐，"这引我们感激反思，想到英明的造物主让空气带有弹性，造就出人类所发现的现象——若要排净动物的生命必需品是非常不容易的事"。

不过，他仍旧努力探究原因。结果他差一点，只差临门一脚就找出答案。他的著述满是合理推测，和目标接近得令人惋惜："我们发现，没有空气就很难让火焰和生命存续，不过短暂时间倒是还好，于是我有时往往要猜测，外界大气里面，有可能遍布某种奇特物质，这种物质有可能得自太阳、星体或其他奇特源头。"还有一次，他说明："我经常猜测，空气中或许具有某种更隐匿的性质或力量，得自它所含的相关成分。"

最后这个论点高瞻远瞩特别精辟。当时还没有人知道空气是不同气体的混合产物，就连气体各具类别的见解也还没有提出。那时认为空气是种“元素”，一种弥漫各处的物质，其本身是不能分割的。这是一道高耸的障碍，必须先克服这项偏见，空气最独特的秘密才会开始展现。

波义耳的气泵有一项问题，倘若空气的威力得自所含个别成分，气泵运作时会把所有东西一并抽走，那么波义耳就永远无法区辨不同成分的作用。他凭借理性思维并结合鲜明想象力已经推展到这个地步，然而下一步终究非他所能企及。最后，他转向研究其他题材。随着视力愈益恶化，他也投入钻研当时几乎一无所知的视力作用和眼疾课题。他始终抱持希望，不放过治疗机会，但他的疗法也愈来愈奇怪，好比研磨粪便成粉并吹进眼中，或用蜂蜜浸泡双眼。昔日他每天能阅读10个小时，这时他却几乎看不清白纸黑字了。

随着眼疾趋于严重，波义耳的健康也不断恶化，他在1691年死亡，享年65岁。波义耳在遗嘱中吩咐，把他的科学藏品遗赠给皇家学会，“祈愿他们和钻研自然真理的其他研究人员，能够心怀诚敬地拿他们的成就来荣耀伟大的自然创世者，并借此造福人类”。

就像伽利略和托里拆利两位前辈一样，波义耳也终生未婚，不过他始终戴着一只神秘的戒指，上镶两颗小钻和一颗祖母绿。他把这只戒指遗赠挚爱的姐姐——凯瑟琳——表示姐姐会明白他的用意。然而，她却在短短一周之前先过世了，秘密也随她湮灭。

不过，空气的秘密并没有消失。17世纪这三位伟大科学家——伽利略、托里拆利和波义耳，其中两人失明，一人畏惧于异端裁判所——彻底改变了我们对周遭世界的看法。他们发现我们住在一片空气汪洋的底部，现在，后人就要发现，这片海洋如何把一团岩块转变为活生生、充满生机的行星。

首先是让波义耳遍寻不着答案、令他深感挫败的问题。空气之灵以某种方式，为动物和火焰带来生机。不过这是怎么办到的呢？

第二章

空气的成分

1774年8月1日

英国维特郡伯伍德府邸（Bowood House），第二代谢尔本（Shelburne）伯爵宅第

约瑟夫·普利斯特利（Joseph Priestley）手持镜缘，小心拿起崭新的取火镜，高高举起对着阳光。玻璃大小如餐盘，宽约30厘米，看起来就像一片不带柄的巨型放大镜。玻璃由一位工艺大师研磨成镜片造型，耗费惊人，共花了他6基尼金币。不过他深信这笔钱应该花得很值。

他的其余装备已经备齐好一段日子，这就是唯一欠缺的组件。现在，他终于能够将阳光聚焦，汇为灼热光束，照射摆在他前面的桌上、已经组装完成的古怪设备，并让光束穿透玻璃、阀门和装满水银的液槽元件。

普利斯特利竟然出现在谢尔本伯爵的乡居处所，他和四周的壮丽景象实在不怎么匹配。当时他41岁，中等身高，体格细瘦。他的头发稀疏，没什么特色，而且他也很少费心依循当时的社交时尚戴

上细心蜷曲、上粉的假发。他身着教士的灰褐色衣物。由于童年曾经染病，导致他的相貌略显消瘦，而且他还长了一双灰眼珠，尽管外观朴实，却散发出一种难以抑制的气息（这在他执行一项实验之时还特别明显），那是种极度兴奋的激情。特别是在这个下午，出现那种兴奋激情更是合情合理。他就快要成就重大发现了，这会让他大大出名，而且比他过去的任何著作、他往后的一切论述，都能带来更响亮的名声。

普利斯特利生性好问。他在信仰虔诚的家庭长大，不过家人并不墨守成规，而且就他来讲，向公认规训提出挑战就像呼吸一样自然。当他年纪大得足以肩起圣职时，他已经问了许多问题，例如针对18世纪掌控英格兰的教会、国家，他也对贵族的顽固、褊狭阶级体系提出质疑。事实上，他就是这样一路质疑，从而放弃了英国圣公宗的许许多多基本信条，结果也遭禁不得进入大学（当时大学只收循规蹈矩奉守圣公宗信条的学生），而且第一次带领集会时表现也不好，结果大体上就这样被开除了。

普利斯特利并不爱挑起纷争，不过他形容自己是“狂怒的自由思想家”。他的行为举止和蔼可亲，讲道风格就像会谈，语调并不激昂。最重要的是，普利斯特利相信理性的力量。他一辈子都心怀喜乐，深信理性辩论才是制胜良方。

结果很少如他所愿。问题在于，神职人员理当身为表率，奉守公认规训，而非试图改变规范。然而就普利斯特利的情况来说，他的态度屡屡让他招致遣散。由于他抱持可耻观点（尽管语调温婉），加上他有种令人讨厌的习性，经常设法改变旁人心意，于是他在一处地方最多只能待上少数年头。他偶尔担任神职人员，有时担任教师，有些时候则当雄辩师，同时还写了许多小册子。到他晚年，总计已经写成150本书籍和小册子，加上一百多篇论文，于是有些当代人士发牢骚，埋怨他的著述速度比读者的阅读速度稍嫌快了一点。

普利斯特利之所以写出这么多文字，部分是为了应对他的拙劣记忆力。有次他为了撰写一本小册子，必须采集犹太人逾越节传统的详细资料。他咨询了好几位作家，把资料浓缩写成速记篇章。后来他一时心不在焉，搞丢了那份文稿。只不过经过两个星期，他却完全忘了先前做过的研究，只好全盘重新再做一次，甚至深入到重制速记笔记部分。第二份笔记完成之后，他意外地发现了第一份并拿来阅读，感觉到“些许恐慌”，表示自己的心智能力已经开始不听使唤了。他进一步深入回忆，察觉之前也发生过相同的事情，从此以后就养成习惯，写下不希望忘记的事项并悉心保管。

对于普利斯特利这样的知识分子，记忆力衰减会带来严重妨碍，不过这或许也是他部分才气的源头，能帮他从崭新的视角来观察世界。他的日子总是活在当下。他和其他头脑冷静的人物不同，旁人必须藏身安静处所才能专心。普利斯特利则可以在任何地方工作。事实上，他最喜爱在壁炉旁边写作，家人环绕身旁，嘈杂欢笑，他不时会停笔闲聊或轻松打趣几句，然后再回头继续工作。

普利斯特利的麻烦多半是急躁轻率惹来的，他很少因循耽搁，而他的一切作为，则完全是受了汹涌好奇心的驱使。他之前已经深入钻研文法结构、哲学史、法学理论和静电，做出精辟成果，有时还引发不安。他表示：“我始终是全心专注于一项课题，直到相关研究能令自己满意为止。”他也是一位不耻下问的热情学者。他是启蒙运动的真正后裔，他想象知识就像波浪，朝四面八方向外传播，还认为这很快就会传遍世界，终结一切伪妄的权威。有一次他还宣布，英国政权“面对区区气泵都有理由颤抖”。他就是以这类宣言引来民众的拥戴。其中一位还写了一首诗，颂扬普利斯特利直言不讳的气度：

真理的拥护者……精怪、辛辣、无畏，

像他发出的阵阵闪电，不受任何规约束缚。

放下戒慎，蔑视艺术，

他坦露心胸，不求防护。

然而，也正是这类声明让他总是与雇主相处不好，到头来，也导致他一蹶不振。

普利斯特利丝毫不怕开始就失误或观念有错误，还详述他的所有错误，以造福于以后要追随他脚步的“实验哲学冒险家”。他也不怕自己犯了错被揪出来。有次他写道：“凡是不愚蠢造作，不僭称自己不具人性弱点者，当事实证明他只是个凡人，便不致心生羞愧。”

新近引他瞩目的题材，正是自然哲学界最新的热门课题。从波义耳死后到现在，过了将近一百年，研究气体（当时称为“空气”）的学问已经开始崭露头角。除了环绕我们周遭、供我们呼吸的寻常“普通空气”之外，似乎还存有好几种“空气”。当时已经发现一种会熄灭烛火的“固定空气”(fixed air)，这种空气得自某些植物和矿物质，条件合宜时就会涌出，而且那时刚发现若干迹象显示另有其他几种空气，包括一种接触了裸露火焰便会爆炸的种类。

这则新闻令人振奋，因为几个世纪以来，自然哲学界全都集中钻研比较碰触得到的物质态，那是液态和固态物质。气体倏忽万变，很难研究，因此在普利斯特利时代之前，没有人注意到气体不止一种。不过，那是许久以前的情况。这时有不少人用玻璃器皿制造出气泡，并动手试探这些新的气体，只是还没有人明白，空气本身便含有不止一种成分。每有蛛丝马迹显示普通空气或许包含不同种微量气体，往往都被归咎于杂质污染所致。大家依然相信，最纯净的普通空气是种单一元素，是完整而不可分割的。

早几年之前，普利斯特利就已经对新的气体感兴趣，当时他住在一家酿造厂隔壁。酿造槽会冒出“固定空气”（如今我们称之为二氧化碳）笼罩槽上空间，集结成令人窒息的雾气，当时他就注意到，若引导这种空气渗入水中，便可以制成一种非常提神的饮料。换句话说，他发明了苏打水。后来他说：“我第一次喝了这种水，感到十分舒泰，我相信，世上从来没有人品尝过这样的水。”最初他只是把气泡导入水中持续一整夜。后来他还用上一具风箱，设计出更高明的技术。他制造这种清新提神的新饮料，请朋友和宾客享用并引为乐事。他完全不知道（或许也毫不在意），他的发明最后会成为全球饮料业[①]的生力军，创造出10亿元的商机。

发现“氧气”

更复杂的空气实验有个难题，那就是所需器材太过昂贵，以褴褛教士、学者的财力实在负担不起，就算才华横溢如普利斯特利也无能为力。然而，他新近获得一位富人的赏识，愿意出资赞助。每当普利斯特利被辞退或努力遭人横加阻挠，他往往会感到气愤，不过怒气很少延续超过一天光景。他乐观地设想总会出现不同情况，

---

① 在普利斯特利的时代，他的新苏打水发明已经成为众所瞩目的焦点，也是众相竞逐的珍品。后来消息更传进海军部耳中。长久以来，海军部不断想方设法对抗坏血病，当时已经熟知，蔬菜中有某种成分能够对抗这种疾病；然而水手历经数月无法取得新鲜食品，在望见陆地、获得新的蔬果补给之前，半数船员都会牙龈出血，疲惫倦怠，终至死亡。由于腐败蔬菜食材也会生成“固定空气”，和发酵作用的产物相同，一位医师据此指出，固着于植物中的空气肯定能预防坏血病。当普利斯特利偶然发现巧妙作法，能够迫使“固定空气”溶入水中，海军部迫切希望深入了解，甚至曾提供一个职位，延揽他随科克船长出航。或许是运气好，至少就这一次，因为他总是抱持异议，结果行前最后一刻被撤销资格。苏打水完全不能治疗坏血病，如今我们知道，治疗的有效成分是维生素C。

结果往往确实如此。最新的资助人是第二代谢尔本伯爵威廉·菲茨莫里斯·佩蒂（William Fitzmaurice Petty）。佩蒂很年轻，长相英俊，最重要的是，他富甲一方，而且对革命之士感同身受不能自拔。两人都同情美洲殖民，认同他们奋力摆脱英国封建君主统治，追求相当程度的独立自治。普利斯特利和本杰明·富兰克林（Benjamin Franklin）是好朋友，同时他的著述还启发杰里米·边沁（Jeremy Bentham）写出名句“最大多数人的最大幸福”，更别提还有其他句子在两年之后纳入美国《独立宣言》，谈到生命权、自由权，以及追求幸福之权。

谢尔本伯爵断定，把普利斯特利带入家中可以增添乐趣，于是延揽他掌理图书室，年薪250英镑。普利斯特利对谢尔本和他的富家奢靡朋友并不怎么赏识。后来他写道：“坦白地讲，我对那种生活方式丝毫不感兴趣”，而且“最高美德和最大幸福，都见于中等阶层生活，不只是这样，连最真诚的礼貌也是如此……就另一方面，高级生活圈的人物比较不能控制他们的感情，也比较容易激动；他们抱持阶级意识，自视高人一等，他们很少放下这种心态”。谢尔本伯爵本身就喜怒无常，加上不时表现一股特权气息，就连同侪都觉得他很难相处。不过，普利斯特利向来不曾感到畏惧，也从不羡慕谢尔本这等人物，反而可怜他们，因为那些人很少考虑到别人。他表示：“就这点来讲，他们实在值得怜悯，这是他们的教育和生活方式造成的，恐怕也无从避免。”

实际上，普利斯特利对他和谢尔本相处的时段善加利用。尽管薪水并不优渥，特别是当时普利斯特利还要养活一家四口，不过总算足敷应用。而且他不必费心盘点藏书，也不必处理家事俗务。只要他偶尔在谢尔本宴客时现身，展现最新构想、获得来宾青睐，那么他就可以随心所欲地进行想做的实验。谢尔本甚至还额外拨款，每年40英镑供他购买设备，就是这样，普利斯特利才终于有钱买到那片梦寐以求的崭新取火镜。

这是普利斯特利一套精致系统的必要元件，他设计、制造这套系统来研究新的空气。他知道，许多固态物质加热时，都会散放出不同空气。问题是该怎样捕获这些空气，不使之散失混入周遭的“普通空气”。为了解决这个问题，普利斯特利发明了一套巧妙的系统，并购入一批玻璃容器。实验时可把某种物质摆进一支玻璃长管底部，这次摆进的是一块红色的固态“水银灰”（mercurius calcinatus，即氧化汞，这是种矿灰，以水银在普通空气中加热可得）。接着他把水银装入管中，随后将管子上下颠倒，置入水银槽中。就像托里拆利实验，管中有部分水银滑坠槽中，并在顶端留下一段空间，里面完全没有空气。普利斯特利实验的唯一不同是，这时管中紧绷的水银弧形液面上头，缓缓漂着一小块红色物品。

现在，普利斯特利只需要为那个团块加热，就可以采集所生成的空气，并拿来研究。因此他才要买下那片新的取火镜。他终于能够聚焦太阳射线，瞄准玻璃容器为水银灰加热，看看会出现什么情况。

水银灰是他随便选定的。普利斯特利的科学方法和他的好奇心，全都是百无禁忌杂乱无章。他向来不是很肯定会出现什么情况。有次实验，他把材料塞进一根枪管，一起放进火中加热。结果产生的气体以高速从束缚空间猛烈冲出，终于引爆整支枪管，炸碎了普利斯特利摆放妥当、用来采集输出气体的玻璃设备。所幸他在最后一刻警觉出了问题，即时跳开爆炸范围。他好奇心大盛，又重做全套实验（包括爆炸部分），不过他多安排了一个容器，仔细摆放以捕获部分爆出的气体。（最后发现，那就是如今我们所称的一氧化二氮，也就是“笑气”）。

如此看来，这次实验风险确实稍微低一点。普利斯特利使用取火镜小心对焦，让光点照射水银灰并静待结果。某种气泡渐渐冒出，缓缓流向他的采集容器。这种简单程序可以生成大量气体，让普利斯特利很开心。不过，这是什么气体呢？

化验新气体时，首要步骤之一就是检测它对烛火有什么影响。普利斯特利做了这项测试，结果让他惊诧不已。那不像固定空气，并没有让烛火立刻熄灭，也不像普通空气，因为烛火没有先稳定燃烧，接着逐渐黯淡。实际上，普利斯特利的烛火冒出光焰，燃起烈火，比他这辈子所见烛光都更灿烂。还有呢，烛火持续燃烧，过了按理早该烧尽的时间，仍在燃烧。

普利斯特利没有想到，他意外找到的空气成分就是为我们带来生命的氧元素①。如今我们知道，任何东西在空气中燃烧时（包括烛火在内），都会消耗周遭的氧气。普利斯特利所称的“普通空气”不是单一元素，他和他那个时代的人都想错了，其实空气是由许多成分组成的，其中的主要成分是氧和氮。氮气很迟钝、不起化学反应，占空气体积几达五分之四，主要只是用来填补空间，氧气才是有用的活性成分，约占有其余五分之一体积。有氧气，蜡烛才能燃烧。一旦氧气耗尽，空气中只剩下不起化学反应的氮气，于是烛火就会熄灭。因此普通空气只能让火焰燃烧一段时间，也因此，普利斯特利的新空气（纯氧），可以让火焰烧得那么旺、那么久，远超过普通空气。

然而在当时，普利斯特利和那个时代的人多半抱持另一种看法。他们认为，蜡烛燃烧时会释出一种奇怪的物质，称为“燃素”。容器中的燃素愈多，蜡烛就愈没办法迫使这类物质混入周围空气；

---

① 普利斯特利并不知道，几年之前有人已经做过这项实验，那位年轻的瑞典药剂师叫作卡尔·舍勒（Carl Scheele）。舍勒生性谦冲自抑，既没有发表自己的发现，也不曾真正尝试解释结果。（他曾写信给法国化学家拉瓦锡，向他提起研究发现，结果拉瓦锡始终没有回信。）不论如何，至今仍有人坚称，舍勒才是“真正”发现氧气的人。

这就像是房间已经很拥挤，但还想再塞进更多人。点燃了蜡烛在普通的空气中燃烧，蜡烛会释放出愈来愈多燃素，最后终于塞满容器，无法再塞进更多了，于是烛火熄灭。

由于这项教条根植于普利斯特利脑中，他怎么也想不通烛火怎么会表现这种行为。他百思不解地进入梦乡，醒来依旧为此烦心，最后断定他的新空气完全不含丝毫燃素。倘若房间刚开始是空的，你就可以稳稳增添人数，并持续一段时间直到挤满为止。照这样看来，普利斯特利推论，若是新空气不含燃素，烛火就可以不断散放那种东西，不至于扼杀自己的火焰。于是普利斯特利为他的发现命名，而尽管他著述很多，选定的名称却不怎么有格调，那个名字很绕口，叫做“去除燃素的空气”(dephlogisticated air)。

普利斯特利马上开始对他的新空气进行实验。他拿新空气与另一种新近发现的气体混合，那种气体叫作“可燃空气”，如今我们称之为氢气。可燃空气和普通空气混合时，很容易点火燃烧，因此起了这个名字。点燃时，你甚至还听得到一声轻柔的轰响。然而，普利斯特利却发现，若是把他的新空气拿来和氢气混合，并插入一根烛火，引发的爆炸会更精彩。这时就不是一阵轻柔轰响，听来还比较像是震耳欲聋的手枪爆响。普利斯特利并不知道，他发现了威力最强大的混合气体，也就是如今我们用来推动火箭的燃料。但他倒是知道，这可以当作很棒的派对花招。他把混合原料装进几支小玻璃瓶，小心安置妥当，摆进口袋随身携带，好用来吓唬朋友和熟人，事实上，只要有人愿意稍歇听他讲话，他都愿意演示。这时他会取出一支瓶子，拔开瓶塞，瓶口靠近火焰，然后注视观众的神情。他说，结果令人心满意足：“凡是见过我做这项实验的人，没有一个不感到吃惊。”

纯氧初体验

他拿他的新空气来测试对生物可能产生的影响，这里举小鼠为例。普利斯特利做实验用上小鼠的时候，总是想方设法让老鼠活命，部分原因是为了节约使用（因为不见得每次都容易逮到它们），部分则是因为同为小小生命、将心比心所致。当他觉得老鼠在他这次所测试的空气里面恐怕没办法存活时，他会先紧抓老鼠尾巴不放，然后才把老鼠推进水中或水银中，接着再往前推入容器里面。随后当它们开始显现痛苦神色时，他就尽快地把它们拉出来。有时他认为空气很可能适于小鼠生活，这时他就为它们搭建搁架，让老鼠离开水面安憩。

根据先前实验，普利斯特利知道，只要烧瓶里面装满普通空气，一只老鼠就可以在里面生存约15分钟，之后才有必要拯救它出来。然而，当他把老鼠摆进新空气中，那只小动物却能继续呼吸达半个小时，然后他才需要轻轻取出老鼠。尽管那只老鼠看来似乎是死了，不过普利斯特利知道，它只不过是冻僵了，摆在火边一阵子之后，它就完全苏醒过来了。

普利斯特利为此深感振奋，于是（基于鲁莽天性）决定亲自尝试吸入那种新的空气。他并不特别担心后果，事实上，他还很喜欢那个想法，就是亲身体验迄今只有老鼠呼吸过的东西。结果比他期望的更好，他说："吸了之后，我感觉自己的胸膛特别轻盈、轻松，而且还延续了一段时间。"他还表示："谁知道呢，说不定不久之后，这种纯净空气还可能成为时髦的奢侈品。"

这又是一项领先时代的独到见解，恐怕就连普利斯特利也想象不到，两百多年之后，从东京、洛杉矶到伦敦，世界各地的时髦酒吧，都提供纯氧来处理从宿醉到头痛的种种症状。

呼吸纯氧肯定感觉很好，却不见得有益健康。普利斯特利本人就注意到，“在这种纯净空气中，蜡烛的火力、生机更旺”，因此里面潜藏警讯。“由于蜡烛在（氧气）里面远比在普通空气里面更快烧光，”他推论表示，“我们也可能，或许可以说是，太快活完，而且待在这种纯净空气里面，动物的力量耗竭得太快。”

他说得对，呼吸纯氧太久是有危险的。在洛杉矶酒吧吸个半小时并不会有任何坏处，不过倘若呼吸纯氧太久，肺部充满血液，几天之后就会死亡。这是基于氧气造福于我们的必要性质，也正是最大的风险所在。我们必须呼吸的氧气，本身就是一个特殊的能量释放者，我们需要氧气的反应性能，以使我们精力充沛活跃度日，然而就算我们呼吸普通空气，即使吸入的是稀释氧，仍然会为身体带来老化的风险。

普利斯特利对他这种新空气的用途还有其他几种想法。比如他曾提议，在屋内规划好摆放瓶子的地方，就可以“减弱多人共处狭窄室内的空气毒性……（并使空气）甜美又有益健康”。不过，他依旧固执己见，认为那种空气和普通空气完全是两类事物。连素富远见的普利斯特利都坚称，“普通的”可呼吸的空气，是最纯净不过的形式。因此他才感到十分困惑，为什么他的新空气，似乎比普通空气更为纯净，也因此他煞费苦心地发明了“去燃素现象”的说辞来解释新空气的种种特性。燃素教条妨碍我们揭露氧气的完整真相，让我们无法领会它对所有人的重要意义。就普利斯特利而言，氧气始终只是种新奇的玩意儿，一种宴会花招，还带有几种潜在商机，可供头脑清晰的创业家采撷开发。要想发现这种空气对地球生命的重大影响，必须仰赖另一个彻底不同的人，那个人做实验时心思冷静，条理井然，和普利斯特利的杂乱无章相映成趣，而且那个人能够毫不迟疑地、乐于采用空前的方式来构思理念。

天之骄子

安托万·拉瓦锡（Antoine Lavoisier）是个很有福气的幸运儿，出身法国富裕中产阶级家庭，又是独子，正逢父亲事业节节高升，因此从婴儿期开始就受人溺爱。拉瓦锡早年丧母，由一位膝下无子的姨妈抚养长大，而且姨妈始终深信，拉瓦锡注定要成为伟人。

拉瓦锡比普利斯特利年轻十岁，生于路易十五执政期间。路易十五滥用特权，腐败堕落，据说还曾公开说道："我死后，管他洪水滔天。"（After me, the deluge.）[①]不过在拉瓦锡童年期间和青年阶段，肯定没有什么迹象可循，看不出不久就要爆发革命和屠杀事件，也看不出这对他的生活会产生何种影响。

事实上，他的家庭似乎是时通运泰。区区几个世代，他的祖先便从邮务派递人员一路攀升，逐渐取得相当程度的社会地位。拉瓦锡的应对进退一向是有板有眼，加上身受良好教养，更是强化了他的这种倾向。在他的成长阶段，家庭极其注重衣着打扮，还特别讲究仪节，严谨依循一套繁复的社会规范。

他11岁进入一所专收权贵子弟的巴黎学校，就连那里，也认为精确是种宝贵的观念。拉瓦锡的数学和科学老师是位著名的天文学家，名叫阿贝·拉卡耶（Abbé La Caille），曾经前往好望角进行天文考察四年，在那里观测到一万颗新的恒星，还为14个星座命名。拉卡耶在回程途中算出这次开销，精准得让许多巴黎人吃吃发笑。他宣布这整次旅程花了9144"里拉"和5"苏"，这就好比读大学四

---

① 也有人认为这段引言出自他最爱的情妇蓬帕杜夫人（Madame de Pompadour）。

年的累加总开销，核算到几分钱那么精确。

不过，拉瓦锡倒是从拉卡耶和其他老师身上学得不少知识。他们没多久就察觉，眼前这名学生具有不凡才气。讲得明白一点，拉瓦锡的人文学科表现不怎么稳当，他始终无法娴熟地运用各种语文；他对艺术的了解，只是欣赏技巧而不是由内而发。不过，他在数学和科学方面的表现却十分出色，加上老师善加鼓舞，更激发了他的天生抱负。他下定决心要成就真正卓绝的发现。他写道：“我很年轻，我渴求荣耀。”他多方涉猎，浅尝地质学、天文学，还有天气奥秘，想找到能让他功成名就的科学领域。

拉瓦锡的家人对他溺爱有加，任凭他表现过度的自信也不加抑制。他年轻时，有一次随同一位姓盖塔尔（Guettard）的地质学家外出旅行进行研究。数周之后，拉瓦锡的父亲提议，他打算在他们返家途中，驾车前往一处小镇和他们会合。好极了，拉瓦锡回答，还要求父亲携带一缸金鱼，因为他们师生俩最近都住在一位女士家中，他要拿金鱼当礼物来答谢那位女士。就此，连溺爱他的父亲都感到震惊，他抗议道，这样一来，沿路都要把鱼缸抱在怀中，马车一路颠簸，水也会左右晃荡。但最后，他还是把金鱼带来了。

拉瓦锡肯定是傲慢自大，不过他做人公道，至少和那个时代的腐败颓风相比还算不错。1767年，他24岁时，动用家族遗产购买恶名昭彰的“租税承包局”的股份，以期能借此累加他的资产。当时法国靠一套非常不公正的课税体系来维持国事运作。官府横征暴敛，连食盐等日常必需品都不放过，农民无力缴税，无奈被放逐到船上当奴隶做苦工抵偿，而富人却不必缴税。当时，食盐和烟草等间接税捐都由一个影子机构经管。这个团体称为“农民总会”(Farmers General)，不过他们本身几乎都不从事农务。事实上，只要向国王缴交规定款项，这个团体就可以随心所欲，任意向倒霉的农人征收高昂的间接税捐。后来伟大的经济学家亚当·斯密（Adam Smith）曾评述："凡视民众血汗为无物，奉王公收益为要务者，才可能赞许这种征税做法。"

拉瓦锡插手租税局赚了大钱，他却憎恶其不公正作为，于是尽他所能矫正最不义的举措。他达成几项成果，其中一项是推动废除"偶蹄税"。这条税则规定，凡犹太人想通过特定区域，都必须支付30块银币才准通行。他还致力依律办事，只要是他经管的事务、在系统容许范围内，都尽量诚实课税。

尽管他不喜欢这套租税体系，部分是基于道德因素，然而至少还有一项让他困扰的起因，那就是课税效能低落至极。某些人税负沉重，几乎活不下去，另有些人却完全不需缴税，任何效能低落的现象都让他感到痛苦。拉瓦锡处理财务十分谨慎和精准，和做科学实验没有两样：他和租税局多数同僚都不同，他记录每笔业务，每"苏"都不放过。

五分之一的普通空气

拉瓦锡的租税局业务几乎占掉他所有的时间，消耗的创意能量却极低微。他依然雄心勃勃，期望不只是赚钱，还能有更辉煌的成就。于是他开始全心钻研，想找出值得他投入的科学题材。他每天早上从6点到9点，晚上从7点到10点都进行研究，此外，每周还腾出整整一天（他称此为快乐日）来从事他最喜爱的活动。

他有一阵子专门研究气象学。几年来每天都测量气压，随后大半生的时间都奉行不辍，不过他在这个学域找不到令人倾心的火花。后来他投入大笔资金做实验，证明钻石可燃，于是拉瓦锡开始寻思，为什么某些物质可燃，另一些却不能燃烧。

他知道盛行当代的燃素说，却不相信那套学理。就当代多数自然哲学家（包括普利斯特利）而言，燃素说是种非常合理的观念。只要观察某种物质燃烧，你很容易就要相信，火焰会把那件物质里面的某种材料释放出来，同时那种材料（燃素）含量愈高的物质，就愈容易燃烧。

然而，拉瓦锡却依然感到困扰，因为许多物质，比如铁，在空气中加热并不会变得更轻，反而变重了。截至当时为止，理论学家都瞎掰答案来解释这道谜题，他们宣称，燃素肯定具有某种反向重量，于是失去燃素会增加重量。拉瓦锡认为这简直就是胡扯。他推论，若有东西燃烧时增加重量，它肯定是吸收了某种东西，而不是释出材料。问题是，吸收了什么东西？

拉瓦锡想找出答案，于是他开始搜罗。研读所有曾经研究过这项课题的自然哲学家的相关论述，包括普利斯特利的著作。拉瓦锡不讲英语，不过他年轻的妻子通晓多种语言，也花了许多时间为丈夫翻译。丈夫对她是恩同再造。她14岁时遇上麻烦，一位50多岁的权贵富人向她求婚，然而在她看来那人就像怪物。拉瓦锡当年28岁，认识她的父亲也喜欢上了她，当机立断和她私奔结婚，拯救她摆脱了凄惨的命运。

拉瓦锡对普利斯特利的研究气度深自感佩。他描述那项研究是“最苦心孤诣又最有趣的作品”。不过，他对普利斯特利的研究作风却十分反感，包括杂乱无章、率性任意地改变题材、几乎不曾考量哪项课题和整体有关联。拉瓦锡表示，普利斯特利的研究成果，“由一些略带关联的实验交织而成，几无丝毫推理介入影响”。

拉瓦锡就在这里找到良机。他知道自己的头脑很好，至少和失序、激昂的普利斯特利同等聪明。而且拉瓦锡还有另一项特点，那就是金融家的冷静头脑和精准习性。结合这些要件，他就可能取得前无古人的成就，不仅可以发现东西燃烧时有何现象，还能找出原因。

婚后不久，拉瓦锡便展开一连串的严谨实验。首先，他验证其他人都已经知道的事实。他细心称量各种物质的重量，比如磷和铅，接着在普通空气中燃烧这类物质，最后称量残留灰烬的重量。结果不出他所料，每次测量都发现——灰烬比刚开始时采用的原料更重。

拉瓦锡的下一项实验要更巧妙得多。他把天平放进一个玻璃罐，里面装满空气，在天平上摆放一些铅，然后把罐子封起来。接着他细心地称量罐子、铅、天平等所有事物的总重。其次，他从外界对铅加热，观察天平逐渐倾斜，显示铅的重量增加了。最后（这就是他聪明之处），他不打开罐子，再次称重。尽管他可以看穿玻璃壁，由罐内天平的倾斜得知，铅的重量已经大幅地增加，然而整个罐子的重量却完全保持不变。不管是什么东西让铅增加重量，肯定都是来自罐子内部。

这额外的重量不太可能得自玻璃壁或天平。最显眼的来源就是空气。不过该如何证明？拉瓦锡推想，若是罐子里的空气有一部分纳入铅中，那么消失的空气肯定会留下空缺，构成等待填补的部分真空。于是他打开罐子封口，结果不待赘言，外界空气急速涌入以填补空缺。接着他又称量容器重量，看新进入的空气有多重。答案：正好就是纳入铅中而消失的空气分量。

由于拉瓦锡的测量做法精确，才得以开始发现各项答案。许多人都曾逐一燃烧各式材料，凌乱地称定重量，据此臆测其中现象。拉瓦锡则以细密的心思和精准的习性，率先统合所有要件，构成了完整的量化成果。铅增加的重量和上头空气失去的分量数值完全相等，因此肯定有部分空气纳入铅中。同时，既然残存空气不再能维持燃烧，遗失的空气（约五分之一）肯定和余下的部分不同。

这是破天荒的大消息。拉瓦锡发现，普通空气显然是其他种种东西的混合体，并不是单一的、不可分割的元素。空气当中，有种占了约五分之一体积的成分，这就是那种威力强大、能够维持物质燃烧并在燃烧过程中与之结合的神秘事物。

不过，拉瓦锡依然不明白，这种物质究竟是什么东西，这令他有挫败感。他可以让它从普通空气中消失，却不能让它重现。铅经过燃烧，一旦吸收了氧气，接下来不管你怎样加热，它都不会再释放出氧气。拉瓦锡拿木炭点火燃烧铅灰和其他矿灰，设法让这类材料释放出“固定空气”，然而他却无法回收当初矿灰从普通空气中吸收的那种气体。他必须先得到进入铅中的空气，才有办法拿来研究，并查出那是什么，然而它依旧顽强不肯现身。

拉瓦锡知道，他必须找出另一种原料，一种经过加热，便能够从空气中吸收那种神秘成分，而且随后还会把它释放出来的原料。铅没有这种性能，硫或锡或其他试过的原料也都不行。他陷入困境，至少在这一瞬间，他是一筹莫展。

关键的水银灰

1774年10月，拉瓦锡听说普利斯特利亲身来到城里。普利斯特利随他的赞助人谢尔本伯爵周游欧洲各国，这一站来到巴黎。普利斯特利对这座都市并不是特别感佩，尽管建筑确实漂亮，但城中部分地区却残存着中世纪的老旧气味。臭气冲天又没有加盖的下水道在各中心区横流（再过几百年，这几处地区就会铺设起条条优雅大道），至于伦敦则已经铺设人行道，让街道更为优美，这里却连一条都没有。普利斯特利是位英国乡绅，这等人物和陌生人往往不相往来，于是他断定，他遇见的许多人，都是“太过自我本位，不容自己对他人表现出丝毫亲善态度，然而这正是礼貌的要件”。

尽管普利斯特利对巴黎人和他们的习性有这些批评（这或许多是由于他的法语平庸所致，和真正的无礼举止关系不大），他在巴黎倒是广受欢迎，成为名人。由于水银灰实验才完成没几个月，消息还没有传开，但他先前针对新空气的研究成果却已传遍欧洲，因此这时已经很有名了。此时此地，拉瓦锡号称法国一流自然哲学家，双方不免要见个面。因此，当年秋天一晚，拉瓦锡伉俪邀请普利斯特利到家里晚餐，常居巴黎的博学之士也大半获邀作陪。当然啦，那晚宴席，普利斯特利以生疏法语，偶尔还由拉瓦锡夫人帮他翻译补述，结结巴巴地向拉瓦锡讲述他的实验。

他讲述自己制作水银灰的方法，说明他把水银摆在空气中燃烧，直到银色液体变成酥脆的红色粉末，接着又解释他如何把这种粉末封进装水银的管中，并以他的宝贝取火镜加热，最后从粉末中喷出一种神秘的新空气，这会让蜡烛烧出灿烂夺目的强光。这简直就像是水银灰把火的精髓捕获在里面。

拉瓦锡大受震慑。难道说这就是他在寻找的原料？普利斯特利走后，他抛开没用的铅和锡，开始研究水银灰。

首先，拉瓦锡取出110多克非常纯净的水银，摆进密闭的玻璃容器，里面还装有约820毫升普通空气。接着加热直到接近沸点，并保持这个情况达12天。最初没有丝毫变化，之后水银的银色表面逐渐出现红色斑点，而且每天都愈见增长。到了第12天结束之时，反应似乎已经达到极限。拉瓦锡失去150毫升空气，得到45颗水银灰。容器中的残存空气不能维持烛火燃烧，而且也不像“固定空气”，并不能让石灰水变得浑浊。这是另一种形式的空气，其存在价值显然只是为了稀释充满生机的活性成分。

拉瓦锡战战兢兢地采集那45个红色颗粒，摆进一支小玻璃瓶中。那支瓶子带了长颈，弯曲环绕本身好几圈，接着伸入一个装满水的钟罩容器里面。现在，他只需把水银灰颗粒加热。在他加热时，水银灰颗粒便释放出先前捕获的空气，冒着气泡向上飘升。最后恰得150毫升飘入上方钟罩。拉瓦锡进行最后一项证明，他把这种空气重新混入第一次实验残留的东西，也就是不能维持燃烧，也不能让石灰水变得浑浊的东西。一混合完成，这种空气马上与普通空气没有两样。烛火在里面正常燃烧；动物愉快地呼吸，维持时段也一如预期。

拉瓦锡发现了那种神奇成分——空气的活性部分。他成功抽出那种成分，用水银捕获、释放，拿来和没有作用的部分再混合，重新生成普通空气。他把一丝不苟的会计系统应用于科学研究，深入钻研火焰核心。这时他已经知道，是哪种东西促成地球上的一切燃烧现象。

不过，该怎样称呼这种东西？普利斯特利称这种新气体为“去除燃素的空气”，拉瓦锡对这个名称十分不以为然。他的实验证明燃烧与否，完全由是否存有这种关键活性成分而定，和燃素则毫无关系。既然这种成分似乎可以被多种酸质捕获，于是他改称之为“oxy-gene”，意思是“酸载的”（acid-born）。

呼吸的本质

拉瓦锡对他这种新气体十分着迷，迫切展开研究。他特别希望深入探究燃烧和呼吸的关系，还有“酸载气”在这两种作用当中可能扮演的角色。就如同普利斯特利一样，拉瓦锡也注意到这两种历程的雷同之处。把烛火摆进装了普通空气的密闭罐中，最后火焰就会哔剥熄灭。把一只活老鼠摆进罐中，过了一会儿，老鼠就再也无法呼吸。按普利斯特利的观点，烛火和老鼠都散出燃素。就拉瓦锡的见解，两者都把“酸载气”耗光。这时，他还想知道，这两种历程相似到什么程度。同一种物质，怎么能维持火焰燃烧，也维持生命存续？

截至当时为止，还没有人真正有条理地钻研呼吸的本质。显然，生物都必须呼吸，食物也能维持生物的生命，两者却同样原因不明。食物进入人体，怎么就像是燃料输入机器里面，这点毫无道理。亚里士多德认为，呼吸的目的是为了冷却血液，这项观点流传久远，甚至到了拉瓦锡时代还十分盛行。其他哲学家则认为，在狭窄空间里呼吸会愈来愈困难，原因是呼吸会降低空气弹性，从而无法充分适度反弹，让肺部膨胀所致。至于这和进食有什么关系，没有人真正明白。

于是拉瓦锡就这样展开实验。这次他一反常态，和一位年轻人合作进行了实验，那位数学奇才叫作皮埃尔-西蒙·拉普拉斯(Pierre-Simon Laplace)。拉普拉斯做出了许多发现，包括一项他后来才构思出的、支配太阳系行为的复杂方程组，然而他在这方面的努力却半途而废，有人说，这是由于他的方程组效能高超，足以说明现有论据，除非完成更多观察否则已无资料可供解释。拉普拉斯这时已颇具名声，号称举世最有才气的数学家。他和拉瓦锡协力合作，设计出一连串实验，以探究呼吸的本质。

他们采用最近才由南美丛林带回来的一种毛茸茸的小型啮齿动物进行实验。拉瓦锡写道，这种“豚鼠”是非常便利的实验对象，因为它们是“温驯、健康的生物，很容易饲养，而且体形够大，有充分的吸气和排气量可供测定”。拉瓦锡已经设计了一种巧妙的设备，用来探究这群豚鼠的“酸载气”消耗量和它们发散的热量之关系。热量是较难测定的项目。早先拉瓦锡决定用融冰来测定热量。他以三个同心圆环组成一个大型密闭圆形舱室。最内环里面安放豚鼠，接着称量冰块并塞进第二个环里，然后在第三个环内填装雪花，以免室温热量让冰块融化。拉瓦锡和拉普拉斯开始监测，首先观察豚鼠休息时有何现象，接着看它们渐渐开始活动的情况。

拉普拉斯按观察所得构思出繁复的方程组，彰显了其中意义，结果和拉瓦锡的预期完全相符。豚鼠活动愈多，“酸载气”消耗愈甚，释出的热量也愈多。拉瓦锡得到明证。他写道：“呼吸是种燃烧过程，虽然进行得非常缓慢，却完全可以和煤炭燃烧现象相提并论。”煤炭为火提供燃料，相同道理，食物的某些衍生物肯定也提供原料，从而生成我们维持生命所需的能量。“酸载气”供应灼热火焰继续燃烧，相同道理，它也肯定能释放贮藏在我们体内某处的能量。

拉瓦锡发现了某种十分重要的现象。火焰确实消耗氧气，并由蜡烛或木料生成能量，而且他也说对了，当我们呼吸，正是消耗氧气来燃烧体内的食物，而且做法大体相同。我们说“燃烧卡路里”的道理就在这里。这看来好像有点危险，不过事实正是如此。普利斯特利曾猜想，由于我们呼吸氧气，日子才能过得这么活跃又生气蓬勃，而这时拉瓦锡也开始证明这点。只是我们也要为此付出沉重代价，因为我们会老化、死亡，这正是氧气造成的。

生命的开端

所有生物都必须呼吸。也就是说，生物必须因应所需，由体内的食物储备来生成能量。就我们而言，我们的储备包括糖、蛋白质和脂肪，安置在体内各处，就像一堆木料等着引火燃烧。每次呼吸都消耗氧气，把部分食物储备转换为能量，供我们运动、保暖，并从事其他一切必要的活动。

不过，生物呼吸并非只靠氧气这一种化学物质不可。地球最早的生命，细菌就是一例。原始菌群只能运用效率低劣的物质，理由很简单：地球在45亿年前形成之初，大气完全不含氧，氧气是在20多亿年之后才在大气中出现，而且完全是由一场十分猛烈却不引人注意的全球污染所致。若非那场空气散逸意外事件，地球上就不会出现体形超过针头的生物。

地球诞生之时，周围包覆了一层空气汪洋。就像太阳和太阳系内的其他行星一样，地球也是由一团不定形的气体云雾、尘埃和岩块碎屑，缓慢塌陷并凝聚而成的。岩块和尘埃把部分空气捕获在彼此间隙，就像砖头之间夹了灰泥，其余气体大半裹绕行星外围，由重力束缚在固定位置①。

这片早期的空气汪洋和今天的大气密度差不多，模样也非常相似。然而，地球表面却由于缺氧而展现迥异风貌。以岩石为例，没有氧气，岩石所含铁质便不生锈，不能产生如今我们所见的红色和赭色的秀美岩块，那时的岩块都呈晦暗的灰色。但是早年的地球却也非无美感可言，天空不时降下含有硫元素的柔黄雨水，最早期的滩岸则闪耀着黄澄澄的黄铁矿石。黄铁矿又称“愚人金”，如今只存于地下深处，安然远离会促成氧化的空气。迄今，没有经验的采矿人，在搜寻真正的金块之时，依然会被那种鲜明色泽蒙蔽。

就我们这类动物而言，那种早期大气令人窒息，动物在那里完全无法生存。不过地球的最早住民，却采取另一种方式释放能量。它们不消耗氧气，却是“呼吸”普利斯特利和那个时代的人士所说的“可燃空气”，也就是呼吸氢气来维生。它们在呼吸过程中生成

① 这圈最早的大气，受一次宇宙撞击波及，大半散逸。那次碰撞生成了月球，而地球火山喷发大量气体，于是大气层重又自内迅速补充。

甲烷，也就是“天然瓦斯”。由于这种呼吸方式完全比不上耗氧的效率，那群生物的体形不可能增长。结果它们就一直维持着最早的样子，以非常渺小的体形延续生命。

情况就是这样，而且若非在距今25亿到35亿年前的某段时期，有种称为蓝绿藻（cyanobacteria）的微生物发明了崭新的化学反应，那种情况还会一直延续至今。这类生物十分纤小，一微滴水量就可含几十亿颗，数量和全球人口相当。况且它们还到处见得到。如今，你可以在排水管、水坑，或其他含水地点找到它们。任何地方只要含水一段时间，它们就会开始呈现那种独有绿色，显示它们正在施展神奇手法。就是这种微生物，学会如何运用太阳的能量来分解水并制造食物，所采用的程序就是我们所称的光合作用。它们就是借由这种作用发散纤小气泡，排出一种废物：氧气。

这就是我们能够呼吸的起因。如今，蓝绿藻和后来采纳它们而发明的绿色植物，共同构成一个庞大企业，扮演着地球的肺脏角色。我们动物呼吸消耗氧气，植物也以同等速率生成氧气回归大气。这简直就像是活生生的植物努力要使地球适于我们居住一样——仿佛大气最重要的成分，就是由生命制造以维系生命。

事实上，从最早出现光合作用生成氧气，随后又过了好几亿年，这种副产品才出现在大气中。刚开始，氧气的生成速率和氧气与地表岩块暨各大洋的反应速率相当。举海洋为例，溶于海水的铁质转变为铁锈并沉落海床，堆成辽阔的铁屑山脉，后来便转变为世界上最大的铁矿。每当你使用不锈钢叉，或驾驶汽车，或许都是受惠于这批远古洒落的铁锈。

氧气极容易起反应。当氧气涉入化学作用，就会释出大量能量，成为生物活动的燃料。所以，空气中出现氧气对演化进程产生了醒目的影响，当大气所含氧气太少，生物还不能运用的时候，只好维持显微体形懒散度日。几十亿年期间，地球表面除了原始黏腻生物[①]之外，什么都没有。

不过时光渐逝，氧气涓滴进入空中，愈积愈多，到了近六亿年前，大气含氧量终于达到一定程度，悄悄溜进门槛，引发了地球史上最精彩的演化变动。巨大的新型生物突然现身，有些身长超过1米，而且它们不只是体形硕大，它们更是前所未见的生物，和先前那种迟钝的黏腻生物有如天壤之别，令人几乎不敢相信。它们有眼睛、牙齿、腿肢和外壳。它们不只拥有一颗细胞，甚至已经懂得以许多细胞来建构身体。它们是世界上最早的动物。

这项演化步骤重要极了，再三强调也不算夸张，几可比拟为家庭工业过渡到工业革命的历程。在此之前，单细胞必须肩负起生命一切所需，举凡进食、排泄、呼吸、繁殖，全都发生在单一纤细囊中，改变之后，这群细胞就能分工合作。其中有些变成臂肢，有些形成毛发、脑髓或骨骼。生物不再受限于针头般大小。此外，它们还有肌肉来推动新式躯体，而这也表示它们终于可以移动。想象日常生活无法移动，再想想突然能动了，这其中有多大差别。新的地球生物可以四处寻觅崭新的食物来源，包括其他的生物。有些能

---

① 当东英格兰大学（University of East Anglia）化学家安迪·沃森（Andy Watson）读到这个部分，义愤填膺地出面替微生物讲话，表示它们完全不“迟钝”。他提出一种出色的观点，这里我完整重述他的讲法：

> 我要指出，细菌或许并不是非常大、非常快，不过从生物地球化学角度观之，它们的创新表现就让动物显得非常迟钝。有些细菌能使用光、有机或无机化学反应来作为能源，有些能利用二氧化碳、碳酸盐或有机碳来作为碳源，有些能在有氧或无氧环境下生存（有些则两种环境皆可），还能耐受从零下1摄氏度到400摄氏度，以及从零到至少1000巴（bar）的压力，它们还执行一切肮脏工作，我们连想都不愿意去想的苦工，若是没有细菌来清理我们动物产出的屎尿秽物，我们眼前所见的地球，只需一眨眼工夫就要消失！

沃森说得自然没错，不过另一种观点依然成立，倘若地表除了微生物之外别无他物，这个世界就会变得索然无味。

追，还有些能逃。它们发展出护身甲胄和攻击武器。它们学会新的技能，展现新的造型和色泽，最后更发展出千变万化的样式，构成如今我们在地球上所见到的生命形式，包括人类在内。

没有人真正明白，最后那次氧含量提升触发了哪种机制，从而演化出动物[①]。有一点倒是很肯定，没有这种机制，就没有复杂的生命。体形硕大的多细胞生物需要大量能量，同时必须有氧气才能生成那么强大的动力。其他呼吸方式全都太过拙劣。我们需要氧气，因为我们需要那种活泼的反应能力。没有氧气，人类永远不会出现。

而这种反应能力本身却带了风险。普利斯特利见到烛火在这种新气体里燃烧得那么炽烈，当时他猜想，呼吸氧气也许就像玩火，我们（我们所有人）每分每秒都如引火焚身。

呼吸的必然代价

每当氧气涉入化学反应都会释出纤小的粒子，这种带负电的粒子称为电子。所有原子和分子都包含这种粒子，而且就像人类，当它们匹配成对的时候最稳定。有些化学实体只包含落单而不受羁绊的单一电子，这种物质称为自由基，这是地球上反应最活泼，也最具有毁灭性的力量之一。自由基会穿过任何挡道的东西，把稳定的配对拆散，从而生成更多自由基，接着新生自由基也起身前行并沿途破坏。举例来说，当你暴露在放射线下就会发生这种情况。辐射伤害的元凶并不是辐射本身，而是借此生成的自由基。

问题是，当我们呼吸氧气，总有若干电子要摆脱羁绊。就算你什么都不做，光是呼吸，你消耗的氧气仍有约2%会逃逸成为自由

---

① 一项可行的解释是，进化是由几次席卷全球的壮阔冰期触发生机的。

基。当你进行激烈运动，比例可能达到10%。根据一项计算结果，单就呼吸一年所造成的潜在损伤，相当于照射一万次胸腔X射线所引发的辐射破坏。

约22亿年前，氧气首次出现在地球上，当时的最早期微生物，肯定有许多种类都要被氧气毒死。那群产生甲烷的生物，突然遭受自由基侵袭，自由基贯穿它们的身体，撕裂重要的化学物质，令它们完全无法应付。那群生物必须找到避难所才能存活。它们生存下来了，如今，它们栖居在湿润、舒适，又能躲过大气刺探触角的地方。因此水田才会散发甲烷，也因此林沼才会产生沼气，还偶尔引燃传奇的鬼魅般摇曳的火焰，也因此动物（包括人类）的肠道会生成天然瓦斯。我们会放屁，就是当初遭受毒害的地球生物后裔造成的，它们现今便藏身于肠道这处不含空气的庇护所。

另外一群生物（我们的远祖类群）则发展出各式复杂对策，来应付氧气最惨烈的荼毒。最显眼的是，我们的身体夙夜不懈，随时能够派出一批称为抗氧化剂的化学物质。我们体内的每颗细胞，分分秒秒都有大规模征战，以期能制止自由基成形，肃清已经成形的自由基，或者当入侵力量势不可当时，便发起细胞自杀行动。虽然如此，我们细胞内的动力来源却终生都在玩火，经年累月下来，这种缓慢流失让我们逐渐耗竭。老年常见疾病（痴呆、癌症和心脏病等），全是由于逃逸的自由基造成损伤，逐渐累积才引发的。吃水果和蔬菜可以帮助我们预防这类疾病，其中一项理由就是，这类食品饱含抗氧化剂，可以帮我们肃清自由基。

基于相同的道理，抽烟会提早触发这类疾病，若不抽烟，疾病不会在那么年轻时就发作。尼古丁本身不是问题，不过它会令人上瘾，从而使你抽更多烟。真正的损伤是烟雾本身造成的，这里面塞满各种化学物质，和氧气起反应之后，就会产生大量自由基，有时候每一口烟，就含有一万兆颗左右。

那么，使用更多的人工抗氧化剂，会不会产生某种作用并抑制老化？看来不会。尽管吃水果和蔬菜的好处很明显，却没有迹象明确显示，服食“抗氧化补充剂”也能带来相同益处。你在本地食品百货卖场的健康食品部门购买这类产品来吃，并不能预防老化。事实上，吃太多盒装抗氧化剂没有帮助，反而可能有害。人体精心演化出严谨对策，来保护我们免受自由基最恶劣作用的影响，因此我们活很久之后才会老化。服食更多抗氧化剂，有可能干扰这种自然机制，这就像是不受管束的外籍兵团，打乱了训练有素部队的作战行动。

氧气会造成损伤，也是人类分为两种性别的原因之一。我们体内的每颗细胞，都拥有一批细小的动力来源，称为线粒体，氧燃烧现象全都发生在这种胞器里面。线粒体是直接面对自由基一切损害的前线部队，因此必须有绝对保障，务使传给下一代时不受老化影响而受损。女性的卵子，在她出生时已经存于体内，而且基本上终其一生都不消耗丝毫能量。卵子的线粒体都以原始状态封存，预备留给孩子使用，因此卵子只静待受精，并不主动搜寻精子。

同时，当男性每次重新制造精子，新生的精子所含线粒体就会老化些许。精子还要消耗大量能量（燃烧氧）四处泳动，寻找静止的卵子。找到之后（这就是聪明之处）精子会立刻抛弃线粒体，像火箭抛弃燃料烧完的分节，所有胚胎再由母亲遗传取得全新的线粒体，于是老化进程只会在胎儿开始形成之后才启动。倘若人类只有一种性别，这种作用就无缘出现。因此男女浪漫恋情的烦忧（和喜悦），其实都是源自于氧气的小小化学作用。

氧气的教训显示，许多令人振奋的好事都有风险伴随而来。我们生龙活虎，精力旺盛，这种生活的各方层面，全都要付出惨痛的代价。为了拥有灵活的头脑、强健的身体和两种性别，也为了运动本身所需的动力，我们必须接受不可逃避的老化和死亡。你吸入的每口氧气，都为你带来值得活下去的万般理由，然而到头来，这却要以付出生命为代价。氧化学作用和人类的核心处境紧密相系。

科学与革命

拉瓦锡并不知道氧气发挥超凡作用，塑造着我们的世界和生活。但他倒是明白，他必须证明，生命最基本、最活泼的成分，便是来自空气。当时他也已经发现，我们呼吸是为了燃烧身体的燃料，这项发现让18世纪的科学家大感意外。截至那个时代，进食和呼吸还被视为完全不相干的活动。于是公正无私的拉瓦锡，由此导出一项令人不快的结论。他写道："只要我们认定呼吸完全是种消耗空气的作用，那么看来贫富便无两样；空气可供所有人使用，而且是免费的。"

然而事情很明显，工作较辛苦的人呼吸较快，这就表示，他们身体的食物也燃烧得更多。他质问："为什么有这样不幸的事实，难道说穷人、以劳力工作的人，不得不竭尽身体所能、投注努力求得温饱，还被迫消耗更多物质，远超过较少需要修补损伤的富人？做个骇人对比，为什么富人能有丰足享受，超出身体所需，而不是让劳苦的人士来享用？"

这个问题提得正是时候。拉瓦锡和拉普拉斯把发现写成专论，投递到皇家科学院（Royal Academy of Sciences），在1789年法国大革命那年发表。软弱的路易十六，继祖父路易十五之后登基为王，由于暴乱冲击，政权已然瓦解。巴士底狱此时已经陷落，巴黎人心思变充满期许。拉瓦锡满心乐观，深信他热爱的法国终于遇上了彻底革新的良机。他写道，人们不应该因为大自然对于富人和穷人天生的不公平，而埋怨大自然。“且让我们改从哲学和人性的进展以寻求倚仗，两者联合起来制定优良的制度，从而全面地平均所得，提高劳动的代价，并保障其公平酬劳；这可以为所有社会阶层，特别是贫困人士带来更丰足的欢乐和幸福。”

在英格兰那边，普利斯特利继续和拉瓦锡通信，针对燃素存在与否的课题争辩不休。不过，他对巴士底狱陷落也同感兴奋。眼见法国政局发展，加上几年前美国独立成功，于是普利斯特利认定世界正面临“人类历史上最惊人又最重要的时期”。他还表示，“我们可以预期，国家偏见和敌意终要消弭，世界和平必然实现，所有国家也都会和善共处”。

但愿他们的政治直觉和科学直觉同等高明！他们除了具备许多共同特性，像是自信、有点不够圆滑、勇敢无畏、对任何表象都不肯照单全收，还拥有强烈的好奇心，从而看出了先前无人知晓的空气性质，此外拉瓦锡和普利斯特利还有一项共同特点：尽管两人都欢欣鼓舞地为法国大革命喝彩，但这场革命却要毁掉两个人的生机。

1791年7月14日，英格兰伯明翰

巴士底狱陷落之后两年，法国大革命爆发两周年纪念日当天，普利斯特利和几位朋友正在筹备庆祝活动。普利斯特利已经不再受雇于谢尔本伯爵。由于他敢言直言，已经开始让伯爵感到难堪，尽管伯爵赏识革命热情，却仍有所保留，而且他明白普利斯特利的直言诽谤，已经开始对他的政治抱负造成危害。于是普利斯特利又一次被迫搬迁，这次是前往伯明翰，住进他姻亲兄弟提供的房子。

他不怎么在意这次改变。谢尔本仍然继续支付抚恤金，其他几

位赞助人也供应他一流的科学设备，让他继续钻研最爱的空气课题。他拥有图书室、著作，身边还有家人和珍贵无比的同伴，即其他同样好奇又坚毅不挠的知识分子：蒸汽机发明人詹姆斯·瓦特（James Watt），查尔斯·达尔文的祖父、曾宣称自己的目标是要“奉科学旗帜来延揽想象力”的伊拉斯谟·达尔文（Erasmus Darwin），还有陶瓷发明家乔赛亚·韦奇伍德（Josiah Wedgwood），他创办了一家著名的瓷器公司，至今仍在英格兰营运。韦奇伍德的女儿嫁给伊拉斯谟的儿子，因此也是查尔斯·达尔文的外祖父。这几位热衷研究的朋友，每月见面一次交换心得，聚会日期选在月圆那天，这样会后才能寻路回家。于是他们称这个团体为“月光社”（Lunar Society），后来却由于他们的观点变得荒诞之极，旁人改称他们为“疯人社”（Lunatics Society）。普利斯特利从这群志同道合的新朋友处得到嘉许和鼓舞，这令他如沐春风，就某方面来讲，这是他此生最快乐的日子。

同时他还比以往更加畅所欲言，传讲引人不快的异议观点。他在当地教会觅得牧师新职，一边从事空气研究，其他时间则撰写如何改良众人心性的文章，日子过得称心如意。尤其是，他对近年来在美国和法国爆发的革命事件感到意气飞扬，他觉得这显示形势开始扭转，理性和才德终将战胜世袭精英主义。

然而，发生在外国的这两起事件，却让英国的统治阶层深自警惕，引发了一股横扫全英的爱国主义热潮。在这种气氛之下，普利斯特利却不知节制，把英国的教会、君主政体和贵族等高层权势体制形容为一种“真菌”，还说他们是寄生虫，严重折损国家元气。他的见解不受伯明翰的忠诚父老赏识，在他们看来，普利斯特利并不想进行理性辩论，反而比较像是叛国谋反。他对墙上“该死的普利斯特利”的涂鸦已经见怪不怪，走在街上也已经习惯后面跟着一群儿童，对他转述肯定是长辈教他们讲的话。这些他都不十分在意，欣然接受，因为他明白这是误解。

然而，他的朋友为纪念法国大革命筹办了一场晚宴，这时谣言开始流传，说是普利斯特利征求英王的项上人头，还威胁要炸毁圣公宗国教教会。民众愤怒难当，当晚稍后就群聚闹事。普利斯特利一反常态的审慎，甚至还不去参加晚宴。当晚他在家里下十五子棋，这时几名年轻人猛敲大门，跑得上气不接下气、结结巴巴地说出消息。一群暴民把举办晚宴的那家旅馆的窗子打破，还纵火焚烧普利斯特利讲道的那家教堂。现在暴民豁出去了，都朝他的房子涌来，要取他性命。

普利斯特利不觉得自己有什么危险，毕竟，有谁会想伤害这样全然无害的人呢？不过他认为留下来有可能让自己陷入不快的处境，于是他同意暂时前往邻居家中。他从容上楼，把几份论文和贵重物品摆在安全的地方，相信歹徒应该不会找到那些东西，然后穿着身上原来的衣服离去。他交代仆人门户全要上锁，若有人抛掷石块就要远离窗户。

普利斯特利的儿子却没那么镇定。他四处奔忙、想尽办法要保住房子，并熄灭所有炉火蜡烛。暴徒在午夜抵达。天气清朗无风，普利斯特利在区区一公里半之外的邻家，听到阵阵叫嚣和诅咒，还有工具破门碎窗的撞击声响。接着就传来家具被砸毁的声音，然后是玻璃碎裂声。普利斯特利愈来愈恐慌，他明白，那群人不只是砸碎玻璃；他们开始破坏他的科学设备。他心爱的实验室有良善设备，在欧洲首屈一指。现在他却只能坐视它们被毁而无计可施。

还有更糟糕的。他们开始找火。他们要把他的图书室烧掉。普利斯特利听到暴徒叫嚣找火，他心痛如绞。起先还寻不着，后来有人高呼，悬赏整整2基尼金币征求烛火。普利斯特利想起他的日记，过去四十年来，他几乎每天都记日记，逐日记载他的心态、他的期望，还有他来年的目标和前景。他想起许多笔记本，里面写了他的阅读心得，几乎从他最早懂得构思见解便记载至今。他的图书室还藏有他所写的一切布道词、他打算在死后发表的传略论述，还有他从挚友和外国饱学之士那里收到的所有信函。

他还想起他的藏书。他阅读时总是手持铅笔，画记标示他想再次阅读的段落，或者他觉得有用，可供往后深入钻研的部分。他还在书末空白页面编写目录，罗列这些段落。他的图书室，他珍贵的实验室，不只藏有书本还包含他的辛勤心血，以及阅读评述心得。这一切只能任凭那群正在劫掠他住宅的暴徒处置，最后命运就看他们是否找得到火。

接着，不知道从哪里，用了什么办法，他们找到火了。起初只是一点橘色光芒，随后开始稳定燃烧，映红半天。火光炽烈，丝毫不亚于普利斯特利第一次把蜡烛插入“去除燃素的空气”时，令他心醉神迷的那阵亮丽烛火。当初让他成名的氧气，这时却为火光提供大量能源，烧毁他说明氧气秘密的全部记载。炽热瓦砾四处洒落，他的曲颈瓶、烧杯和实验容器烧得只剩残破碎瓷，全被灰烬盖住，连他率先用来发现氧气，并向世人发表所得的巨型取火镜也被付之一炬。所有东西都被烧得精光。

在这漫长的一夜，普利斯特利不断构思下一篇布道词，打算在聚会所废墟上传讲经文：“父啊，赦免他们。因为他们所做的，他们不晓得。”然而，当他感受到暴徒的强烈怒气时，便明白想做理性讨论是全无指望了。新消息接二连三，危机迫在眉睫，他不胜其扰，四处奔逃借宿，先到伦敦，最后还离乡前往美国。他在那里很安全，家人也平安无虞。不过他已经60多岁了，终生作品也大半成为过往云烟，化为灰烬。

在劫难逃

拉瓦锡在法国也遇上麻烦。他没有什么理由要害怕大革命；事实上他还喝彩认可。尽管他极为富裕，本人却不属贵族，而且长年以来他总是指陈治国愚蠢举措，哀叹国家独厚特权，批评他口中所说的毫无价值的世袭精英。几个月前，国民议会废止租税承包局的课税合约，这时拉瓦锡已经赚进大笔财富，他没有必要、也不想继续在那里工作。事实上，他面对的问题（至少刚开始时），多半出自一种责任感，觉得有必要把能量投入到试行社会改革中去。

拉瓦锡身为法国教育水平最高、思想最先进的人士之一，他觉得自己理应奉献所有时间为全民服务。他成为政府首席财务顾问，为纷乱不清的国家财政引进一套高效率的簿记体系。他制定国家农工大计，还估算贵族人数，完成当代一位人士所说的“十分爱国的计算”，证明贵族只占全部人口的3%。投入这些活动之余，他已经没有时间来探究他脑中的众多科学构想，并遗憾自己心爱的实验室受到冷落。

而拉瓦锡眼前还有更严重的问题，那就是他的宿敌，让-保罗·马拉（Jean-Paul Marat）。马拉一生经历坎坷，满怀抱负却始终没有完全实现。他受雇担任一位声名狼藉的皇室贵族阿图瓦伯爵（Comte d’Artois）的医官，时时目睹富人所享的特权，却因无缘亲身体验而沮丧。在科学上也是如此，马拉竭尽心思想在科学界闯出名号，而且几年之前，还一度向法国皇家学院投递一篇专论。他在文章中主张，烛火在密闭空间会熄灭，理由是空气受热膨胀，终于将火焰闷熄。当时拉瓦锡是皇家学院的重要人物，他对这篇论文不屑一顾。所述不只有误，更糟糕的是失之轻率。拉瓦锡做什么事情都务求精确，自然回绝马拉的专论，还亲自交代，当马拉完成研究写出结果，不准向学院提请认可。

马拉始终没忘记这件事。到了这时，大革命爆发不过数年，巴黎穷人的生活还没有多大改变，马拉已经成为平民的代言人。他终于掌握权势，也看出报复的机会来了。他开始谴责拉瓦锡是“豪强地霸之子”。他集中火力抨击拉瓦锡最不受欢迎的举措之一。拉瓦锡在租税承包局任职期间，曾下令搭盖城墙圈绕巴黎。这和他的心态相符，也令人想起他的空气科学实验，做法极端有效，可以封锁全城、精确登录所有进出品项，妥当算出税额。马拉批评这项措施，高明点出其中的讽刺之处。他宣称，为世界带来氧气的人，建了这道城墙，也阻断了城市的空气给养。

拉瓦锡没有看出其中危机。他没有设法逃离巴黎，只是静待激情平息，也没有出面答辩马拉的愚蠢指控。世界一向待他不薄。理性和科学论述始终更胜一筹，拉瓦锡看不出有哪种因素会改变这种态势。然而，就像普利斯特利一样，拉瓦锡也是在理性暂时失控的时候，全心仰仗理性。因为革命形势已经自行其是，在这段新兴恐怖时期，一阵耳语就能酿出大祸。于是拉瓦锡愕然被抓，随同许多前租税承包人员，连罪名为何都不明白，一起被关进监狱。

他们在1794年5月8日接受审讯。起诉书在前一晚被分送给每位犯人，然而光线太暗，囚室又不准点蜡烛，他们无法阅读荒唐捏造的指控。奉派为拉瓦锡辩护的律师并没有出庭，其实纵然他出席了，恐怕事情也不会有什么差别。那位法官叫作皮埃尔–安德烈·考费那尔（Pierre-André Coffinhal），那人以行为残暴和装模作样著称。他曾经审讯一位西洋剑大师，判处他极刑，据闻决议宣布之后他还说：“好吧，老斗鸡，这一剑看你躲不躲得过。”他在庭上雄辩高谈，不让拉瓦锡宣读他细心写好的辩词，也不许友人和支持者为他声援。他怂恿陪审团喧哗嘲笑被告的一切发言。诉讼进行半途，几位前租税局承包人意外脱身；他们暗中求情，请托得人，也寻着了对象在最后一分钟获得暂缓处置。没有人为拉瓦锡说情。他的审讯从头到尾都被马拉的阴影笼罩。最后的裁决徒具形式。他和其他租税承包人都被判共谋违抗共和国有罪，当处极刑。拉瓦锡最后诉请暂缓行刑，让他完成部分对人类有极大价值的科学研究，法官以一句话驳回，如今这句话已经成为名言："共和国不需要学者。维护正义势在必行。"

辩论时间到此结束。拉瓦锡马上被带进一间休息室，他的双手反绑，颈背头发也被剪掉。接着他就和其他死刑犯一起被塞进两轮货车，载往不远处的共和国广场。拉瓦锡是第四名被处决的囚犯，前一位受刑人是他的岳父。整段程序约只花了一分钟：抬脚走上断头台，头靠在木块上，静听刀子振动声，等它回升，准备开始下坠。刀子下坠瞬间，拉瓦锡最后一次深吸一口气，这是维生不可或缺，后来还让他成名的空气。拉瓦锡的朋友和同辈思想家、天文学者约瑟夫–路易斯 · 拉格朗日（Joseph-Louis Lagrange）听到这个消息后说："他们在短短一瞬间就砍下了他的头，然而再过一百年，也未必再有这样的头脑出现。"

丰富的空气

氧气是空气中最活泼的成分，不过，普利斯特利和拉瓦锡在进行实验期间，也无心插柳地分离出大气的另一种主要成分：氮。当"酸载气"完全耗尽，留下的就是具有稀释功能的氮气，体积约占大气的五分之四[1]。后来还发现，氮对维持地球生命有多项重大功能。氮是我们身体蛋白质的基础建材之一，因此我们都必须摄食“固氮”蔬菜，这类蔬菜能够从空气中直接吸收氮气。不过，氮的重要功能还不仅于此。

普利斯特利说得对，倘若大气只包含氧气，我们就会“太快活完”。若没有氮，地球大半地区都会自发起火、爆成一团烈焰，而迟钝的氮可以稀释氧含量，还能拯救人类，以免我们吸一口气会获得太多氧，就这点来讲，我们都该心怀感激。普利斯特利曾说过：“道德学家会说，有怎样的人类，大自然就给我们怎样的空气。”

我们呼吸的空气，绝大多数都是由氧和氮两种元素组成。不过，空气中还包含着另一种物质，对我们的生命也同等重要。我们需要氧气来燃烧燃料，然而我们的燃料却是得自其他来源。这个来源便是另一种气体，由于它在大气中只占微小数量，因此多年以来，其重要性都为人轻忽。然而，地球上的食物，一点一滴全都得自这种气体。

---

① 约从此时开始，其他许多化学家都注意到氮，不过，实际“发现”那种元素的功劳，却往往归于一位名叫丹尼尔·卢瑟福（Daniel Rutherford）的苏格兰年轻化学家，他在先前几年便分离出氮气。

第三章

二氧化碳、生命和气候

为所有人提供食物的气体发现于18世纪早期，比普利斯特利和拉瓦锡发现另一种气体（氧气）的时间早了几十年。这种气体由一位温和的苏格兰天才鉴定出成分，他曾两次造出这种气体，第一次是随性为之，几乎可说是种意外成果。

> 1754年1月，爱丁堡
>
> 我确实很想写完并赶上最后一批邮件，然而在这时候，我恰好专注于其他事物，就忘记这件事了。实际上，我正在试做一项实验自娱，我进行时，把一些白垩和硫酸摆进大型玻璃圆筒底部，混合在一起；强烈沸腾生成一种蒸气，还由玻璃筒顶端涌出，扑灭立在左近的一支烛火；点燃纸张放进里面，结果火焰就像浸入水中一般熄灭了：然而气味并不难闻……

与世无争的科学家

当约瑟夫·布莱克（Joseph Black）写信给他的前任家庭教师，

心中完全没有想到他的奇怪新“蒸气”将变得多么重要。他偶尔抽空研究，自得其乐，同时还有更重要的工作待办，他要预备论文，还要研究该如何改进疗法，为患者治愈各种疾病。布莱克正在接受医师训练，而且他对这项专业十分认真。

所有人都喜欢布莱克，据说他从来不曾失去朋友，有时候甚至好得太夸张了。有次他把所有资金全部投入一家金融商号，后来那家商号陷入困境，害他损失了四分之三的存款。但早在那家机构破产之前一年多，他就知道会出问题，却克制自己不去提领现金，只因为怕会令对方难堪。

他十分自信却不张扬，待人和蔼可亲，好奇心则强烈得不可救药。他爱好实验，不只是希望发现新药物，也想检视自然万物如何运作。布莱克有个特色，在当时和现今的学术界或许都可算独一无二：他与世无争。尽管他终生完成多不胜数的实验，却几乎连一项都没有发表。他不想当第一人，也不想出名。他只想“知道”。

布莱克还喜欢教学。到了职业生涯后期，他成为格拉斯哥大学（Glasgow University）的解剖学教授，把大半精力花在备课上，结果极受学生欢迎。他不表现激情，只柔声细语温和地展现热情，他的听众也恭敬地保持肃穆，安静得连后排都听得到他的轻柔语调。布莱克的最大特色是沉稳；他可以高举一支烧杯，安然地把杯内硫酸倒入细细瘦瘦的玻璃管中。的确，不论他用酸、粉、染料和火焰来演示哪种实验，实作时手从来不曾发抖。

布莱克终生未婚，不过他特别爱慕爱丁堡的仕女。他谨慎斟酌，严格分配时间和精神与她们交往，其中尤以心思较为活跃的女性特别讨他欢心。他最亲昵的朋友也都是终生不结婚的单身汉，而且就如波义耳善交良朋益友一样，布莱克和这群朋友往来也是获益良多。这些人显赫得令人生畏，集结了当代苏格兰的博学之人，因此伦敦一位著名史学家撰文写道："我一向抱持最诚挚的敬意仰望这座岛屿的北方地区，我们辽阔首都的品位和哲学，似乎已经在烟尘和忙乱当中退居他方。"

哲学家大卫·休谟（David Hume）、现代经济学之父亚当·斯密，还有地质学的奠基人詹姆斯·赫顿（James Hutton）和布莱克同在爱丁堡。伦敦的自然哲学家严守古风，继续钻研星体，与此同时，新产业的核心人士则已经开始采取另一个走向。就像前辈伽利略一样，他们也想转移焦点。别管天空了，他们提出己见。请问我们"这里"有什么？

布莱克的这几位著名朋友也和他同样和蔼可亲。他们四人组成一个团体，每周聚会讨论，称为"牡蛎会社"（Oyster Club），并开放供所有对艺术或科学感兴趣的爱丁堡居民参与，来访旅客也一律欢迎。聚会采取非正式谈话形式，也没有哪个创办人令人生畏或冷漠待人。有人评论指出，这四个朋友令人感到轻松愉快，他们很健谈又乐意聆听，而且"他们真挚的友谊，从来不曾因为忌妒而失去光彩"。

然而，布莱克却由于身体虚弱、时时受到病痛折磨，生命光彩大打折扣；他被迫放慢研究步调，而且经常为此感到沮丧。他只要连续几天奋力求知就会咳出血来，同时还偶尔在回给父亲的信中表示他的处境"太过凄惨"，以解释自己为什么失败。到了晚年，他的身体日益虚弱，靠小心运动和愈来愈寒酸的饮食延续生命。最后在他死时，膝盖上依然稳稳地摆了一杯牛奶，"仿佛，"日后一位朋友写道，"有必要以实验向朋友显示他消逝的本领。"他一滴都没有洒出。

布莱克几乎可说是无心插柳，意外地投入了空气的研究。他是个彻头彻尾的医疗人员，当时正钻研疗法来处理一种会引发剧痛的疾病。那种疾病荼毒17世纪民众，时至今日依旧不断肆虐：膀胱结石。对此，如今已经有十分人道的疗法，然而17世纪并没有消毒设备，也没有麻醉剂，因此在当年动手术具有致命风险。有些比较间接的疗法，施行时要把苛性（腐蚀性）物质注入膀胱，这当然有助于溶化结石，却也会溶解其他大量组织，到头来往往引发更剧烈的疼痛，令患者的身体比之前更为虚弱，危害反而甚于治疗的效果。

两种疗法都令人却步，患者只得转求各种光怪陆离的配方。英国首相罗勃特·沃波尔（Robert Walpole）爵士把自己的结石病痛公告周知，后来他服用一位名叫乔安娜·斯蒂芬斯（Joanna Stephens）的太太的单方，觉得病情有所好转，于是他担保支付5000英镑以作报酬，要求斯蒂芬斯公开秘方。1739年6月19日，斯蒂芬斯太太在《伦敦公报》（*London Gazette*）上公开配方，她表示这帖单方成分如下：

> 一份药粉、一份煎剂和几颗药丸。药粉成分为锻烧成灰的蛋壳和蜗牛。煎剂制法为：取若干草药加水煎煮（还需添入一种球丸，成分含肥皂和猪水芹，煮至焦黑，添蜂蜜制成）。药丸成分含煅烧蜗牛、野生胡萝卜子、牛蒡子、梣豆荚、玫瑰和山楂，都烧至焦黑，添加肥皂和蜂蜜。

布莱克对这种秘方不屑一顾，他想找出比较有科学根据的疗法。他决定从一种粉末着手，这种粉末以泻盐制成，称为“白色的氧化镁”（magnesia alba），其天然矿物称方镁石，布莱克知道方镁石具微苛性，可发挥医药用途。他曾开方镁石处方给患者，比如“一位体形十分丰满的活跃女士，结果这让她通便了十次”，于是他总结道：“这种盐味虽淡，却似乎强过其他泻剂。”

他的构想是促使方镁石生成足以溶解结石的新产品，因此必须具备充分苛性，却又不能太强，以使引发的不适情况轻于一般疗法的副作用。他决定试对方镁石加热，然后把成品调水混合，这就是制造苛性药物的正规做法。他摆了约28克方镁石进坩埚，以大火加热达足以熔化铜料的高温。结果令他大吃一惊，他发现烧出的白色粉末温和至极，完全不含苛性，调水混合也看不出效果，而且添入酸剂时连气泡都不冒。这绝对不能用来治疗结石。

布莱克生性谨慎，实验过后称量样本重量，结果发现最后成品重为11.53克，约只相当于原有重量的42%。他深感不解。他的样本里面或许含有些许水分，但却远远不能解释严重减损的重量。其他的方镁石到哪里去了？

这次尝试失败了，他没有发展出结石疗法。但是布莱克并没有灰心丧气，他把沮丧摆在一旁，决心查出原因。事情很明显，方镁石失去的水量无法解释大部分的重量变化，除非将空气纳入考量范围。于是这让布莱克想起一位教士的研究，那个人在将近三十年前出版了一本书，谈到他用蔬菜完成的几项奇怪实验。

固体中的空气

斯蒂芬·黑尔斯（Stephen Hales）做事单刀直入，简直到了头脑简单的地步。他的讲道手法完全仰仗烈焰、硫黄和诅咒。讲得明白一点，他常训诫基督徒有责任慷慨捐输、济助贫困，甚至经常监察教区民众，检视他们是否有“失序”或“散漫”的举止。他禁止骂脏话，还严词告诫不准喝杜松子酒和白兰地等烈酒，不过他本人倒是爱喝葡萄酒，也通融低阶层民众饮用苹果酒和麦酒。尽管黑尔斯厌恶烈酒的主因是他深信饮酒伤身，不过另一点也惹他不快，那就是烈酒容易让人失德犯纪。于是他以颇富诗意的警语要民众当心

“这种火辣烈酒的淘气销魂作用”。他抱持着传统的苦修观念，教区里有些不幸的民众被抓到罪证确凿的通奸证据，他们奉命光脚站在教堂外面，身披白布，手持白杖，一直站到应答祈祷之前才被领入室内聆听布道，并由旁人为他们祈祷。

尽管黑尔斯每逢周日都对他的教众高谈阔论，但其他日子的大半时间却都投身另一项爱好，那就是“科学”。当初他鹄候教区职缺之时，曾在剑桥大学待了将近十三年，那时伟大的艾萨克·牛顿爵士还住在校内，黑尔斯就在那时对科学产生了兴趣。如今，他在伦敦附近的特丁顿（Teddington）教区，花了大半时间查究万象，像个好奇的学童般试探和解析事理。他觉得从事宗教和科学这两项活动并没有冲突。事实上，就像波义耳一样，他也认定认识这世界运行愈深，自己就愈能全心信仰。他表示：“当我们思忖造物之工，眼中所见令人怡然，这世界有那么繁多的样式和变化，又是那么美丽而有用，彼此还能相依相属。”

事实上，唯一的矛盾来自他的动物实验。举例来说，他曾经拿人体血液循环来和乔木树汁循环相比较，期间他采用不幸的狗、马和鹿，完成了几项阴森的实验，最后他认定，再这样下去自己身为神职人员肯定不太合适，于是这才停手。他写信给另一位牧师，表示由于照这个实验方向再进行下去，一定还要杀死几百只动物，“我想我们这行的人，完全不适合再深入研究”。

黑尔斯不再拿神所创造的动物伙伴来解剖，他决定拿手边所有的天然材料来加热，而且全都是无生命物质。他试过猪血、鹿角、豆类、烟草、丁香油、蜂蜡，甚至从人体胆囊取出的结石。就在这时，他的随机实验突然变得非常重要。因为黑尔斯发现，当你加热这些物质，所有东西都散出空气。

当年的科学家对此深感讶异，就像见到阿拉丁神灯变出一个精灵。液体沸腾时当然会转变为蒸气，水就是一例。不过，像空气这般虚无缥缈的东西，怎么会被捕获在固体里面？更何况，这里面还含有许许多多的东西。

黑尔斯在1727年出版了一本书，书名为《蔬菜静态学》（*Vegetable Staticks*），内容写道：

> 从一小块栎树的木心生成216倍体积的空气。现在把216立方英寸的空气压缩到1立方英寸空间，若使之维持就会构成弹性状态，这种压力会作用在……立方体的六面，强度等于19860磅，这种压力足以让栎木发生剧烈爆炸。

黑尔斯并不笨，他也注意到栎树一般并不会毫无预警地径自爆炸，于是他断定，那些释放出的空气，原先肯定是借助某种方式固定于特定地点。黑尔斯想象，他的“固定空气”是由强力互斥的粒子群所组成的。他认为在某些状况下，这种粒子会被束缚在固态物体里面，遇到其他情况才又释出。

然而，黑尔斯只关心空气怎样固定下来，以及后来如何恢复弹性，他完全不知道究竟是发生了什么，气体才由固体中意外涌现，也没想到这些“空气”可能具有不同性质。

“固定空气”

生性稳健又心思细腻的布莱克比黑尔斯更有条件想出其中的道理。他从黑尔斯的作品中得到启示，寻思他的方镁石是否由于丧失若干“固定空气”才改变性质。至少那就可以解释，为何会失去这么多重量。再者，布莱克并不认为所有空气全都一样、只是弹性高低有别，他料想黑尔斯的“固定空气”或许具有独特性质，还可能和常见的普通空气十分不同。又或许这种空气具有的特性足以解释方镁石为什么失去苛性，还在空气丧失之后变得如此温和。

布莱克完全没有设法捕捉方镁石逸出的气体，他采用了和方镁石有关的苛性物质：大理石。他拿1立方英寸大理石来加热，当然了，结果生成大量“固定空气”，足够填满一个6加仑的容器。

现在，布莱克掌握了若干“固定空气”样本可供运用，他决心判定其性质和普通空气是否确实不同。他设计的检定实验相当复杂，却也十分巧妙。布莱克知道，石灰水（取石灰或钙溶于水中即成）具有固定空气亲和性。他断定石灰水中的石灰肯定会吸收空气，这正是方镁石和大理石释出空气的逆向反应。他也知道，水中始终溶有若干数量的普通空气，因此鱼类在水中才能呼吸，也因此一锅水在沸腾之前许久，会先冒出细小气泡。

于是他寻思，溶于石灰水中的普通空气陷入了怎样的处境？倘若普通空气和“固定空气”是完全相同的东西，那么石灰水中的普通空气就会被石灰吸收得干干净净，丝毫不会残留水中。布莱克明白他只需要做一件事，那就是核对石灰水和等量普通水中溶解的普通空气量。倘若双方所含数量相等，那么石灰吸收的空气肯定是彻底不同，同时也表示他的新空气确实特别。

布莱克需要一台气泵才能让理念付诸实现，结果情况令人泄气，爱丁堡唯一的气泵坏了，而且任凭布莱克好言相求，希望尽快动手修理，那位慢条斯理、脾气暴躁的技师都不为所动。布莱克火了，写信到格拉斯哥给他的前任家庭教师，要求他动用那里的气泵，还巨细靡遗地说明石灰水的制法和处理方式。他的家庭教师很快安排推动了实验。当消息送达，石灰水和普通水各约110克，被置放于格拉斯哥新气泵的接收器底下。当气泵开始抽气，两个玻璃瓶分别冒出气泡，且释出的气量几乎一模一样。

布莱克很高兴。“由此明显可知，”他在论文中写道，“生石灰所吸取的空气，和混入水中的空气属于不同类别……生石灰并不吸收最常见形式的空气，而只能与某一遍布大气各处[①]的特定种类结合。”为了纪念黑尔斯，布莱克决定称这种非凡的新种类为“固定空气”。如今我们称之为二氧化碳。

在科学史上，这个看似无关紧要的时间点却影响深远。因为这是史上第一次有人证明气体不止一种，也因为这项发现，后人称布莱克为“现代化学之父”。拉瓦锡、普利斯特利和他们那个时代的人，全都自诩为布莱克的门徒。拉瓦锡平常并不轻易称颂他人成就，然而连他都写信给布莱克，表达对他研究成果的高度景仰。

这是历史性的一刻，气体的本质就在此时为人所知。布莱克生性好奇，他决定暂时放下关于膀胱结石的研究，钻研“固定空气”的行为方式。他记得自己在一月期间向家庭教师描述的老实验；当然了，在白垩上添加酸液会生成同一种“固定空气”，正是从大理石冒出的那种。布莱克也发现，只需要在一般空气中燃烧木炭，就可以制出这种空气。而且一如前例，尽管“固定空气”“并不难闻”却会扑灭烛火，而且动物在里面无法呼吸，活不下去。

布莱克还注意到，“固定空气”会随着我们呼出的气息排出。不过他困惑不解，首先，这种空气在我们体内能有什么作用？他写道：“毫无疑问，这种空气和我们所有的身体部位确实广泛结合，发挥许多重大用途。且在这种空气的作用明朗化之前，不该假设人类不需要它，因为我们甚至不知道无此空气会带来何等不便。”

---

① 他必须发表论文才有资格得到学位。幸好如此，否则以他迟疑不肯发表作品的脾性，我们恐怕不可能得知这项划时代的实验。

结果发现那种“不便”就是，没有这种空气，我们和地球上的其他生物，多半都要饿死。

布莱克始终不明白他发现的这种空气，在我们的生命中扮演何等重大角色。但是，后人很快就体认到它的重要性。拉瓦锡完成了呼吸实验，由此了解人或其他动物呼吸消耗的氧气愈多。他们生成的“固定空气”便愈多。他推论，我们燃烧碳基食物的手法，和蜡烛燃烧碳基蜡质的方式大体相同，背后的原理也相同，两者都是为了释出能量。而在氧气中燃烧碳基物质，生成的气体正是二氧化碳。

动物和植物的秘密协约

同时普利斯特利还看出，“固定空气”和氧气相互影响似乎与植物有某种关系。他知道老鼠在密闭容器里面，最后总会变得无法呼吸；他还发现在那个容器里摆进一株植物，可以无限期地防止空气染上毒性。植物和老鼠似乎能顺心合作，协力保持空气新鲜。

这不仅仅只是种好玩的现象而已，后代科学家已经发现这是我们所认识地球生命的基本要素。世界上存在着二氧化碳以及它与氧气的关系，就是全世界动、植物间的协约基础。

我们动物吸收氧气以燃烧食物，并排出废物二氧化碳。植物反其道而行之。它们吸取二氧化碳来制造食物并生成氧气，而氧气就是它们的废弃产物。（植物和人类一样必须呼吸，才能释放出它吸收的营养所含的能量。它们也消耗本身生成的氧气，约用掉四分之一，其他的则留给我们。）所以，这地球上存在一项协约，让两类生物都能存活——植物吸收我们的废料，我们则吸收它们的废料。空气是活生生的呼吸媒介，让这种交流永续不绝。

这项协约的植物那方，就是地球所有食物生产的基础。对于人类而言，这种作用是在17世纪中期初露端倪的，当时荷兰有位炼金术士完成了一项很稀奇的实验，那个人叫作海耳蒙特（Jan Baptista van Helmont）。原本他是想要知道植物是由什么东西构成的，更明确来讲，制造植物的成分是从哪里来的。于是他取来土壤摆进火炉小心烘干，然后拿一个大花盆，填入90公斤重的干土。接着他在花盆里面种了一棵柳树幼苗，树重约2.3公斤。然后在花盆边缘上面，安放一块满是孔穴的金属板，圈绕柳树的树干摆好，这样就不会有尘土从空中落入里面。海耳蒙特做事坚毅不懈。他投入实验整整五年，浇水、观察、等待。到最后，他得到一棵高耸的柳树，重约“76公斤740克”。

那么，那棵树是从哪里来的？首先要检定的是花盆中的土壤。海耳蒙特挖出土壤烘干并称量土重。减损的重量只有57克。

这看来并不会令人意外。毕竟，凡是种过室内植物的人都知道，就算你不在盆中添加土壤，植物还是会快乐成长。不过就那个例子而言，柳树的枝、干、叶片是什么东西造成的？

海耳蒙特猜错了。他只在花盆里添水，于是他欣然宣布，树材肯定是得自水分。（他的逻辑推论不怎么高明，对其他事情也是如此。他有许多奇怪念头，其中一项是，他深信生物可以从最古怪的成分自发出现。他甚至还发表了一份制造老鼠的配方，原料是脏内衣和小麦：“只要你把一件汗水脏污的内衣，和若干小麦一起塞进广口瓶中，约过了21天，臭味就会改变，内衣生成的酵素就会渗入小麦外壳，把小麦变成老鼠。”）

这里有个问题，他根本没有注意到柳树周围还有其他东西，而且是制造植物的绝佳原料来源——难以捉摸的空气。海耳蒙特那棵柳树的实心树根和枝、干、叶片，全都得自周围空气所含的二氧化碳[1]。植物吸收二氧化碳，同时也吸入空气，转为成长所需的能量，最后还辗转进入我们的肚子。

植物以繁复的连锁反应完成这种作用，不过整个结果却很单纯。它们运用太阳的能量来分解二氧化碳，把它转变为我们食物的碳基分子原料。这种活动的规模令人不敢相信。每年，绿色植物把二氧化碳转变为1000亿吨的植物。为完成这项作业，植物必须消耗高达300兆卡的太阳能，相当于地表所有机械能量消耗总量的30倍。就连我们吃的动物，有些也是以植物作为食物而获得蛋白质和脂肪。我们大气中的二氧化碳，是地表所有植物、动物和人类的根本粮食。

树木和植物从我们的空气汪洋中取得养分，就如海中摇曳的藻叶从海水获得滋养。还有当我们呼吸，我们也正是把植物制造的食物和它们生成的氧气重新结合，再次重复这整套程序。这种均势并不理想，结果却是件好事。如今我们能从大气中呼吸到氧气，唯一的理由就是，植物把它们制造的东西保存若干比例，不让动物用来呼吸并转换回二氧化碳。那个比例很小，只占植物生产制品的0.01%，不过这也代表，它们制造的氧气也有相当比例得以自由地飘入空中。过了几十亿年，这已经在大气中累积到足敷我们生存的数量。

甚至还有部分研究人员认为，植物和动物的协约还比较像是一场战斗。过去某段时间，植物曾经取得上风。例如，距今略超过四亿年前，植物发现如何制造木质素，也就是转变为树木木质部分的坚硬物质。动物界没有任何种类有本领消化这种崭新的怪原料，于

---

① 海耳蒙特的所述部分正确，因为若干水分转为树液，并让新芽硬挺生长。不过，所有固体材料则全都来自空气。

是木料便原封不动地保存下来，也不纳入呼吸过程——结果进入大气的二氧化碳数量便略微有所减少。

后来动物界出现两位好手：白蚁和恐龙（吃植物的类群）。两类动物都学会了消化木质素，于是二氧化碳含量再次回升。最后，也就是恐龙灭绝阶段，植物学会了如何滋长出辽阔的草原，于是均势再次倾斜。

这件事情影响所及，远超过植物的尊严一事。结果证实干扰大气所含二氧化碳的数量会造成严重的后果，除了提供我们食物之外，二氧化碳还扮演着另一个角色，而且影响深远，它们决定了地球是否适于生命的存活。

大胆登山家

发现这个现象的人叫作约翰·丁铎尔（John Tyndall）。丁铎尔是位活跃的爱尔兰物理学家，19世纪中期在伦敦超级热门的皇家学会当教授。

丁铎尔这种人物在皇家学会如鱼得水，他可以在地下实验室区进行研究，然后在上层的著名演讲厅讲授科学。科学早就是伦敦最热门的娱乐活动之一。学会演讲引来大批听众，马车川流不息，为了解决交通壅塞问题，阿尔比马尔街（Albemarle Street）只准单向通行，成为英国第一条单行道。而且，不光是科学家涌入皇家学会并在不舒服的木质长凳就座，来听讲的人还包括诗人、政治家、知识分子和贵族，实际上就是伦敦上流社会的多数成员。

丁铎尔极爱发表演讲。大概是因为他很迟才进入研究界，近30岁才开始接受高等教育，他迫不及待地要向世人转告他的发现。他比较重视和人分享自己的求知热情，反而没那么看重教育。他精心安排演讲，严谨得一如筹办百老汇戏剧，而且始终兢兢业业，尽力确保演讲成功。有一天，丁铎尔正在预备讲稿，不小心把一件设备撞下桌面，还好他俯身接住，没有跌落地面。他觉得这样一来效果很棒，于是花了好几个小时练习。当晚他果然“出了意外”，重复这个花招，博得满堂喝彩。

他的努力得到回报。每当丁铎尔传出要发表演讲的消息，总是全场爆满。这种盛况不只出现在皇家学会，丁铎尔在皇家采矿学校（Royal School of Mines）对文盲工人的几场演讲都引来大批听众，至少达六百人。当代有一位评论家写道：“丁铎尔教授始终不曾认为平民大众只配拥有二等知识。他们应该拥有的是最高等、最纯净的知识，也就是他想方设法要提供的。”同时，丁铎尔在美国巡回演讲期间，《纽约论坛报》（*New York Daily Tribune*）也谈到他的特点：

> 光凭文字叙述，完全无法公正评断丁铎尔教授的演讲风格。他的演讲是那么讨人喜爱、那么浅显易懂，不带一丝傲慢而满是衷心热忱，就仿佛他所展现的求知热情不只我们其他人感到新鲜，就连对他自己而言也是崭新的体会。他让科学变得轻松，还对观众指出，只要跨越难处就能见到难以言喻的美，以此诱人起步前行。总之，他正是科学讲师的典雅楷模。

丁铎尔是个有冲劲、激昂而又真诚的人。他的鼻子向外突伸，又大又尖，两侧还各有一道深纹，优雅地向下延伸直达口缘。等到年岁较长，他便留起一把令人印象深刻的白胡子，修成真正的维多利亚风格，须毛由下巴和颈部长出，不过脸部倒是刮得干干净净。他有时很严厉，偶尔刚愎自用，但他也有谐趣的一面，孩子都喜爱他。他很喜欢恶作剧，却不怎么常讲俏皮话，而且每听到双关妙语，他往往毫无反应。有一次，他的生物学家朋友托马斯·赫胥黎（Thomas Huxley）便形容他的反应是“茫然毫无头绪，也可能是因为个性木讷厚道吧”。

丁铎尔、赫胥黎再加上其他七名科学同好，合力创办了一个研讨社团，后来还发展成著名的“X俱乐部”，这个名字是因为他们经过多个钟头的争执讨论，却仍然没有共识，也实在找不出更好的名字，于是就只好这样叫了。这群创办人还花了许多时间讨论是否要延揽新会员加入，后来愈讨论愈烦闷，于是大家都同意，除非列入推荐的新会员，其姓名所含字母包含了老会员姓名所遗缺的子音字母，否则绝不接受这类提案。

“我们没有斯拉夫朋友，”后来赫胥黎表示，“这项决议让人数完全不可能增加。”由于丁铎尔拥有俱乐部会籍，加上他经常表现得过度沉迷，于是被冠以“X怪客”（Xccentric）的绰号。

丁铎尔的几位诗人朋友发牢骚，指称学习科学会扼杀欣赏自然的能力，丁铎尔本人对这种见解十分恼火。就他而言，对世界了解愈深，便愈能体会其美妙之处，而他阐析事理的能力也引领许多人抱持他这种看法。他说，学科学必须发挥想象力。事实上，后来福尔摩斯侦探小说《巴斯克维尔的猎犬》（*The Hound of the Baskervilles*）里面，还引述了他发明的这句话：“想象力的科学运用。”

丁铎尔特别沉迷于涉及原子和分子世界的各种现象。当时还没有这种等级的显微镜，无法捕捉这类细小实体的运动现象，只能靠逻辑思维，并结合鲜活想象力来从事研究。这两样才气丁铎尔兼而有之，而且都十分高明。赫胥黎说他：“处理物理问题的时候，从某方面来说，我真的觉得他见得到原子和分子，还能感受到它们的推拉力量。”丁铎尔也有这种感觉。有一次丁铎尔讲授辐射学，结束时他说："有人认为自然科学会扼杀想象力，然而就我看来，研究自然科学和养成想象力是唇齿相依的。综观这次演讲的大半内容，我们已经设想出原子、分子、振动和波的相貌，这些都不曾有人目睹、耳闻，只能动用想象力来察觉辨认。"

这种想象能力和认识无形事物的本领，正是研究空气行为的理想后盾。不过，刚开始丁铎尔对大气没有投入什么心思。他比较感兴趣于研究磁学和晶体压缩作用。而他因为这项课题对冰河运动产生了兴趣，后来还几度前往阿尔卑斯山脉研究这种现象，在田野研究期间，丁铎尔开始对大气燃起兴趣。

丁铎尔爱山。他是步履稳健、体格强壮的大胆登山家。他依循着科学直觉前行，攀登冰崖，闪躲落石，或披荆斩棘跨越地表裂缝。有一次他从事科学勘探，穿越杰昂冰河（Glacier du Geant）的冰塔林，心中异常恐慌。后来他却兴味盎然地描述那幅场景：

> 不论我们转向哪方，都见到凶险迎面而来……有那么一两次，我站在冰山顶峰，俯视坑洞深渊，心中开始涌现恐慌。不过，这马上被行动盖过了。处境确实十分艰险，最重要的是一定要使出力气，意志力也几乎不顾一切地发挥能量，于是恐慌才刚萌现，马上就被压抑瓦解。

丁铎尔几次前往瑞士旅行，迷上了阿尔卑斯山区的天空。有次他在山上待了一天，回来后写道："大气变化美妙异常。"还有一次则写道："阿尔卑斯山脉的乐趣，半数得自反复无常的大气。"他甚至还开始觉得，自己和空气有某种关联，这是他前所未有的体验。他说："实际上，我们是住在空气里面，而不是在空气底下。"

一旦他的注意力着眼于空气，丁铎尔马上就迫切希望探个究竟。他每次前往山区旅行都肩负科学目标。毕竟，倘若没有尝试去理解景观，你又怎能欣赏其风貌呢？这种观点不见得都能引发共鸣，阿尔卑斯山友社（Alpine Club）里科学涵养较低的部分社友就不予认同。有一年，山友社冬季晚宴的讲员提到丁铎尔时，挖苦他沉迷于科学，这名社员讲述了一次登山失败的经过，旁敲侧击地说：

> 狂热人士肯定要问："那么你想到哪种哲学见解？"按照理性推论，我认为那种人完全不可理喻，不知道为什么，他们竟然把登高旅行和科学扯上牢不可破的关系。我要回答他们，气温约为零下136摄氏度（我没有温度计），刚好低于冷死人的冰点。至于臭氧，若大气里果真含有臭氧，那么它也是比我想象的更为蠢笨。

丁铎尔从来不曾等闲看待他的科学。他大为震怒，立刻退出了山友社[①]。

丁铎尔希望研究大气能帮他解释一项难题，那是山脉亲自提出的谜面。他热爱的阿尔卑斯山脉到处都是证据，在史上某个时期曾经出现过一段"冰期"。如今早已消融的冰河在当年推铲出处处山谷，岩石由远古冰层输运到外地、远离原始产地，还有堆堆凌乱的碎石和冰碛沉积，描绘出现存冰河昔日壮阔的覆盖范围。世界怎么会出现那么寒冷的时代，还有为什么又重新暖化？丁铎尔纳闷，是

① 丁铎尔面对批评，反应往往过于激烈。他三十出头便由皇家学会提名，成为两届皇家年度奖章内定受奖人之一。（当年另一位受奖人是查尔斯·达尔文，无论如何这都是个殊荣。）他正打算接受奖项，却听说一位审核委员曾强烈反对颁奖给他，还就此大发牢骚。于是他立刻写信给学会干事，婉拒这份荣誉。赫胥黎曾设法说服他改变心意，丁铎尔却坚持己见。后来，赫胥黎为文写道，至少这是个"有益处的错误"，还淡然补充，这"就算引来太多人仿效，大概也不会有什么坏处"。

否能以大气的些微变化来解答这项问题。

吸收红外线的怪兽

丁铎尔猜想，大气或许就像包覆世界的毯子，随着组成元素相对比例的些许变化，有时候能保暖、有时会透入寒意。他的这个想法源自法国科学家约瑟夫·傅立叶（Joseph Fourier）在几十年前发现的一种效应。傅立叶注意到，照理地球应该比实际情况寒冷得多。我们往往认为地球在太空中位于理想位置，是适合产生生物的栖所。离我们最近的两颗相邻行星，一是金星，却太靠近太阳，温度太高，无法维系生命。另一颗是火星，不过距离太阳太远，因而太冷了。地球则是“恰到好处”，位于理想距离，这是拥有流水和拂面清风，舒适又温和的行星。不过，傅立叶明白，其实我们距离太阳有点过远，没有外力协助是无法生存的。

当阳光射抵地球暖化地表，所含的能量当然不是原封不动。就像中央暖气系统的散热器，温暖的行星开始辐射大量能量回到太空。这两种效应的平衡作用，便确立地球的恒温水平。傅立叶算出阳光带来的热能和辐射出去的能量差，但是计算结果却让他烦忧不安。按理说，地球应该永远冻结。

傅立叶曾经猜想，空气中或许有某种东西，能帮忙在地球表面捕获额外的热量，而这也可以解释我们为什么能舒适度日，不过他不知道那是什么东西。丁铎尔思量傅立叶的早期研究，深信道理就在于此。若是能够找出这种神秘的暖化成分，或许他就可以明白，过去有可能出现过哪种不同的气候。

1859年夏天，丁铎尔动手在皇家学会地下室搭盖一片人工天空。那是一件很出色的维多利亚式科学仪器，一根长管里面装满各种气体，周围装了加热热源和光源，还铺设了管道像章鱼触角般向外放射。

丁铎尔喜欢耍弄他的迷你大气。他点亮白光照耀大气，结果发现空气中的细小粒子，且散射蓝光的数量远高于其他所有彩虹色彩的总量。他推测，这就可以解释天空为什么是蓝的[①]。海中也发生相同的现象，细小泥泞也散射蓝光。丁铎尔在一次演讲时阐明了这点，他说："因此我的听众中那些深受仰慕的蓝眼女士，她们美目的魅力，基本上都要归功于泥泞污染。"只要你曾经在浓雾夜晚搭车外出，你就可以亲身观察到这种"丁铎尔效应"。你的车头灯光照射浓雾，经由水汽粒子散射，染上一抹迷人的蓝光。

不过丁铎尔真正想知道的是，大气是如何留住更多热量，甚至超出应有数量的。他考量加热方程式的左右两侧。首先，普通可见光照射地球带来热量。显然它肯定是穿梭天际畅行无阻，否则就不可能抵达地表，天空也会永远黑暗，我们也见不到太阳、月亮或星体。不过，或许答案就在加热平衡的另一侧，地球把能量辐射回太空的那个部分。

温度高于周围环境的事物都会辐射热量。你会散热，我也会散热，所有的温血动物全都散热。不过，我们看不到对方不断放射光芒，因为我们射出的光是见不到的。光的成分远超出寻常的可见彩虹。就如声音，有的声音太高、有的太低，因此我们听不到，光线也有相同的现象，光线"太高"或"太低"，我们就看不到。就本例来讲，这种不可见光被称为红外线。这种光线恰好超过彩虹的红色部分，频率太低了，因此我们看不到。遥控器就是采用红外线来

① 他差点说对了。事实上天空的蓝色是出自散射，不过并非得自空气中的粒子，而是空气分子本身，这点后来由瑞利勋爵（Lord Rayleigh）证实。

和电视与音响联络，“夜视”镜也采用这种原理，因此就算四周一片漆黑，我们也看得到鬼魅般的身影四处活动。而且地球也是借此发散热量回到太空。

丁铎尔完全了解红外线。他决定探究大气是否能中途拦下往太空回射的红外线，捕获在大气里面并保持地球温暖。不过，他该把哪些气体纳入他的人工大气？这个时间距离布莱克完成先驱实验已经过了一百五十年，如今科学已经有长足的进展。所有人都知道，大气是由多种气体所构成的，只是其中多数只占纤毫比例。由于空气的体积绝大部分是由氮气和氧气所构成，丁铎尔便从这两种气体入手。但尽管他努力尝试，却无法让他的空气吸收红外线。光线畅行无阻，带着热量穿梭而过。

有一天，虽然他不抱持太大指望，也不觉得结果会有不同，不过他还是决定试用另一种大气成分：二氧化碳。机会似乎不大，毕竟，空气含有近79%的氮，20%的氧，而二氧化碳勉强只占了0.04%。这样微不足道的气体，恐怕无法解释这么重大的现象。

不论如何，丁铎尔还是拿热源（装了滚热开水的铜管）贴近模型大气一侧，并观察情况变化。结果让他讶异，他的仪器指针立刻开始晃动。尽管含量这么微小，事实却证明二氧化碳是吸收红外线的怪兽。

二氧化碳的每颗分子都相当大，又十分复杂，因此擅长吸收红外线。分子都想要像音叉那般振动，或像杂技演员那般翻滚，于是它们才吸收光能。和比较单纯的分子相比，复杂分子全都更擅长吸收光能，方式远为繁多。才华横溢又深具想象力的丁铎尔，在先进科技验证之前早就明白这点。他说：“复合分子肯定远比单原子更能吸纳或促成运动。”氧（O_2）和氮（N_2）都不属于单原子，它们都由两颗相同元素的原子组成。不过，氧和氮还是太单纯，无法吸收红外辐射，它们的运动方式选项不足。二氧化碳的情况就不同了，二氧化碳由一颗碳原子和两颗氧原子构成，还能任意振动、自旋。所以才这么擅长吸收辐射，也因此些许二氧化碳就可以发挥深远影响。

丁铎尔发现水蒸气更能吸收红外辐射。事实上，我们的大气充满红外线吸收体，包括甲烷、臭氧，还有危害臭氧层的几种人工化学物质。水蒸气的暖化作用远超过其他成分，理由不在于每单位重量的暖化效能，它的单位效能不高，其暖化幅度是肇因于空中的水汽含量相当高。但二氧化碳仍然是影响气候的重要驱动力量，因为就算这种气体的含量只有小幅变动，都会导致气温大幅起降。由于温暖空气从海洋吸收的水蒸气较多，这两种气体（二氧化碳和水）便协力包覆地球，构成一席舒适的保温毯，维持所有生命的存续。

全球暖化效应

丁铎尔的这项洞见，启发我们开始领悟著名的“温室效应”对地球气候的冲击。其实“温室”一词用在这里并不恰当，因为温室主要是借助捕获室内的空气来产生作用。玻璃窗让光线透入，暖化空气，也可以防范刚暖化的空气流失。我们的大气所含气体的作用方式，和这种做法并不完全相同。大气中的气体并不保存温暖的空气，而是半路拦捕由地表射回太空的红外线辐射。气体吸收能量，振动片刻时段，接着便将能量释回，就像外野手接球之后马上丢球回去。但气体是胡乱朝四面八方释出能量，这点又不像多数外野手，于是部分能量逸入太空。不过，仍有足够能量释放回地球，从而使我们的生命血脉——水——不至于冻结。

丁铎尔以他如诗般的典型文采描述这种效应。他表示，若无这种效应，“我们田野、庭院的温热，都要自行射入太空徒劳流散，当太阳升起，底下便只见一片受霜雪钳制的窒息孤岛”。

丁铎尔和那个时代的人，对二氧化碳的看法和我们今日所见不同，他们不觉得二氧化碳危害众生，反而觉得它能拯救生命。只是他也明白，由于大气中的二氧化碳含量极微，过去的含量变动就算幅度很小，也可能酿成气候剧变，在阿尔卑斯山脉留下那种痕迹的冰期就是个例子。他说，这或可解释“地质学家的研究所显示的一切气候变动”。

尽管丁铎尔还没有想到，不过这个观点率先点出二氧化碳或许有负面影响。是的，二氧化碳是我们所有食物的重要来源，而且没错，没有它，我们都要冻死。不过就像氧气一样，二氧化碳原本属于良性的作用，却也可能因为发挥太甚而带来负面影响。保护我们的英雄也可能为恶，威胁我们的生命，带来致命危机，那就是全球暖化效应。

二氧化碳和气候暖化

1896年，瑞典斯德哥尔摩

斯万特·阿列纽斯（Svante Arrhenius）陷入消沉。这年他37岁，刚度过离婚混乱期，他不只失去妻子，还丧失对幼子的监护权。他的眼袋和唇边两侧低悬垂挂的小胡子，处处彰显他的凄惨现况。他迫切需要转换心境，不过，该分心专注哪件事呢？

阿列纽斯是个科学家。他的研究重心是导电液体的化学性质。再过不到五年，他就要获得诺贝尔奖，表彰他的研究成果。这会让他的论文审核委员困窘不安，因为他们曾以“平庸”一词来评断他的研究成果，还差点没让他通过。在当时，尽管他对这种寻常题材十分着迷，却还想略事浅尝其他课题。他迫切希望能做点改变。

就在这时，他恰好听闻丁铎尔有关冰期起因的见解，得知二氧化碳有可能扮演的角色。阿列纽斯迷上了这种观点，希望更深入地钻研。身为理论学家，他决定算出地球要流失多少二氧化碳才会触发冰期。

结果这项工作比当初所想要复杂得多。因为阿列纽斯明白，单单着眼于直接的冷却作用是不够的，大气所含二氧化碳减量还会引发其他重大影响。特别是，他知道较冷的空气吸收效果较差，也就是冷空气从海洋吸收的水量较少。

这是个重要因素，丁铎尔曾注意到个中原因，由于水蒸气本身就是非常有效的温室气体，因此水汽流失会让大气进一步降温。换言之，二氧化碳的小幅变动就会导致气候明显变化。（这凸显了一个重要观点，可以解释二氧化碳的含量水平是如何影响地球气候的。许多人质疑指出，水蒸气才是构成温室暖化大气的主要元凶；就以吸收效能而论，二氧化碳远远屈居第二。不过，阿列纽斯正确指出，只需略微改动二氧化碳含量，便可以大幅改变水蒸气含量，从而助长全面冲击。二氧化碳就是以这种手法挥出重拳，威力远超出本身的体重等级。）

阿列纽斯知道要想得到合理的答案，他就必须兼容并蓄，同时考量二氧化碳的直接和间接效应。这样一来，计算工作会变得十分冗长乏味。太棒了。这正是他为求转移注意、多方寻觅不得的工作。他拿起铅笔纸张，潜心辛苦工作了好几个月。

首先，他想象若全球的二氧化碳含量减半会造成什么情况。接着他划分纬度区域，分别细心计算各区的空气湿气含量，还有进出地球的光能数量。最后他算出答案。这是个粗估数值，背后有许多假设，不过这是第一次有人尝试运用数值，表示二氧化碳含量改变所产生的影响。二氧化碳含量减半，会使全球气温约降低5摄氏度。他认为，这大概就恰好能够触发冰期。

阿列纽斯是位理论化学家而不是大气科学家，他几乎可说是随机抽选，才决定就二氧化碳含量来进行试算，而且他也完全不知道这是否切合实际。于是，他向一位同事征询意见。早先阿尔维德·赫格布姆（Arvid Högbom）便已算出二氧化碳的几项数值，包括由各火山自然冒出的数量，还有被地球岩石、海洋吸收消失的总量。他说，若有某些火山暂时休眠，或出现某些情况导致海洋不再吸收，这时二氧化碳的含量自然有可能降低。然而当赫格布姆着手运算时，他却注意到一种奇怪现象。别再想降低二氧化碳含量了，含量已经提升了，起因不是火山也不是海洋，而且和其他自然历程没有丝毫关联。工业革命爆发以来，为了维持工厂运作，人类燃烧的煤炭数量已经达到了空前的规模。工厂燃烧煤炭，同时也生成大量二氧化碳。赫格布姆把这个数值拿来和天然源头比较，结果发现，人类制造二氧化碳的速率和自然生成率相等。

赫格布姆对这项结果并没有特别感到不安。毕竟，就算在1896年，工业革命发展似乎已经达到高峰，而整年的煤炭也不至于大幅提高空气的二氧化碳含量，或许只提高达千分之一。他完全不知道——没有人知道——世界人口会以何等速率增长，还有工业化会以无法想象的比例加速进展。重要的是，他的结果促使阿列纽斯开始思索空气和地球温度的关系。

他领悟到，加热历程几乎完全就是冷却现象的镜像倒影。较低温空气所含水汽量较少，较温热空气的含量则较高。因此，较多二氧化碳本身就会暖化空气，同时也助长海洋蒸发出更多水分，而这又会进一步暖化空气。阿列纽斯从头到尾再做一次计算。倘若二氧化碳增加，好比，达到1896年含量的两倍，尽管数量依然只占整体空气的微小比例，阿列纽斯预测这仍会导致大幅暖化，气温有可能提高达5摄氏度。尽管这看来似乎不大，然而提高全球均温达这个数值，影响范围将会遍及全世界，甚至导致整体气候出现巨大变化。(惊人的是，这个数字也和现今计算所得非常接近。如今我们采用许多电脑模型，运用先进的计算方法，根据远超过当年的气候运作知识，结果和阿列纽斯的研究相符。他在一百多年前就已经踏上正轨)。

阿列纽斯的发现引发些微关切，却没有人太过担心这件事情。假定工业规模继续以同等速率发展，几千年后二氧化碳含量才会倍增，因此这项计算结果似乎只算一则奇闻，不必为此担心。还有，就算暖化加速进行那又怎样？那个时代几乎一致公认是件好事。谁敢说世界变暖一定不会更好？当代另一位科学家，瓦尔特·能斯脱(Walter Nernst）就认为暖化会更好。他建议把没有用的煤炭沉积烧掉，刻意让地球气温提高一些。

后来有几项实验结果证明，阿列纽斯的计算方法完全错了，于是就连这类想法也销声匿迹。一位研究人员尝试让红外线射透一根管子，里面装了符合当时空气比例的二氧化碳。就如丁铎尔先前的发现，若干光线被挡住。然而，当那位研究人员把二氧化碳的比例加倍，结果却没有两样。相同数量的红外线被气体吸收消失。

怎么会这样呢？添加二氧化碳当然会拦下更多红外线。结果发现二氧化碳其实是挑剔得令人意外，它只吸收特定频率的光，只想取得带少数几种“色彩”的红外线。实际上，由于局限范围很窄，极微量二氧化碳就可以把属于那群色彩区间的光线全部吸光。接下来，任凭你把管中的二氧化碳含量提升到两倍、三倍，甚至四倍，残存的红外线依旧会原封不动地完整通过。

不久，其他的反面结果也开始出现。海洋含有极大量的二氧化碳，几乎是大气所含数量的50倍。工厂排放的额外气体肯定都由这个庞大的贮存槽吸收了，只留下微量气体溜进大气。

整体来讲，这些令人安心的见解和盛行的世界写照相当吻合。大自然的力量浩瀚无比，远超过人类的卑微力量，而且到头来，世界的自然循环总能以某种方式让万事万物恢复均势。没什么值得担心的，甚至也不必特别关注。当时认为出现较多二氧化碳也不可能让地球暖化，看来也似乎如此。

随后几十年间，几位研究人员持续关注二氧化碳对气候的影响。有些人只是隐约感到好奇，另有些人则深信，阿列纽斯的概念或有可观之处，就整个局面来看，这些人大体上只是让这个题材保留一线生机。同时，世界各都市开始扩张。许多国家的生活形态开始转变，从令人心力交瘁的艰辛农耕社会，转变为工业化的繁荣社会。一年年过去了，更多工厂出现，烟囱林立，纷纷排出大量二氧化碳进入空气。接着出现铁道，还有汽车，然后是喷射引擎，于是原来的二氧化碳涓流便酿成洪水。阿列纽斯的时代到20世纪结束这段时间，地球的人口要增长超过4倍，这些人的平均能源用量也会增加达4倍。人类活动生成二氧化碳并散入大气的速率，则会增长达惊人的16倍。没有人猜到会有这种现象，他们哪里猜得到呢？截至当时，大气所含二氧化碳的增长数量依然遭人漠视，科学家也仍旧按兵不动。

接着在1952年，针对阿列纽斯研究成果的一项主要批判意外破局。当初设想，增添二氧化碳并没有影响，因为我们空气中的既存数量，显然足以把红外辐射一网打尽。然而，新的测量结果和理论却开始显示，那项论据或有严重瑕疵。早期那批实验都在普通实验室中完成，气温和压力条件都属常态。然而，红外线大半是在高空被拦下，而那里的空气却十分寒冷稀薄。这样一来，结果就彻底不同了。在那种低压低温条件下，二氧化碳不再能把偏爱的辐射全部吸光。

这项新发现为一位武器研发人员带来灵感。洛克希德航空器公司的吉尔伯特·普拉斯（Gilbert Plass）专门研究红外辐射，他的日常工作就是运用红外辐射来开发热追踪导弹。不过到了晚上，普拉斯喜欢阅读比较通俗的科学读物。当他读到阿列纽斯关于二氧化碳和红外线的理论，那项理论饱受抨击，却引发他的好奇，他想知道新结果会产生多大影响。所幸，他不必仰赖纸笔花几个月来计算；这该归功于他的日常工作，可以趁便使用刚刚发明的一种数字电脑。普拉斯大半运用闲暇时间，把修正数字输入电脑。结果正如他所预期：在空气中添加二氧化碳终究还是会产生作用，而且对气候的影响看来也很明显。

下一个被推翻的观点是，海洋可以吸收大半二氧化碳。研究人员开始领悟，海洋的温暖表层并不与下层较寒冷的海水均匀混合，这就表示，海洋吸收的二氧化碳很快就会重新散回大气。当时还没有人完全肯定这会造成什么影响[①]，他们需要知道的是，大气的二氧化碳含量是否真的起伏变动。果真如此，那么改变的幅度有多大？

基林曲线

就在这时，美国一位年轻研究员踏上舞台，他叫作查尔斯·基林（Charles Keeling），别名“戴弗”。基林读过普拉斯的报告，也

① 如今我们知道，我们释出的二氧化碳，部分逐渐被海洋吸收，比例介于三分之一到半数之间，这种作用已经大幅减缓了大气的二氧化碳累积速率。

曾经和他讨论过其中内容。他对二氧化碳及其对地球气候的可能影响都很着迷，接着他认定，若想得到明确解答，唯一的做法就是进行测量。他着手进行、开发出能够极精确测量二氧化碳含量的精密仪器。接下来，他把仪器运到夏威夷主岛，架设在莫纳罗亚（Mauna Loa）火山峰顶。那里远离地区性工业影响，不致毁掉他的结果。不过，他不想只测量一个月，甚至一年。他希望测量工作能长久持续，永远不停。

基林充满灵感、拥有精湛技术，而且（所幸）做事勇往直前。为什么说“所幸”？因为他发现，眼前找不到资金赞助他心目中那种长期研究。美国各个科学赞助机构一再对他说，偶尔做几次测量没有什么不对。但是维护极昂贵又非常高科技的仪器，在夏威夷保持常态运作好几年？根本没有这种需要。

基林不乐意听到“不”字。他据理力争，坚持不懈，总算设法让仪器保留在原地并启动运作。不久之后他就得到明证，结果显示他对了。短短一两年间，他已经看出二氧化碳含量的差异。你可以预期，若海洋终究没有吸收人类排放的大量废气，那么就会得出这样的结果。

基林进行了为期超过四十年的测量。当他把资料标绘成图，画出的“基林曲线”成为全球暖化争议最著名的象征图符之一。因为随着时日过去，二氧化碳含量图示看来丝毫不像一条平坦直线，甚至也不是和缓上升。实际上，含量是呈指数蹿升，就像一阵海啸浪涛，随时都要猛扑而来。

全球暖化已然成形

二氧化碳是否真的正逐渐让世界暖化？根据几种新式的先进电

脑模型，事实或许应该如此，不过历经折腾，它们却难以得出一致的答案。有些显示，二氧化碳含量加倍，会提高全球气温约0.5摄氏度，另有些则算出4-5摄氏度。或许从气温上升实况才能得知到底有没有暖化，以及正确的上升温度。不过，这里遇到另一个问题。温度起伏完全是种自然现象，每年都测出不同结果，这样一来，要从错综复杂的常态起伏，辨识出可能的暖化现象就非常艰难。

全球暖化研究之所以摆脱不了争议，其中一项原因就在于此。只要能够指出大规模的溢油事件，或一片森林遭受酸雨的严重毒害，你就不难呼吁民众展开行动。然而就二氧化碳的作用而论，却只有从长远眼光才能看出影响。永远没有人能够说“这阵热浪就是全球暖化造成的”，或指出暖化就是某次洪水的元凶。就实际而言，二氧化碳的潜在荼毒作用，完全是某种极难确认的现象，因为它得出的是趋势，并非具体可见的危害。

但其实，当年世界对这种新威胁也有所警觉。根据过去一百年的记录，温度似乎略有上升，尽管差异很小，还不到1摄氏度，却是第一个实在的变化征兆。接着在1995年，一群来自多国的气象科学家率先宣布，依他们权衡证据所见，偏差已经越过门槛。他们宣布，全球暖化已然成形。报告公开过没多久便传来新闻，1995年是自有记录以来最温暖的一年。1997年更温暖，接着1998年又更暖。

接下来，一篇科学论文在1999年发表，许多人都认为这是致命一击，彻底肃清了全世界对全球暖化的质疑。这篇论文根据几十年的资料写成，研究地点位于地球上（经官方认定）最冷的地方。东方科学站（Vostok Station）是俄罗斯的南极洲基地，设于冰雪覆盖的严寒中心点，那里的冬季低温足以冻碎钢铁，就算夏季也令人却步。那处地方的气温低得很少超过零下23摄氏度，空气几乎和撒哈拉沙漠同样干燥。那里的少数居民都住在一处科学站，而且始终缺乏资金，似乎完全靠俄罗斯人的顽强韧性，才得以牢牢依附在冰面。

不过，东方科学站的冰却很奇妙。冰层厚达3公里多，过去几十万年的气候记录全都冷冻在里面。几十年来，俄罗斯科学家由几位法国研究员辅助，随后美国研究员也加入，协力在此钻挖冰洞探入宝库，随着钻探愈深，他们也逐步探入愈久远的过去。他们公布了过去的温度记录，上溯达四十万年，还发现了连续四次冰期，每两次之间都夹了一段温暖期。然而，他们在1999年发现的成果却引发了一场骚动。他们不只取得温度记录，还找到地球远古大气的微量样本。

像空气这般虚无缥缈的东西，怎么能够保存下来？喔，每当雪花落在东方科学站，里面都捕获了少量空气。过了多年，雪花渐渐被后来的降雪掩埋。雪花受到挤迫压缩，最后终于转化为冰。这时，被捕获的空气不再迂回冒出表面。空气保藏在冷冻库中，细小气泡成为地球远古大气的时间胶囊。东方科学站的研究人员不只是设法取得这些细小气泡，他们还探入气泡仔细分析，释出里面的远古空气，这就是当时我们刚演化出的智人祖先所呼吸的空气。

接着他们着手测定。这群科学家发挥极大耐心，竭力抽出空气中微量的二氧化碳，置入他们的测量仪器。他们得出了过去的二氧化碳的含量记录，上溯至四十万年前，并与他们所建立的温度记录对照比较。

两套记录标绘成图并排对照，显现出惊人的结果。每当温度下降，二氧化碳含量也减低。每当温度提高，二氧化碳含量也提升。气候和二氧化碳显然是亦步亦趋紧密相随。丁铎尔和阿列纽斯的见解完全正确[①]。我们还不知道二氧化碳和温度的确切关联，也尚未全

① 二氧化碳的含量降低，还不足以引发那种程度的温度变化，不过，这篇论文从根本上证明，这种作用加上甲烷一类温室气体，确实是至关重要的影响因素。

盘了解地球大气的复杂纠结关系。但是历史告诉我们，二氧化碳显然是驱动地球温度变化的关键力量。

此外还有其他发现，而且还更令人震撼。二氧化碳含量似乎随着温度自然升降，产生自然变化起伏。然而，当研究人员更详细地研究所得记录，他们惊讶地发现，如今的二氧化碳含量，远远高于过去四十万年期间的一切记录。

最近有个称为“欧洲南极冰芯钻探计划”（European project for Ice Coring in Antarctica）的欧洲多国研究团队，在距离东方科学站几百公里的C圆丘（Dome C）钻挖出一段冰芯，年份上溯至更远古时代，几乎达到八十万年前。他们发现的情况全无二致。二氧化碳含量对应温度升降而起伏，亦步亦趋毫厘不差。还有，当他们把手头那具巧妙的冷冻时光机的性能发挥到极致时发现，二氧化碳的含量从来没有像现今这么高。历史上（包括整段人类历史），地球因自然起伏创下的最高含量记录，约为0.0028%。如今，我们测得的含量却超过0.0038%，而且还在攀升。

目前还没有人知道这对我们的世界会有什么影响，但是科学家大半认为，如今已经太迟了，就算想制止丝毫变动都无能为力。我们知道，或至少有这种猜想，地球在远古时期也曾经历二氧化碳含量超过当前数值的处境。不过那时还没有人类，甚至连我们的类猿远祖都还没有出现。过去几百年间，我们殚精竭虑地推动社会发展，倚仗的是现有气候，还有洪水、风暴和降雨，以及作物和牲口的现有模式。我们深深根植于现在的家园和工作场所。一旦气候暖化海水上涨，淹没我们的水滨都市，或风暴狂涛开始摧毁我们的海岸线，还有万一各大洲内陆四处都开始刮起黄尘沙暴，我们并不能就这样撩起衣摆，搬迁了事。

还有更多证据从冰芯涌现，暗示我们这整套由地球大气引擎驱动的复杂气候系统，有时候会在迥异状况之间保持微妙平衡。稍微一点变动，就可以让温度蹿升或陡降。1987年，纽约一位高瞻远瞩的气候研究员，小名威利的华莱士·布勒克尔（Wallace Broecker）提出评述，认为我们过去都把温室效应当成一种“鸡尾酒会助兴话题”，如今也该严肃看待了。他说，气候系统是一头任性妄为的野兽，而我们却拿一根尖利棍棒对它戳弄。

2003年的欧洲热浪夺走35000条人命，随后英国首席官方科学顾问宣布，全球暖化是“危害超过恐怖行动的威胁”。然而就在政治家辩解争论、科学家答辩说明之时，我们的生活仍一如既往，没有多大改变。然而，每当我们开车、赶搭飞机、打开电灯或从事日常琐事时，都有一股二氧化碳又飘上天际。

金星的前车之鉴

最后再提出一段故事，告诫我们当心二氧化碳的威力，那是发生在我们的姊妹行星金星上的故事。金星比我们略靠近太阳，你可以料到，那里的气温会高一些，但从许多其他方面来看——比如大小——金星和地球可说是孪生子。然而，在过去某段时间，二氧化碳对金星的空气施出邪恶魔法。基于某种因素，从金星火山群涓滴淌入大气的二氧化碳略显过多。空气温度提高，代表海洋的水分会被吸上大气。额外水汽本身就具有温室气体的作用，更强化了二氧化碳的作为。很快，大气充满二氧化碳和水分子，全都开始吸收红外线，热能在逃逸半途就被拦下并甩回地表。结果，金星上的海洋早就消失。如今表面的岩石都完全干透，温度也高得足以让铅熔化。

许多研究员自我安慰，认为金星距离太阳较近，还表示这种温室浩劫永远不会发生在我们的地球上。不过他们也可能出错，最近有一项计划，借用几千台个人电脑的屏幕保护程序，来运算种种版本的气候模型、预测未来可能出现的气候变化。结果暗示，二氧化碳含量倍增，有可能大幅提高全球温度，幅度超过11摄氏度。这会引发干旱和野火，从而促使更多的二氧化碳涌入大气，最后导致毁灭浩劫。尽管发生几率很低，约为1%，却仍有可能成真。

因此，二氧化碳是空气的关键元素，却也是种危险因子。我们必须靠二氧化碳才能求得温饱，然而一旦滥用，后果就要自己承担。氧、氮还有空气的厚度本身再加上二氧化碳，合力把地球这块岩石转变为充满生命气息的世界。这种转换过程的最后阶段和空气成分无关，而是牵涉到空气的运动。每次感受阵风吹来，还有每次窗户无故开启，房门砰然神秘关上，这时你就见识了空气的运动。然而，地球周围的广大气层也有壮阔的运动现象，就是这样的气流，才真正构成孕育生命的媒介。

第四章

乘“风”飘荡

几乎自从空气开始运动，生物便能够乘风之便四处飘移。常在空气汪洋中显现身影的动物都是会飞的种类。不过，除了鸟类和蜜蜂，还有许多完全靠飘浮飞翔的生物。空气中到处都是花粉微粒，找机会为植物授粉，保障它们不致因意外而近亲交配。种子四处搜寻新的沃土，还有纤细的带壳海洋生物，随泡沫激荡飘升。每吸进一口空气，里面都含有几十颗微型真菌，更别提散播神秘传染病的纤小病毒和细菌。（甚至在我们认识微生物之前，已经有人猜想空气可能带来疾病，因此英文以单词malaria，同时代表疟疾和“瘴气”。）你每讲出一个词语，特别是带有“p”和“t”等爆气辅音的字眼，都会喷撒细菌到你四周，等待风起飘往他方。一次咳嗽可以咳出2000颗，一声喷嚏可以喷出40万颗。病毒还演化出几个诡诈的种类，能在我们的体内滋长；当我们打喷嚏时，它们也随之喷发，接着就可以乘风纷飞各处。

其他细菌则搭乘云朵飘移，甚至还能制造冰晶，诱使云朵降雨，由此选定脱身地点。当水分微滴降回地表，细菌便可以随之下坠。园蛛和蟹蛛分泌出看不见的蛛丝，接着仿佛扬帆那般挥舞蛛丝捕捉风势。几缕微弱阳光，小团温暖空气生成些许上升气流，蜘蛛就能够自行起飞乘风而去。迄今还没有人确切明白，它们是怎样安排旅程。或许它们只是不断降落又重新起飞，直到寻找到理想的栖息地点。不过有些科学家则认为，它们或许能够控制飞行，卷回蛛丝以升降风帆，甚至还可能有本事操纵方向。

当然了，风也可以搭载人类。甚至在气球和飞机问世之前，风已经是跨越四海的唯一工具。欧洲数度发动十字军征伐中东，陷入国穷民困的黑暗时代，凄惨度过好几个世纪。到了14世纪，文艺复兴萌芽，探索外界的强烈行动也随之涌现。这是伟大海洋探险家的时代，而他们的命运都掌握在风的手里。在伽利略诞生之前约七十年，一位原本做纺织的人便知道气流对他的使命是多么重要，他也是意大利人，来自热那亚。但他并不知道自己就要遇上世界上最强大的两个风系，也就是贸易风（信风）和强劲的西风带，而这两道绕行全球的壮阔奔流，也构成地球生命最后关键因素的一环。

发现新大陆

1492年8月3日

日出前半小时，一支小型舰队静静驶出西班牙帕洛斯港（Palos）。其中“平塔号”（Pinta）和“尼娜号”（Nina）都是卡拉维尔帆船，使用几面小型三角帆。至于旗舰“圣马利亚号”（Santa Maria）则是艘采用横帆舣装的宏伟大船，而且艏艉都设有楼堡。船身水线以上部分漆了亮丽涂装，船帆饰有十字架和纹章图案。西班牙皇家旗帜高挂主桅，前桅则挂了远征队自有旗帜，白底绿十字，上绘四顶金冠。

“圣马利亚号”的指挥官在此生41年的岁月当中，已经冠上好几个称号，往后几百年间还会赢得更多头衔。他的热那亚父母一向称他为克里斯托弗·哥伦布（Cristoforo Columbo），当时他已经摆脱父亲的梳羊毛行当，连他的意大利渊源和语言也一并甩掉。这时他是一位海员，统率舰队为西班牙行使任务。他怀抱典型热情，全心服务他的新国家。他只用西班牙文书写，连最私密的日记也不例外，他书写自己的姓名时，也采用西班牙文拼法：Cristobal Colon。

如今我们所知道的哥伦布，和他的伊比利人船员长相完全不同。他的头发原本是黄褐色的，但在十年之前，他刚满30岁的时候，便转为雪白色泽。他的脸苍白并带有雀斑，他的鼻子像罗马人，蓝灰色双眼经常燃着热情，还有怒气。

他的使命，当然是向西航行，抵达东方。15世纪时的欧洲，到处都听得到东方繁华富庶令人咋舌的故事。此前一个世纪，威尼斯航海家马可·波罗写了一部生动（不过经过了修饰）的报道，叙述他在各地的旅行见闻，那里有香料、丝绸和宝石，还有多得无法想象的黄金。新发明的印刷机，已经把他的故事传遍全欧洲；商人和君王读了马可·波罗的书都觉得心痒难熬——肯定有办法取得这些货品。

然而，马可·波罗游记中提到的中国和日本，却顽强如昔难以企及。走陆路太漫长，也太危险了，不适合用来运输昂贵的商品，而朝东的航线，中间又被整片非洲大陆挡住。于是耳语开始流传，向西航行可以吗？倘若你能航跨大洋，从后侧绕到东方，那么等在遥远大地的财富和荣耀，就全都属于你[①]。

① 哥伦布并不是最早发现地球为圆形的人，事实上，此前很多受过教育的人士，都知道这点。

经过多年筹款和钻营拜会，哥伦布终于找到机会。他的靠山是西班牙费尔南多国王和伊莎贝拉女王，他们把这支壮盛的舰队拨发给他，并答应事成之后①封他为海军上将。万事齐备，他只欠一样东西：吹动他向西航行的东风。

除了几十年前由葡萄牙帆船队发现的亚速尔群岛之外，伊比利亚半岛就是当年世界的西陲疆界。再往外就是传奇题材：有些人谈到一座虚构的安提拉岛，还传言那是迦太基人发现的；另有些人则讲述亚特兰提斯的零星遗迹，也不知道为什么没有被水淹没；还有人说起一座美丽的辽阔岛屿，上面有七座都市，一座比一座更壮丽。许多人投身试航寻访这些地带，然而到目前为止，由于逆风狂袭、海面怒涛汹涌，所有人都铩羽而归。风向恰恰相反：西风，没有帆船能够通行。

哥伦布有个计划。过去几年，在他接受航海历练期间，曾有几次沿着非洲海岸下行。结果每当他通过加那利群岛（Canary Islands），特别是在冬季的时候，他的船只都感受到稳定的东风吹拂。

这就是哥伦布决心设法捕捉的风，他希望借这阵东风朝西航行，至少跨越若干海域。当他的三艘船只驶离帕洛斯港，船头并不是对着西方，而是南方。

航向加那利群岛的路途艰辛，海风反复无常，很难对付。船上的日常惯例安顿妥当，船员和船长都有虔诚信仰，每次转动沙漏，

① 哥伦布觐见伊莎贝拉女王和费尔南多国王之时，西班牙才在格拉那达击溃摩尔人，两人正为胜利欣喜若狂。他们下定决心要把异教徒全部赶出伊比利亚半岛，哥伦布提出一个极能令人信服的论点，他说自己可以从中国携回财富，于是他们就可以动用这笔款项发起攻势，夺回穆斯林控制的耶路撒冷和巴勒斯坦地区，从而实现他们的心愿。基于这种精神，当时两位君主已经把西班牙境内不愿意皈依基督教的犹太人全部驱逐出境。哥伦布启程之前，最后一艘难民船扬帆出海，打算前往穆斯林领土，或航向当时唯一肯接纳他们的基督教国家荷兰。哥伦布随后要发现的大陆，终将成为庇护这种受迫害难民的避难所，他若地下有知，恐怕要大感惊愕。

就会有一位男孩唱诵祈祷文。晨起吟唱圣母赞美诗，就寝前进行晚祷。但只有船长拥有十分狭窄的木制船舱，由于当时还没有发明吊床（还在加勒比地区等着被发现），其余船员只能在甲板上寻找歇息地点，把自己绑牢，防范船只猛然左右摇摆。

哥伦布心神不宁。他始终忐忑不安，不知道他要找的东风究竟会不会出现，就算出现，又能带着他向西航行多远。（基于历史上为风命名的准则，气象学者并不以风的去向来为风起名字，而是采用气流的来源方向。因此，“东风”指从东方向西方吹去的风而这就是哥伦布需要的风。）启程三周之后，这支小舰队抵达加那利群岛。他们重新补给物资，接着在9月6日，船队起锚转朝正西航行。

隔天，海洋整天都没有丝毫动静。接着到了9月8日星期六，一阵风从东方刮来，哥伦布如愿来到他一直想去的地方：地图上找不到的水域。

新刮起的东风，好得超过哥伦布最大胆的期望。往后两周时间，这阵风推动舰队稳稳向西愈行愈远，朝着他们的目的地前进。航程十分顺利。至于天气，哥伦布在他的日志中记载，就像春天的安达卢西亚。他写道：“早晨最愉快了，令人只想听夜莺啼唱。”隔几天又写道：“海面平静一如河川，还有世界上最宜人的空气。”航行最顺利时，一日可前进293公里，平均航速达整整8节（当时1节约等于每小时1853米）。而且强风始终没有平息。

哥伦布完全不知道他找到的是什么，不过事实证明，这阵超级可靠的东风，其重要程度与他乘风发现的新世界不遑多让。东风带是绕行地球热带的两道壮阔行星风带之一。这两道风带一南一北分居赤道两侧，风势十分稳定又强劲，构成东西贸易的安全航路，后世便称之为“贸易风”。说不定在哥伦布之前，人类已经利用贸易风航海。挪威考古学家托尔·海尔达尔（Thor Heyerdahl）证明，贸易风可以吹动一艘简单的帆船，从欧洲一路航抵加勒比海，这项结果也暗示，古埃及人有可能就是利用这条航路，把金字塔的建造构想带进中美洲。不过，若是古埃及人真的把他们的金字塔技术告诉美洲人，那么照理说他们也该会提到轮子（美洲人始终没有发明轮子）。

渐渐地，哥伦布却开始觉得贸易风好得过头了。风势十分稳定，丝毫不见减弱，他的船员开始紧张；当初他的筹备工作非常困难，因为招募船员实属不易，很少人愿意深入不明海域。况且那几艘船还得筹备一年的补给，在当年，就算最大胆的航行也才历时几周而已。现在随着船队加速朝西航行，不安的耳语开始流传。这阵让他们以这等速度和效能航行的风，似乎永远不会平息。哥伦布在日记中记载，他的船员“十分担心，深恐他们在这片海域永远遇不上顺风送他们回西班牙”。

哥伦布尽力转移船员的注意力，安抚他们的恐慌。凡有丝毫迹象显示前方不远处或许有陆地，他全都当成证据告知船员，并逐条写入他的日志。那种种“迹象”包罗万象：“降雨却无风”或“北方出现大团浓密乌云”，又或者是“见到一条鲸鱼，这是陆地的迹象，因为鲸鱼一向靠岸巡游”。甚至为了安抚船员，他还在宣布当日进度之时谎报航行距离，心中认为这会有帮助。“今日航行19里格（légua，约为6公里），决定短报真正数值，这样船员才不会惊慌。”这是他在9月9日星期日的记载；接着在10日又记载：“这天日夜计航行60里格，但只计为40里格，这样才不会把船员给吓坏。”

他真正需要的是陆地。他在著名的10月12日星期五当天发现了陆地。水手罗得里戈·德·特里亚纳（Rodrigo de Triana）在“平塔号”上眺望远方，率先看到圣萨尔瓦多的悬崖，他呼喊：“陆地！陆地！”就像其他所有水手，他也期望能得到10000穆拉比特斯币

(maravedis) 赏金——相当于一位干练水手一年的丰厚薪水——这是女王提供的无限期悬赏，要颁赐给第一位看到新陆地的人。然而，哥伦布却坚称，他在几个小时之前，已经看到一道光芒“像条蜡烛般上下起伏”，就这样据赏金为己有。

狂暴西风带

在晨光下，哥伦布和他的同伴成为第一批踏上新世界的欧洲人。尽管他见到的土地，和马可·波罗的叙述没有丝毫雷同，哥伦布始终相信他发现了东印度群岛。他必须放下金银财宝的旧观点，把眼光放在那个世界的其他层面，着眼于更适合在那里开发的宝藏：棉花、木料、香料和异常温和的民众。那里的人，几乎就像是来自还没有堕落的伊甸园。他们完全赤裸，毫无戒心又很好奇，而且对武器没有丝毫概念，哥伦布在他的日记里写道，当他拿一柄剑给他们看，那些人竟然握住剑刃，把手给割伤了。“在我看来，那群人很聪明，可以当成好仆人，”他写道，“而且我觉得他们会非常乐意成为基督徒。”

哥伦布仍然想寻找财富，才不枉这次远航，于是他在10月23日下定决心，前往原住民口中所说的古巴岛，期望在那里至少可以找到“香料，以赚得大量利润”。后来古巴确实产出许多作物，为未来的人带来丰厚利润。那里的原住民有一种奇怪的习俗，他们用叶片包卷芳草并用火点燃，这看来没什么，结果却能令人心情舒畅。哥伦布的朋友，负责为他抄誊日志的拉斯·卡萨斯（Las Casas），便曾在自己的文章中记载这种做法：“（那类芳草）很干，用一片干叶固定，就像西班牙男童在圣灵降临节拿纸管卷包的做法：他们把一端点火，然后用口含住另一端吸烟，这令人感到迟钝，引发一种醉意，而且根据他们的说法，这可以让他们解除疲倦。”拉斯·卡萨斯预料到后人对这种新种野草的态度，不过他本人爱吹毛求疵，斩钉截铁地添注：“我看不出他们从这种东西里可以尝出什么滋味，找到什么好处。”

哥伦布找到许多黄金工艺品，多种异国香料和树木，更别提众多土著了。到了1月初，他认为收获够多了，可以让皇家赞助人感佩赞叹，于是决心启程返家。由于搭乘的“圣马利亚号”意外搁浅，哥伦布决定弃船，还留下几名人手在那里开创一处殖民地。他选择“尼娜号”为他的座舰，于是在1月16日星期三，两艘卡拉维尔帆船启程返航。

他们马上遇上难题，船员在西航阶段心惊胆战的情况已然成真。当时把他们稳稳送来“东印度群岛”的东风，现在便横阻在面前，逆向吹袭。有这样的逆风，他们该如何抗衡，究竟该怎样回到故乡？

“平塔号”和“尼娜号”面对盛行的贸易风，只能逆向航行，缓缓向北航去，设法一步步向东移动。他们缓慢移动渐行渐北，然后，奇迹突然凭空出现。1月31日，风向转变了。强风猛然刮起，吹满两艘卡拉维尔帆船的风帆，船艏也对正欧洲。两艘船抢风前行，这阵风似乎是朝着家乡吹去，一个小时又一个小时，一天又一天，他们的船帆受风紧绷，以炫目高速横越大海：9节、10节，甚至高达11节。

哥伦布又成就一项和美洲大陆同等重要的发现。因为这道新的风带，正是全球输运带的另一个环节，也是带他来到美洲那阵东风的自然匹配气流。就像贸易风，西风带也是南北半球都有。南半球的西风带，在南纬40度左右造就了著名的“40度啸风带”，还有恶名昭彰的合恩角风暴。多年以来，绕经这处海岬的水手，都饱受这里的风暴荼毒。

北半球的西风带也夺走许多人命，因为西风和温和稳定的贸易风完全不同。西风十分强劲狂暴。刚开始，哥伦布的船队还昂扬挺住暴风狂袭，船员们十分高兴能以这等高速返航。然而到了2月14日，暴风放手肆虐了。狂风愈刮愈盛，卷起海水猛袭船只，从两艘小木船的外壳缝隙渗入。“大海很恐怖，”哥伦布写道，“阵阵海浪横冲直撞交错袭来，船只只能任其宰割。”

船员们束手无策，只能做一件事情：祈祷。而且他们祈祷时还夹杂许多誓言，有些是私下发愿，还有些是公开宣誓，说明获救后他们一定还愿实现的事项。其中有些诺言非常明确。他们拿一顶帽子、里面装了干豆，每名船员一粒豆子，用抽签的方法决定由谁起誓，获救后便要携带一根2.2公斤重的蜡烛，前往瓜达罗普向圣母马利亚朝圣。哥伦布亲自抽签，笨手笨脚抽出一粒划了十字的豆子，接着他马上宣誓。往后还有更多次抽签，更多朝圣诺言，所有船员都起誓要“身着苦修衣着”，结队前往他们碰到的第一座圣母马利亚教堂还愿。

哥伦布的筹备工作很务实，也顾及超自然考量。他深恐万一所有人都死去，他们的航行记录也全都完了，于是他在晃荡的船上固定身形、撑了很长时间，写完一篇密文记载他的冒险经历，期望有人发现并转呈西班牙国王。他用蜡布卷起文稿，摆进一个木桶，随后把桶子抛进海中。船员误解了他的举动，认为那是种古怪的献身仪式。

当然了，西风终究还是大发慈悲。恐怖情势又延续了几个小时，最后风暴终于平息，哥伦布也颠簸着驶返西班牙。他带回来的冒险传奇，终究要彻底改变欧美两洲，然而，亲身经历这第一次接触的人，却没有几个能够从中获得好处。“平塔号”在这场2月风暴期间和“尼娜号”分散，舰长心怀叵测，想抢在哥伦布之前觐见国王和女王，第一个在御前提出报告。然而，他回来得实在太迟了，他大失所望完全崩溃，立刻被送往自家床上，过没几个月就死了。哥伦布的处境稍微好一些，最后是他名留青史，还有个纪念日以他为名。然而，就连他也没有长期享用两位君主恩赐的大批头衔和财富。他屡次恳请把他发现的民族交由他来管理，结果惹火了西班牙君王，翻脸对付他。他又完成两次航行，接着最后一次，他从“东印度群岛”返国之后便锁链加身。同时，他当初遇见的温和原住民也逐渐认识了恐怖的真相，原本以为那群白人来自天堂，哪知落入他们手中，竟是这般凄惨下场。

哥伦布的新世界和旧世界接触之后开始转变，而当初带他跨海航行的和缓贸易风和狂暴西风，则都继续稳定地吹拂。时至今日依然不变，而且，只要地球有空气补充动力，两道行星风带永远都不会平息。东西风带就这样继续流动，改变我们的世界。

在哥伦布时代完全没有人能够预见，他们巧遇的东西风带，实际上竟然延伸如此辽阔的距离。过了一段时间之后，海员才终于明白，两道风带其实是绕行全球，而且更久之后，才出现第一个试探性主张，来解释东西风带的生成原因。有关风带威力源头的完满解释，还要等待四百年，等候一位羞怯的天才的农庄男孩，在哥伦布一度为西班牙征服的大陆出生，为求温饱在那片土壤上辛勤耕耘。

农庄里的天才

1831年春　西弗吉尼亚州伯克利郡

从很多方面来看，有那样一处农庄都是好事。那是威廉·费雷尔（William Ferrel）的父亲在两年前购置的农庄，比起飘忽不定的伐木生涯，那里的生活相较之下安稳许多。同时，那里还有辽阔的空间，可供年幼的费雷尔溜达和思考。费雷尔家共有六个兄弟和两个姊妹，家里十分喧闹，他往往避开其他人的注意，自己一个人悄悄躲在角落里，沉溺于自己的思绪。

他的问题是，手边没有东西可供阅读。费雷尔当时14岁。过去两年，他和其他农庄孩童挤在冰冷的学校小屋上课，他已经把读、写、计算和文法课程全部上完。夏天是很舒适没错，不过白天太长也太珍贵，连最年幼的孩童都必须下田，这时就不能把夏天浪费在学习上面。学习是冬天的事，由于窗子没装玻璃，只糊油纸，到那时候，冬季寒冰就会渗过窗纸下缘，还从小木屋粗陋搭盖的圆木间隙溜进屋里。

费雷尔不觉得寒冷有多难忍受。他比较在意的是，自己这时不能上学、该到农庄做事了。然而，他的心思却不肯停止运作。他很希望有东西可读，任何东西都好。当时家中订阅一份当地小报，称为《弗吉尼亚共和报》（*Virginia Republican*），那是一份周报，在附近城镇马丁斯堡（Martinsburg）发行。报纸一送来，费雷尔马上紧抓不放，找出里面刊载的少数几篇文章，动脑筋咀嚼内容。

后来他看到一本书，当场让他垂涎不已。书名叫做《帕克斯算术》（*Parks Arithmetic*），里面还有引人入胜的图表，说明如何计算各种图形的周长和面积。他渴望得到那本书。

然而，费雷尔太羞怯了，不敢向父亲要钱，他父亲会说，什么东西不好买，偏要买书。结果他靠着自己赚钱，在收割季节到邻家农庄帮忙、赚了50分钱，接着动身到马丁斯堡那家书店。结果却发现，那本书卖62分，不过那位好心的店主还是让他把书带走。

费雷尔一生爱书，不过以《帕克斯算术》启蒙，实在令人感到诧异。他狼吞虎咽读完内容，迫不及待做完习题，而且对求得的每项答案都喜不自禁。费雷尔轻松学会算术。算术很抽象，甚至可以说是虚幻，和他的农庄生活、自然生息并无明显瓜葛。不过，他热爱算术，就像纵横字谜玩家热爱谜题。给他问题，他就会求出答案。

接着，在1832年7月29日早上发生了一件大事，让他将这种解题能力和周遭的世界牵连到一块儿。费雷尔前往农地途中看到日食，尽管他事前并不知道，不过他晓得肯定有人早就料到会出现这种天象。月亮始终悬在他的头顶，偶尔也必然会运行到地球和太阳中间，暂时挡住视线。月食肯定是同类的事件，唯一的差别是，月亮映现的日光是被我们的影子挡住了。就这两种情况而言，宇宙星体的换位舞步肯定是可以预测的。

当然，费雷尔从来没有学过天文学。他不知道月球轨道的形状，而且不论如何，以他懂得的几何学也不够算出轨道路径。不过他可以找出模式，而且只要他够努力，凭他能够找到的区区几种工具——内含地球资讯的基础地理学书籍，加上农民用来预测各时节日月位置的历书——或许他就可以算出往后出现日月交食的日期和时间。

这是个美妙的新谜题，适合他的务实气质，也兼顾他的抽象推论癖好。他操持农务每一得空就投入钻研，日夜不停，把努力成果写进一本笔记簿。（他差一点气馁放弃。他假定地球的影子直径不变，始终和地球本身直径相等，其实这并不对，理应愈远离地球，影子愈小才对。由于过程出了这点差错，他的几何运算完全得不出合理的答案。后来一天傍晚，他在打谷场上，注意到木板投落的影子比板子本身细瘦，于是他冲回去重新计算。）

经过两年辛苦运算，费雷尔终于完成预测工作，算出在隔年，也就是1835年会出现一次日食和两次月食。他不必等待预测日期、时间来验证自己对不对，答案在1835年的历书上就找得到。当历书送来，费雷尔喜不自胜。三次都完全符合他所预期的结果，而且他算出的时间只有误差几分钟。

这时费雷尔已经入迷了。邻家一位年轻人表示他见过一本书，里面有“许许多多的图表”，还说那本书是讲一种叫做三角的学问。费雷尔又去了一次马丁斯堡的书店，在那里找到内容最接近的一本书买下，那是本测量学教科书，接着就手不释卷地开始研读。

那年夏天他几乎抽不出任何空闲时间，因为他整个白天都必须待在打谷场，把小麦粒和麦颖分开。所幸那栋建筑两端都装了大型木门，以柔软的白杨木板制成，于是费雷尔手边有了这种门板，就不必用纸笔或在黑板上计算。他在门板上画图、用干草叉的两根叉尖来画圆，画直线时便只用一根叉尖，还拿小块木板当尺子。他雕出的线条，历经几十年风霜雨雪而保存下来，在他成为科学家、博得崇高地位之后，每次他回来农庄探视都还会去观看那些痕迹。

那年冬天，费雷尔向一位住在山区的老测量员借了另一本几何学教科书，有时就着昏黄的牛油烛光研读。然而他更常借炉灶火光读书。他存了一批引火木料，每当他拿一根圆木抛进火中，便可以让火焰蹿升，不过每次只维持几分钟。来年冬天，他骑马两天穿越雪地，前往马里兰州的哈格镇（Hagerstow），买了一本《普莱费尔几何学》（*Playfair's Geometry*）。他懂得愈多，求知欲愈旺盛。费雷尔不只是研读学习旁人已经懂得的事情。这时他感受到一股冲动，想要发现新知，于是他使用空前做法解释地球万象。归功于他的日月交食研究，他最爱的谜题已经成为现实，在他能够察觉的周遭现实世界展现。

费雷尔靠教学赚了些钱，尽管父亲不懂他想做什么，仍然支持他并出资补贴，让他进入大学就读。费雷尔在学校修习代数、几何和三角学。他发现这些课程并不需要投入全副心思，因此还选读拉丁文和希腊文法。费雷尔暂停学业赚取生活费，接着便在1844年，他27岁时毕业。他已经从农夫变成数学家，不过对他这个西弗吉尼亚州的穷孩子来讲，想进入学术界的机会仍是十分渺茫。他又在白天从事教学工作，晚上和闲暇时间全都投入研究。他始终秉持压抑不住的火样热情，到处寻找新的课题以激发他的想象力。

风的解谜

十年过去了，费雷尔一边教学，得空就多方研究。1855年，他38岁的时候，得知美国海军中尉马修方丹·莫里（Matthew Fontaine Maury）出版了一本书，书名为《海洋自然地理学》（*The Physical Geography of the Sea*）。这本书很奇特，书中收有各种表格，纳入了从世界各地搜集的风、洋流和空气压力资料的汇总列表。内容乍看之下很完整，但为了说明这些数字的关系，处处提到看似古怪的理论。费雷尔买下这本书，带回家中仔细研读。

当时费雷尔不知道莫里在美国首都颇负盛名，其实应该说是颇负恶名。他是个好大喜功、野心勃勃的军人，运用旺盛无穷的精力自吹自擂。他以一项十分优秀的构想出名，他搜集船舶航海日志，追踪各船舶航路，核对其测风记录，借此绘制发表盛行风图示。《风和洋流图说》（*Charts of Winds and Currents*）书成马上热卖。不幸，自我意识本已高涨的莫里，获此成果更是得意忘形，自诩为了不起的科学家。他深信自己这下有资格针对“一切”课题，借着科学威望发表论述。尽管莫里没有丝毫天文学背景，却巧施手段在1844年当上美国海军天文台的台长，他变得更加令人无法忍受。

尽管莫里不讨人喜欢，却也令人感到惋惜。他汲汲营营只想混入科学界，然而问题是他对科学根本就不在行。他的理论都漫无条理，他胡乱采用各种磁力来解释自己连皮毛都还不懂的现象，然而一旦解释不通，他便引述《旧约》的激烈措辞，为他的“科学”论证狡辩[①]。

和费雷尔同时代的其他人，要不就蔑视莫里，不然就对他敬而远之。后来情况更糟糕，他开始自诩为气象学专家，还敦促国会让他管辖一个新机关，主掌一套极可争议的系统，负责预测美国的气候。到了1856年，欣欣向荣的科学界已经开始公开称他为“骗子”。莫里的回应同样无礼。有一次他前往华盛顿史密森学会（Smithsonian Institution）参加科学会议，在会上受到批评，他还嘴说道，该学会的创办人约翰·史密森（John Smithson）是很了不起，但是可惜他是别人的私生子（这是众所皆知的事实，只是从来没有人提及）。接着华盛顿市的重要报纸《华盛顿明星报》（*Washington Star*）开口抨击，描述莫里的研究成果是“世界史上无耻江湖术士[②]所成就的最卓越、最成功的事业之一”。

费雷尔超脱这一切，对华盛顿报纸的谩骂一无所知，反正就算知道他也不会在意。不过，他倒是深深迷上莫里的《海洋自然地理学》中的内容。书中莫里提出众多资料，罗列他从气流和气压记录

---

① 在当时采用这种招数当然要引发争议（如今亦然）。当代一位书评者就《海洋自然地理学》一书提出评述：“时至今日我们认为，几乎全世界，肯定也包括信仰虔诚之士，全都坦承《圣经》原本就不打算教我们科学真相。然而，我们的作者却似乎有不同见解，而且还采取反面立场，介入这场掀起神学界和哲学界大动干戈，还延续至今的不幸争议。”另一位书评者则称颂莫里拥有“坚定、真诚的宗教情操”，不过还补充表示：“可惜他并不明白，动用《圣经》经文强加诠释自然真相，显示他误解这部圣书的根本宗旨，滥用其语意表述，还把书中针对广博事理提出的证据，拿来应用于全然不同的对象和情况，从而折损证言的令誉。”

② 幸好国会始终没有批准莫里所请，而且从1861年开始，他就不再公开露面；因为这时美国内战爆发，而他加入了南方邦联。

采集的数据。只是为了显得更科学一些，他还在书中提出自己发明的几种怪诞理论，来解释风的运行方式。费雷尔读到的内容让他思绪活络。他深信有某种做法，可以把莫里描述的不同气流全部连贯起来，而且显然是莫里本人都没有发现的。这么珍贵的资料没有充分利用，只以这等粗浅的概念来解释，似乎很可惜。还有，费雷尔很肯定，答案会牵涉到他最爱的课题——几何学。

他决定拿这本书到纳什维尔（Nashville）给一位挚友看。那个朋友叫威廉·鲍林（William Bowling），是费雷尔在大学时代结交的医学院朋友，现在已经是个医生。费雷尔在这座城内没有家人，也没有多少朋友。他实在太过羞怯，不善结交生人，只有少数几个人有办法打破他的心理防线，建立了非常密切的关系。其中一位就是鲍林，他特别喜欢和费雷尔谈科学。他是《纳什维尔内外科医学期刊》（*Nashville Journal of Medicine and Surgery*）的发行人，曾投入多年不断地尝试，希望为这份期刊引进渊博知识的力量，好比费雷尔表现出来的这等学识。费雷尔说明他对莫里的资料很感兴趣，还谈到书中所提诸般结论都令人不安。鲍林听他这样讲，心中十分高兴，赶紧向费雷尔邀稿，请他帮自己的期刊写一篇评论，“好好批判他一下”。

然而费雷尔生性温和，不想批判任何人。他另打主意，决定运用莫里的资料，自行构思风的运行学理。最后这引致两种奇特的结果。莫里意外让费雷尔转移焦点投入气象学，结果他对这个学域的贡献，还真的变成一项前瞻性成就，虽然这并非依照他早先预想的路径发展。气象学史上最重要的论文之一，就要在纳什维尔一份默默无名的医学期刊上发表了。

费雷尔决定完全忽略莫里的理论，只挑出他点滴搜罗的航海测绘报道数据来论述。看来，南北半球的气流互为镜像倒影。赤道两

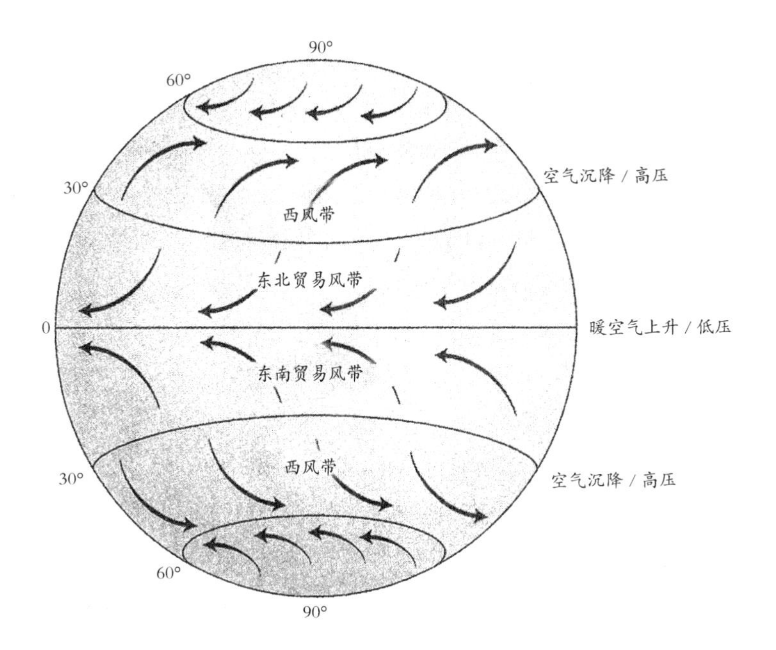

侧都有稳定的贸易风，从东方不断地往西吹拂。除此之外，还有另一组比贸易风更为猛烈的风带，而且通常是由西方刮来。在这两组风带之间各有一座高耸山脉，却不是岩石构成的，而是由空气堆叠成形。根据莫里的资料，也不知道为什么，空气堆叠出两条壮阔的高压棱脊，在赤道南北两侧圈绕全球，还把贸易风带和西风带分开。这就是费雷尔决心破解的谜题：这几道壮阔风带的构成起因为何，还有空气为什么在风带之间堆叠？

费雷尔从移动的空气开始思索，设想当空气通过正在移动的表面（也就是地表）上空，这时它会受到哪些影响。他拾起铅笔，开始运算。

数学运算繁复至极、答案却让费雷尔感到意外，结果竟然这么单纯。简单来讲："当地表某一物体朝任意方向运动，地球旋转现象便施加一种作用让运动偏斜，在北半球是向右，在南半球则方向相反。"

热带空气上升生成两座高压“山脉”。其中偏向赤道那道空气向西流动，而偏向极地那道空气则向东流动。

换言之，费雷尔的发现明确告诉我们，地球自转对上方空气究竟产生了哪种让人晕头转向的影响。若是你前往赤道，或许会遇上一批骗钱的地痞流氓，他们弯身俯视水桶，口沫横飞想让你相信，就是因为这样的道理，所以在北边，出水口的水流是逆时针旋转，南边则是顺时针转动。然而没这回事儿，像桶子这么小的容器，只要水中有些许扰动，就足以发挥充分影响，彻底抵消那种作用[①]。但就宏观来看，行星的自转作用自然会让南北半球的风暴，分朝相反方向旋转。这被认为是种“科里奥利效应”（Coriolis effect，又称科氏力）。

没有人真正明白这种效应为什么叫这个名字。约在1930年，也就是费雷尔死后四十年，教科书开始莫名其妙地采用这种称呼。这个名称得自法国数学家古斯塔夫·加斯帕得·科里奥利（Gustave Gaspard Coriolis），他在1836年发表了一组方程式，用来解释理论性旋转系统中的物体运动现象。科里奥利的数学运算并无瑕疵，不过他从来没有在大气领域运用自己的这项研究，甚至也不曾设想以此解释风。

就连在费雷尔的时代，气象学家也借用另一个人的名字来称呼这项“北半球右转，南半球左转”定则。费雷尔提出他这项定则过了一年，荷兰皇家气象局的科学家白贝罗（Christophe Buys Ballot）发表了一篇论文，单纯指出观察结果，表示北方的空气往往向右移动。那个荷兰人没有尝试以数学导出观察结果，也没有再深入探

---

① 许多人都帮忙散播这项迷思却不自知，有个网站列出了若干有趣的个案描述。网址：http://www.ems.psu.edu/~fraser/Bad/BadCoriolis.html。

究。然而，由于没有人听过威廉·费雷尔，因此研究人员开始称之为“白贝罗定律”（Buys Ballot's Law），从此就这样流传下来。

后来白贝罗得知费雷尔的研究成果，他觉得十分难为情。这项荣誉显然不该归于他本人，而是属于费雷尔。他甚至还写信给费雷尔，提议两人联名共享荣耀。那可怜怕羞的费雷尔，他毫不隐瞒自己因这项提议受到何等惊吓。他马上回信，信末以这句话收尾：“尽管我衷心认为，若是我的名字能与您的大名产生任何关联，对我来讲都是极大的荣耀，然而我万不愿意促成您慷慨提议的改变。”

然而，在我（还有其他许多人）的心目中，这项效应的名称理所当然应该属于那位天才的农庄男孩。尽管他是自修学习，而且成就依然埋没不显（都怪他太过害羞），然而费雷尔却完整地发现了科里奥利效应，接着还进一步把这项发现投入运用。经过这次运用，他就要成为世界上第一个真正认识风的人。

详述费雷尔效应

从现在开始，我要单方面称这种现象为费雷尔效应。若想了解费雷尔效应，请先想想地球的形状：环绕一条心轴自转的球体。尽管地球上所有区域全都恰好每天自转一周，有些部分的移动距离却比较远，其中尤以赤道走得最辛苦。赤道是地球最宽阔的地带，每24个小时必须移行的距离最长，而且赤道表面的每个点，也永远都以超过每小时1600公里的速率，在太空中飞驰。愈往北方或南方，地球的宽度就愈窄，移行速率也缓慢得多；等到你抵达两极，地面就不做丝毫运动。

空气会受到影响，理由在于空气和自转地表相触，然而却也能做相对自由的运动。费雷尔（科里奥利）效应不尽然是种作用力，称之为视错觉更为妥当，理由在于，我们忘了自己也随着脚下的大地旋转。

这种效应通常是以南、北向运动来解释。有种做法是拿一个橘子代表自转的地球，再拿一支黑笔画出空气的南向移行运动。首先拿笔点在橘子的“北极”，接着向正南方移动黑笔，同时让橘子由西向东自转。于是你会发现，画出的黑线向西弯曲，也就是向笔的“右边”转动。

还有一种做法或许更能说明这种效应，这次我们不只是观察运动作用，设想有一团位于热带的空气（由于地球的那个地区非常细窄，所以自转速率非常缓慢）开始向南移向赤道（由于地球赤道区很宽阔，所以局部自转便快得多），这时当空气移到赤道区，便发现自己驶入的是“快车道”，而脚下地表也飞速向东呼啸而过。来到赤道这个地带，热带气团的速率远远落后，看来似乎在倒退行进。换言之，气团似乎向西转动。就站在地表的人来说，因为没有意识到地球正在自转，会觉得仿佛空气是向右转动的。

向北移行的气团也可以应用这套原理。从赤道开始，气团在这里已经以非常高的速度朝东自转。不过，随着气团朝北移行，底下地表的移行速率大幅减缓，这团空气此时进入了“慢车道”，不过它本身仍然紧踩油门不放。这团空气现在看来是朝东转动，而且同样也是向右转动。

其实，从前有一位叫做乔治·哈德来（George Hadley）的英国科学家，便曾经尝试解释贸易风，而且依循他的理念，大致上也可以推估出这种现象。但由于这项解释要仰赖空气和地面的东、西向运动差异，在费雷尔得出成果之前，所有人都认为这只能应用于南、北向运动。当一团空气与地面相对朝东或朝西移行，应该感受不到丝毫作用。

费雷尔就是在这里发挥他的天分的：结合了数学推理的高明直觉，他发现就算空气是朝东、西向移行，也要被迫转弯。换言之，不论空气与底下地面相对朝东、南、西、北哪个方向移行，由于地球自转，因此看起来空气始终都会转向。

但是当空气不朝南、北向移行，反而朝东、西向运动时仍然会转向，这项解释就复杂多了，也更难以理解。设想一团空气是以无比高的速度与地面相对由西向东旋转。由于地球本身由西向东自转，凡是朝东移行的空气，都完整带有底下的地表自转速率，然后额外再加上一些速度。任何东西的自转速率愈高，向外飞离的倾向也愈高。（只要在橡皮圈上绑一件重物，然后绕圈转动，你就可以见到这种效应。随着重物转动愈快、橡皮圈愈拉愈长，于是重物就会向外移动。还有，当甩干机的内筒以高速旋转之时，衣物都会紧贴在筒内壁面的道理也在于此。）但因为重力紧拉空气贴附地表，空气无法适度向上移动，结果便显现不出额外自转速率的影响。

这时空气只剩另一种选择，改朝远离自转心轴的表面位置移动，而这条自转心轴，就是从北到南，正好贯穿地球中心的直线。换句话说，空气必须找到地球宽度天生较广阔的地点。你愈朝赤道接近，地球宽度就愈阔，因此朝东运动的风，会朝赤道转弯——在北半球是向右转，在南半球则是向左转。

相同原理也适用于与地面相对向西运行的风。这时空气的转速，比底下的地表略低，这就表示空气必须向地轴靠近。由于地表会挡住气流去向，空气就无法往地下钻，只得移往地球天生较细瘦的位置。当你离赤道愈远，地球就愈细瘦，因此向西移行的风就会偏离赤道；这同样也表示，北半球的东风会向右转，南半球的情况则是向左偏转。

费雷尔发现，在自转世界中生活，一定会遇上这项简单的额外效应，这种力量势不可当，北半球空气总要向右转，南半球空气总要向左转，于是这正符合他所需，可以用来解释他在莫里的书中读到的神秘模式。

我们简化费雷尔的论点来探讨北半球的风（相同论据也适用于南半球，不过要做个镜射转换）。赤道艳阳普照，因此那里的高热空气会垂直上升。但赤道空气不可能永远上升，它总要逐渐朝北往寒冷极地移动。然而，空气移动时始终会受力偏转，因此这股北向空气开始朝东转移。由于这是出现在高空，我们在地表并不会注意到。

然而，高空的空气挪开之后在底下产生低压间隙，表面空气向南涌入填补空隙；既然空气移动时始终要转向，于是这团空气向右转动，生成由东吹来的贸易风。

在此同时，高空的空气向东移动，温度也逐渐降低，于是空气又要沉降，而这大致上就发生在热带上空。空气沉降时，仍是继续被拉扯右转，这就表示空气又开始朝南转向。这团空气就在此时完成一个回圈，转回地表构成贸易风。

在与热带相对的一侧，寒冷极地仍设法从南方扯空气过来。但是这团空气也始终带有一股强烈的右转冲动，空气抵达北极之前，也受迫向东转动，接着又向南转移。

这时，费雷尔手头便有两股不停转向的气流，一股由北极南移，另一股由赤道北行。他领悟到，这两股气流总要在热带相撞，堆叠成那座圈绕全球的神秘高压山脉。

而既然空气只能向大气的低压地带移动，这条山脉就会构成一道障碍。这样一来，底下地表恐怕是永远无法补充潮湿空气，也得不到雨水。所以尽管赤道的气温高于周边地带，然而地球的沙漠地带主要都以赤道南北约三十度为中心，分布在两片巨大环形区域。（你可以核对地球仪，描出北半球的撒哈拉沙漠，以及亚洲、中美洲各沙漠范围，然后在南半球勾勒出南美洲、纳米比亚、澳大利亚等沙漠区的位置。）

最后，借助这两股右旋气流促成的高压系统，就可以从起源、位置和持续性各层面，完满解释哥伦布发现的两道壮阔风带：贸易风和西风。两道风带在高压带相对两侧成形。这座由空气堆叠而成的山脉，南北两侧仿佛都有斜坡。赤道空气攀升到极高海拔，由南方向山脉逼近，一旦触及山巅，便被迫回转朝南滚落山坡（从而朝西移行）并构成地表的贸易风。从北方抵达的高空空气，则由北边对应山坡滑降，接着又回转朝北（从而朝东移行）并形成西风。

费雷尔整理自己的方程组，发现了“万物都向右转”的简单定律，这下他几乎已能彻底解释风的流动现象。

荣耀加身

费雷尔成功解释了世界的气流现象，写成一篇标题为《论海风和洋流》（“An Essay on the Winds and Currents of the Ocean”）的文章，并于1856年在他朋友鲍林的刊物《纳什维尔内外科医学期刊》上发表。这份刊物可不是世界上流传最广的气象学研究期刊，无论如何，有关这篇文章和费雷尔其他研究的消息，依然开始点滴向外流传。隔年，他意外收到邀约，聘请他前往马萨诸塞州剑桥编纂由美国海军天文台出版的《美国星历表和航海天文历》（*American Ephemeris and Nautical Almanac*）。尽管这并不是个学术职位，费雷尔依然喜不自禁地接受邀约，于是突然之间，他身边围绕了一群思想家和科学家，更让他惊奇的是，那些人竟然认为自己是圈子中的一员。

后来设于华盛顿特区的美国气象信号局（U. S. Signals Service）来剑桥挖角，不但雇用他，还坚持重新发表《纳什维尔内外科医学期刊》那篇论文，还有他被埋没的其他文章，这样一来，全世界的气象学家，就可以抛掉他们手中那本不知所云的破烂原书。费雷尔从来不曾追逐学术职位或荣誉，旁人却坚持要给他功名利禄。他成为美国国家科学院的院士，美国艺术与科学学院的副研究员，奥地利、不列颠和德国气象学会的荣誉会员，还获颁荣誉硕士和荣誉博士学位。

费雷尔此生还成就了许多发现，含括课题变化多端，广泛得令人咋舌。他构思出一套数学工具，作用就像省力装置：以一组公式构成捷径，大幅简化冗长计算。他设计出求圆周率的新式算法，以较佳方式求得圆周对直径的比率。他甚至算出月球重量，还清楚解释英仙座"大陵五"（Algol）变光星向地球眨眼的速度为什么愈来愈快。尽管他直到近四十岁才展开科学生涯，然而三十年后退休之时，他已经是著作等身，完成3000页左右的科学研究论文。

费雷尔这辈子始终摆脱不了害羞个性，这个毛病让他每每惊慌失措。纵然明白自己有这项缺点，他却似乎无能为力。有一次，他写了一篇题为《论潮汐引致月球平均运动明显加速之影响》（"Note on the Influence of the Tides in Causing an Apparent Acceleration of the Moon's Mean Motion"）的文章，并体认到这其中含有一项重要的原创发现。他决定在美国艺术与科学学院会上做口头汇报，结果不知道为什么，他就是没办法上台朗读论文。后来他坦承："我一次又一次携带论文参加学院会议，想在会上朗读，结果都鼓不起勇气。"

费雷尔在70岁时退休，搬到美国中西部。不过那里太过偏远，取得书本很不方便，他受不了，很快又搬回东部。他在五年之后去世，临终时和他生前的日子同样安详。他最了不起的朋友之一，与他结交了三十年的气象学家克利夫兰·阿贝（Cleveland Abbe）写道："我们全都记得他的文静作风、他不屈不挠的勤奋表现、他的羞怯个性、他终生专心致志地思考崭新复杂问题的不变习性。他住在一种抽象大气里面；他和我们共处，却又特立独行。”

另一篇讣文比较拘谨，作者是一位曾与费雷尔短暂共事的气象学教授，内容写道：“臧否名人成就的文章竟提到费雷尔，实在稀奇，整个世界对这个人都全无认识 ……他是美国有史以来最出色的科学人才之一。”这篇讣文写成之后，美国又产生出众多出色的男女科学人才，不过，那两篇文章所述仍旧适用。如今费雷尔依然较不为人所知，但毫无疑问是美国有史以来最了不起的科学家之一。

三胞环流模型

若没有圈绕世界的壮阔风带，这颗行星完全不会是现在这个样子，地球会部分冻结，部分烧焦。倘若热带阳光所带来的热量完全保留在那里，赤道地区的温度就会高于现况，上升14摄氏度整，那里的生命也完全无法存续。两极地区的情况还要更糟，两处地带都迫切需要热量，甚至超过热带的散热需求。极地不只是直接日照少于赤道地区，那里的白色冰帽还会大量反射阳光，把大半热量射回太空。由于这些因素，若是没有外力介入、从远处伸出援手，南北两个极地的温度都要低于现况，下降25摄氏度整，而这种降温现象，也会蔓延及人口众多的中纬度到高纬度区。换言之，倘若热量只逗留在阳光洒落的位置，那么地表大半地区，恐怕都要变得无法居住[①]。

地球的热量宝藏必须重新分配，气流就是负责分配的媒介，而

① 请注意，尽管洋流可以输运部分热量来纾缓这种不安定现象，不过热量运输主要还是空气完成的。海洋约占有三分之一的功劳，空气则约为三分之二。见Barry and Chorley, *Atmosphere, Weather and Climate*。

中纬度区则是分配作业的动力引擎。这部引擎的最重要元件，就是移动气团的另一种关键表现形式，而且费雷尔就此也有办法以他的“北半球向右转”新定律提出解释：这不是指风流，而是风暴。

费雷尔出现之前没有人明白，风暴等种种气象模式周围的风，为什么要绕圈运动。事实上，卫星提供影像让我们看到螺旋飓风的种种精彩图形之前，许多人都不肯相信飓风是圆的。要解释风暴的造型，只需根据费雷尔发现的新定律就够了。地球上的移动气团，全都带有恒久不变的转向冲动。天空永远不会静止不动，也不会是均匀的。空气始终不断地由一处向他方移动，而风暴刚形成之时，都是萌发自邻近失去些许空气的小片天空。周围地区的空气开始设法填补这个缺口，结果却办不到。一旦开始朝低压中心移动，空气就必然要转向。北半球的空气向右转，所以北半球的气旋一律采逆时针方向转动。相同道理，南半球的风暴都采顺时针方向转动，因为那里的空气都向左转。所有气旋风暴都直接体现出地球自转不止的特性，而费雷尔便是最早明白这点的人。

促成热带风暴的能量，得自它们由海面吸收的水分，不过，它们之所以能长期维持强大的破坏力量，却是肇因于那种旋转不止的现象。就像溜冰选手收拢双臂加速旋转，最靠近无风低压中心的空气移动速率也最高。风暴“眼”的周围，风速通常最高，尽管竭力绕圈移动，却终究功亏一篑，无法跃入核心。

飓风是世界上威力最大的风暴，见于最低纬度区，也就是贸易风吹袭的地带。若是没有丰沛的温暖水分提供动力，它们就无法存续，因此只有热带地区才会出现飓风[①]。飓风不常出现，也唯有在最

① 费雷尔率先领悟飓风为什么从来不出现在赤道：因为只有在地表，科里奥利效应才不能发挥作用。空气既向右偏转，也不向左转动，因此气流只会翻搅构成局域低压风眼，却不会自行鞭策卷起飓风怒涛。

温暖的季节才会成形。还有，和中纬度地带四处乱蹿[1]的灵巧风暴相比，飓风的规模较小，构造比较致密，持续时间也较短。

尽管飓风的声势惊人，破坏力强大，却不是气候的主要动力引擎。事实上，在热带和极地区域之间传递能量的重要工作，大半是在中纬度地区完成的。这里是壮阔的碰撞地带，极地空气和热带暖空气在这里冲撞，释出能量产生风暴，接着就像一个个滚珠轴承在全世界到处打转。

这里就是深切影响地球大气分配系统的地带。这也是整个大气环流系统当中，唯一冠上费雷尔之名的部分。汇总费雷尔的发现以描绘大气相貌，我们可以看出南北半球各包含三道巨大环流圈。第一道从赤道延伸到热带，相貌就如哈德来描述的样子，因此称为哈德来胞（Hadley cell）。第三道从中纬度区延伸到两极区，而且也是由于空气所接收热能有直接量差，才促成环流运行，因此这也是种哈德来胞。中间那道则是以相反方式运作，而且完全是因应另外两道环流才生成。这道环流通常称为费雷尔胞。

许多学校仍然教导学生大气包含这三种环流圈，然而这种写照并不完全正确。赤道附近的哈德来胞肯定是事实，极地的环流也确实存在（不过威力弱小得多）。至于两者之间，实际上却完全没有鲜明的环流圈；其实那里只有一团团回旋风暴，气象系统错杂交缠。这就是大气中运动最旺盛的环节，而且环流作用大半都发生在这里。所以西风才远比贸易风更为强劲，也因此哥伦布才会遇上那场情人节风暴，甚至连性命都差点保不住；这种风暴正是在那个地带生成，那里的风暴型锋面激起气候能量并向外传播。

---

① 飓风直径通常可达六七百公里，较之于中纬度风暴的1500—3000公里的直径相形见绌。还有，飓风往往在几天之内便自行消散，中纬度气团锋面则能持续达一周或更久。见 Barry and Chorley, *Atmosphere, Weather and Climate*。

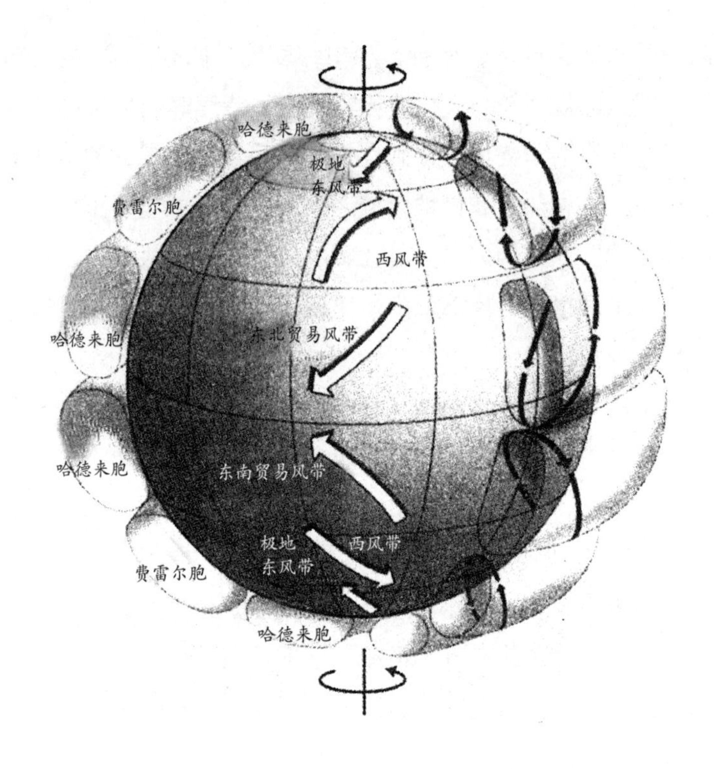

还有，中纬度气候之所以变幻莫测也是肇因于此。夏威夷位于贸易风的吹袭路径，那里的居民几乎一年到头都会感受到东方吹来的和风。然而，中纬度地带的民众正好住在费雷尔的翻腾风暴和回转锋面底下，那里的气候称得上是诡谲万变。马克·吐温描述得好，有一次，他就新英格兰区的日常气候提出预测："风可能从东北刮向西南，再转为南向和西向和东向，或为中间方向；气压可高可低，横扫四面八方；各区或要下雨、降雪、下冰雹，还可能出现干旱，此后或先前有机会发生地震，加上雷声和闪电。"

这幅拼图还缺了一片，就连费雷尔也没有看出这个缺失。他以两项重要论述来解释西风起因和风暴旋转现象，然而他并不知道，这两项论述有着十分密切的关系。

这种三胞环流大气图像可以说明贸易风和西风的气流方向。不过，中间的“费雷尔胞”其实应该是个多风暴复杂地带，那里的暖空气和冷空气冲撞，把赤道的热能搬往极地。

费雷尔已经想到，表面的西风或许受到威力相当、方向却相反的高空“东风”制衡影响。他这种想法错了。西风只不过是种外围气流，主角则是种更抢眼、更狂暴的风，然而当时全世界还没有人料到有这种狂风。就算天上万里无云，蔚蓝一片，偶尔那里仍有空气洪流，而且强劲超过飓风。这就是施展无形高明手法，导引中纬度自转气旋的动力源头，也是空气得以带着孕育生机的热量和雨水，飘往四方的最后一项重要因素。

横冲直撞的飞行员

1933年7月19日

威利·波斯特（Wiley Post）独自在“温妮·梅号”（Winnie Mae）驾驶舱中，凝视他底下那片浓密云层。他一向都知道，这次单人环球飞行的最危险段落就在西伯利亚。那里的高耸山峰经常笼罩在雾中，而且俄罗斯的地图误差大得离谱，根本帮不上忙。威利在两年前就学到了这个教训，当时那批地图，误导他径直向西伯利亚一座高山的山腰飞去。那是发生在他的首次环球飞行，当时他身边有一位领航员帮忙。这次他单独飞行，而且还是半盲（他照旧绑了一片棉布，盖住失明的左眼部位）。

他还知道，倘若他没有返航，许多人都会感到十分高兴。虽说波斯特是个飞行天才——有个人谈到他时曾说“他不是在开飞机，他是穿着飞机”——不过和他的宿敌的本领相比，那简直不值一提。

不论起因是他的卑微出身、他的五短身材，或者完全是由于他那种让全世界都想打击他的顽劣个性，反正波斯特老是嫌东嫌西，骚扰他人又常乱发脾气，连想要帮他忙的人，都成为他的出气筒。他对媒体也抱有敌意，据说一位摄影记者告诉波斯特，他来跑道不是想拍起飞镜头，实际上，他希望波斯特的飞机坠毁，这样他就可以"拍到你烧得两面焦的镜头"。显然那个人不是在开玩笑。

所幸，波斯特从上一次西伯利亚飞行还学到另一个教训。只要他飞得很高，就可以避开麻烦。没有氧气，你恐怕没办法在6000米高空飞行，不过波斯特发现只要别逗留太久，他就可以办到这点。此外，他还想验证另一件事情。回顾1931年第一次环球飞行，当时他和他的领航员曾驾驶座机向上超越危险云层，飞进清朗蓝天，那时他们遇上一股突发顺风，风速高得让他们的时速加快了160公里。

波斯特深信，飞机会成为未来的运输工具，而长程飞行也会成为空运成功的关键。若是你能在短短几小时内飞抵欧洲，为什么还要花五天工夫搭船？然而，当时还有许多人心怀疑问，在他们心目中，飞机仍然不过是种珍奇玩意儿，于是他下定决心要证明他们错了。倘若有任何额外气流能够帮他多加把劲，他都想更深入了解。

波斯特在西伯利亚云层上方翱翔，如愿找到目标。他感受到同样是那种突发紊流，接着是狂暴空气洪流涌现，突如其来地施加推力，然而在他四周，天空看来却是一片静谧。几天之后，他在阿拉斯加上空慢慢爬升到6000米高处，又一次感受到那股推力。那上面似乎真的有某种东西，某种可供飞行员运用的现象。

波斯特在纽约降落，这时他已经打破自己先前的纪录，超前21小时。纽约市为他举办了一场盛大游行。所有人都想借他的名号获益。骆驼牌香烟把他列入"著名瘾君子"，其实他根本不抽烟。他们的广告上有一句话，据信就是波斯特说的：“要浑身是胆才敢独自环球飞行。我抽骆驼牌香烟这么久，从不怀疑自己浑身是胆。”有时他还假装拿骆驼牌来抽，抽了几口再把烟头摁熄。

当他开始吹嘘，说什么万里无云的晴朗天空，实际上却到处都是狂烈暴风，许多人都忍不住要发笑。他们众说纷纭，有的断定他之所以这样讲，是由于待在一个地方太久了，有的认为他缺氧，或完全是由于坐在飞机里面胡思乱想所致，因为他就只有自己一个人，没有讲话对象，也没有其他事情可做。

波斯特受不了这种质疑。他饱经风霜力求上进，这时更决心要证明自己没错。

就像费雷尔一样，波斯特也是出身农庄的贫童。不过两个人个性迥异，出生年代也非常不同。在费雷尔的时代，美国还处于拓荒艰困阶段。然而到了波斯特诞生那年，则已经进入19世纪尾声，世界变迁日新月异，新闻传播畅行无阻，连他在得克萨斯科林斯（Corinth）的农村社区都能知晓天下事。1898年，各地都市都出现人口暴增的现象，纽约市人口数更为惊人，达到350万之众。各都市附近还纷纷出现工业化“制造厂”，分别生产自己的核心产品并输往全国各地。举例来说，有种称为“玉米片”的新式早餐谷类，已经开始在商店出现。（初期发展并不顺利，因为配方不太好，玉米片在杂货店货架上腐败发臭。）就在同一年，美国各生产线推出将近1000辆新式无马自动车。再过五年，莱特兄弟就要在北卡罗来纳州的基蒂霍克，证明人类能飞。

14岁时，波斯特这辈子第一次看到飞机。波斯特和费雷尔不同，他不是学者。这个高傲的人对读书不感兴趣，他在三年之前辍学，这时几乎连自己的姓名都拼不出来。但他始终热爱技术，还十分精通机器。波斯特年轻时几乎什么都能修，从缝纫机到播种机样样都行。他辍学之后，便不时巡回各地农庄提供修缮服务。他在前一年已经赚够资金，买下一辆美国最早期的脚踏车。

1913年秋天，他和家人前往俄克拉荷马州劳顿（Lawton）参观郡县博览会，那次之后他就把脚踏车忘得一干二净。阿特·史密斯（Art Smith），美国最早的特技飞行家之一，也带着一架最早期的飞机——柯蒂斯推式机（Curtiss Pusher）——来到会场。波斯特把搭乘式娱乐设备、展览品，还有采收和种植机具操作示范全都抛在脑后，他只关心那架飞机。后来波斯特说："我从没见过有哪台陆地、海面或天上的机器，像这架老推式机那样让我喘不过气。"博览会结束了，也早过了约定会合的时间，他的几位兄弟发现他一个人坐在那架推式机的驾驶座上，脑中充满梦想。

从那天开始，波斯特一心一意只想飞行。但是飞机才刚刚问世，还是种新奇的东西，最重要的是花费昂贵。没有人会雇请没有经验的农庄男孩来开飞机，特别是波斯特这种长相的小孩。他很矮，身高才163厘米，不过他生性刚毅好强，和他的火红头发十分相称。波斯特真正需要的是金钱，他要自行购买飞机。而且倘若其中还要冒点风险，那就更好了。

所以波斯特开始上公路抢劫。他的构想十分高明，在大萧条期间更多方运用：把一台显然没人要的机械摆在公路上，吸引路过的驾驶员停车，接着便挥舞枪支跳出来向他们要钱。然而，波斯特抢钱恐怕不是非常高明，他在1921年落网之前，曾在俄克拉荷马州格雷迪郡（Grady）逞凶了好一阵子，结果他口袋里却依然只有27分钱。他被判十年徒刑，不过由于他变得十分沮丧和孤僻，只关了一年就假释出狱。波斯特对他的刑事记录始终深感羞愧，成名之后，更不择手段地隐匿那段过去，不让外界知道。

根据波斯特的假释条件，他不得有丝毫违法行为。但这并不代表他必须放弃他的飞行梦想。他开始在油田工作，然而不久之后他就找上伯勒尔·提布斯（Burrell Tibbs）的飞行马戏班，表示他想加入表演团。他运气很好。飞行马戏班的最重要角色之一，跳伞员，恰好在前一天受伤。群众爱看别人冒着生命危险跳下来，马戏班也迫切需要替换人手。波斯特，你以前跳过伞吗？没有？喔，别担心，这没什么。其实你只要在身上绑一具伞，然后跳下来就行了。结果波斯特发现事实上要做的远不止于此，不过幸好他终于想起该拉扯伞索打开伞包，接着他就有惊无险地向地球飘荡下来，那时心中的感受，他称之为："我这辈子最激昂的兴奋体验之一。"

往后又跳了许多次，还上了一些飞行课程，做了一点特技演出。不过尽管每跳一次收入50美元，波斯特仍然赚不到自行购买飞机所需的金额。他不甘心地回到油田，帮一家叫做德拉普曼与坎利夫（Droppleman & Cunliffe）的钻油公司工作。他第一天上工是在1926年10月1日，那也是他工作的最后一天。那天的经过细节，就像发生在波斯特身上的许多故事，同样有点不明不白。一条转盘传动链坏了，有个人拿了把锤子从链条敲下一根插针。波斯特始终表示是旁人拿锤子来敲的，但后来他有个同事却发誓，说是波斯特自己不小心才会受伤。无论如何，事实是一件钢料断裂、射进波斯特的左眼。医师拿根探针设法取出那件钢料，却已经引发感染，专科医师只好取出波斯特的眼珠。三十天后，俄克拉荷马州的州级工业委员会裁定，波斯特可以获得1698.25美元的伤害补偿金。

尽管波斯特失去一眼，他却买得起飞机了。

波斯特首先要学会如何补偿他的视力伤害。当时还没有可靠的航空仪表来测定飞机的离地高度，还有离逐渐逼近的障碍物相隔多远，这些要等很久之后才会问世，他只剩一眼，必须克服万难自行判断这些距离。康复期间，波斯特每天都要花好几个小时做长距离步行。他估计那块岩石、那面悬崖或那座山脉离这里多远，然后步测距离看自己估得对不对，有时估计树木高度，接着就爬上去核对。波斯特的猜测愈来愈准，最后他终于断定自己已经准备妥当。

惊险飞行

波斯特的新飞机叫“珍妮号”，是加拿大制造的肯纳克式飞机(Canuck)。他的补偿金大半被“珍妮号”吃掉，剩下的几乎全都拿来上飞行课程。结果那架飞机实在太方便了，不只是生意上有用途。波斯特除了连人带机受雇，后来他私奔时也用上了“珍妮号”。波斯特和堂妹，小名“梅”的埃德娜·莱恩（Edna Laine）坠入情网，女方双亲强烈反对两人结合。家长不肯接纳情有可原。梅是个天真无邪的17岁少女，波斯特则是个饱经世故的28岁男子。他只有一眼，性情暴躁，还有一段不堪回首的公路抢劫史。而且驾驶新式飞机在美国四处漂泊，实在不是种稳当的工作。波斯特明白，他必须想个好办法把梅带走，让她的父母无力制止。

1927年6月27日，梅和波斯特登上“珍妮号”。梅带了个小袋子，里面有几样随身用品；波斯特口袋里装了一张结婚许可证。梅的父母听到飞机引擎点火的声音连忙赶出来，却察觉女儿坐在里面。夫妇俩张口呼喊，不过没有人听到他们叫喊了什么，或许，小两口也曾挥手道别。但是他们的这次逃亡并没有大功告成。从梅的父母家向南不到50公里，那架肯纳克式飞机的引擎熄火。波斯特仓皇四顾，找到一片田地，那里的作物刚收割不久，看来也还算平坦，他可以在那里降落。这时周围杳无人烟，他也不可能在当晚把飞机修好。波斯特展现了令人肃然起敬的精神，尽管担心有个愤怒的父亲随时都会莅临，坏了他的好事。但波斯特还是动身找到一位牧师，那位牧师乐意成全，当场为这对情侣证婚。他们的新婚之夜，就在一座油井铁架塔的木制平台上露天度过。

最后，梅的双亲终究还是原谅了波斯特。他名利双收，肯定超过岳父岳母对他的一切指望（不过他本人倒是希望拥有更多财富）。波斯特担任一位富商的私人驾驶员，同时还参加全国空中竞技大赛，先赢得从洛杉矶到芝加哥段的赛程，接着在1931年6月创下第一项纪录，他和领航员哈罗德·加蒂（Harold Gatty）完成环球飞行。两人在8天又15小时51分钟内，飞越24903公里，在这整段飞航期间，波斯特总共睡不到15小时。

这次飞行和后来那次单飞之后，波斯特已经如愿以偿功成名就，但这时他更想要的是让别人信服。他几次感受到那种高空气流，他知道这确实存在，他要证明这项事实。

为完成使命他必须高飞，甚至还要在高空逗留，他需要的是氧气。“温尼梅号”机身气密不足，无法加压，不过或许他可以用管子将氧气导入身上的衣物。这就成为可供波斯特大显身手的机械难题。他开始疯狂投入设计，接连完成种种服装。第一种为两件式，以气密腰带相连，搭配猪革手套和橡皮靴，再加上一顶铝质头盔，样子就像焊工护盔，而口部则留了一道活门以便取用饮食。可惜，当他进入减压舱进行测试时，每次都立刻漏气。第二次尝试结果好一点，不过尽管波斯特可以轻松着装，穿上后却脱不下来，这让他陷入尴尬处境。原来从量身打造服装到试穿时，他已经胖了9公斤，经过几次尝试都脱身不得，最后只好把衣服剪开卸下。

但是第三次测试的结果好极了。为确保服装合身，波斯特量身复制了一具金属人体模型，按他本人端坐驾驶舱中的姿势打造完成。接着在人形上涂敷胶乳，构成服装内罩。氧气从左侧导入头盔，入口接近他失明的眼睛，这样气流就不会干扰他的视觉。测试结果看来不错。接着波斯特就着手试穿，结果证明，这名副其实就是世界上第一套太空服。

首先，波斯特只想尽可能提升高度，验证服装确实挺得过去。1934年9月5日，他抵达12000多米高度，服装稳定运作。12月7日，他再次起飞，攀升到15000多米，创下动力飞行新纪录（不过这仍然属于非正式纪录，因为在接近11000米时，波斯特的两具气压记录器之一便冻结失灵）。这两次飞行，波斯特都感受到高空空气洪流分毫不爽的推挤力量。他表示："经由这次飞行，我深信只要越过9000米高空，进入盛行风通道，飞机就能以惊人高速飞行。"

接着就是真正的测试。他能不能运用那股劲风，突破众人心目中的飞机最高性能，凌驾合理飞行速度，而且快得让怀疑他的人都不得不相信他？他的第一次尝试，几乎酿成惨剧。

1935年2月22日，波斯特从加州伯班克机场（Burbank airport）起飞前往东岸。他几呈笔直攀升，打算爬升到8000米高空。然而就在近7500米处，他发现一个问题。油压突然减弱。若是不关闭引擎，机上所有轴承都要卡死。波斯特开始降低高度，四顾寻找降落地点。他离开伯班克才35分钟，放眼望去，却完全找不到像跑道的地方。更糟的是，他已经投弃起落架，让飞机更具流线外形。他必须用飞机的强化机身着陆，这肯定十分颠簸。这时波斯特看到一片干湖床，以他精湛的飞行技能，他可以操控飞机降落并平安着陆。

他挣扎着爬出驾驶舱，却无法自行卸下压力衣。由于衣物厚重碍手碍脚，波斯特连伸手到后方松开头盔都办不到。最后，他走到一条路上，见到那里有辆汽车抛锚，驾驶员正笨手笨脚设法修理。那幅景象肯定十分精彩。"那个人双膝直不起来，几乎跌倒在地。他绕过汽车，跑到车后盯着我瞧。我花了些时间安抚他，终于让他镇定下来，然后他帮我取下我的氧气头盔。'天啊，好家伙，'等他嗓门恢复正常，就听他说，‘我吓傻了。我还以为你是从月亮或什么地方降下来的。’”

两人一起走去找人帮忙。直到飞机运回伯班克检视，波斯特才发现是哪里出了问题。油箱里面有近一公斤重的金属锉屑和砂子，这是故意倒进去的。有人想杀他。

波斯特，这个玩命当儿戏的前跳伞员和公路抢匪，可不是那么容易吓退的人。1935年3月5日，他又登上飞机，事前做了严格检查，再次从伯班克出发。这次一切顺利，至少起初是如此。抵达俄亥俄州时，波斯特发觉氧气几乎耗光了。他没有选择余地，只好降回较低高度，在克利夫兰机场降落。但是他的飞行距离肯定是够远了。“温尼梅号”花了7小时又19分钟，飞越3200多公里。这样算来，平均飞行时速接近450公里，和这架飞机的合理速度相比，每小时至少快了160公里。

不知道为什么，民众似乎还不肯相信。因为波斯特这个见证人实在太不可靠，无法扭转偏见，不足以让他们相信那套晴空刮起大风的说辞。或许，只要他一路直飞到东岸……尽管他又试了一次、两次，机械却一再故障，逼得他只好降落。根据一项报道，最早的那次尝试，他的头盔被雾气严重遮挡，他只好用鼻头擦拭。后来当他的鼻子严重擦伤，把玻璃染上斑斑鲜血，他也只好降落。可惜，没有人相信波斯特。后来他在阿拉斯加因一次空难丧生（那次显然并非预谋），又过了几年，全世界才明白他终究是对的。而与此同时，人类由于漠视他的发现，发生了不止一次惨剧。

超高速喷流现形

波斯特口中的“大风”（high winds）就是我们今天所说的喷

流。南北半球都有这种环绕地球的高速空气洪流。喷流并非永远看不到。偶尔喷流会带动卷云快速移行，而且在太空中也见得到喷流拖出的细长痕迹。珠穆朗玛峰突入一道从西向东移动的亚洲喷流，因此许多珠穆朗玛峰图片都显示东侧留有飞雪痕迹。喷流宽仅达几百公里，高可能只有几公里，不过那里的气流很强。喷流以每小时一两百公里的速度横扫天际，有时还能逼近时速500公里，这种风速在全世界数一数二：凌驾飓风，几乎与龙卷风不相上下，然而其影响更是深远得多。

波斯特曾在西伯利亚和阿拉斯加上空亲眼瞥见喷流身影，然而喷流再次现身是在日本上空，那时“二战”已经快要结束。美国B−29轰炸机是专为高空飞行设计，适航高度超过9000米，这样才能甩开敌方战斗机，同时保有精确轰炸性能。然而，奇怪的是，当机群飞抵日本上空向目标投弹，弹着点却相差甚远。轰炸机群应该是以550公里的时速飞行，然而仪器却显示对地速度为770公里。以那种高速，机群根本不可能投中8000米底下的目标。指挥官往往都怪罪飞行员无能，很少听信他们的说辞，质疑云上怎么可能刮起飓风般猛烈的劲风，不过他们脑中也开始出现问号。

当时仍无人领悟，这些空气洪流完全不是怪诞的局域效应。直到后来日本军方灵机一动，在1945年年初，施放几千颗装了诡雷的气球，真相方才大白。那批气球都装了一种巧妙装置，能维持位置顺着喷流飘移：若下降过甚，压力感测器便会引爆一剂火药，把一小袋荷重投弃到太平洋中。日军完全不知道这批气球能飘移多远，不过其中一千颗一路飘到美国西岸。气球搭上看不见的气流便车，区区四天之内飘了近万公里。

许多气球被击落。有些被俘获。若是报纸刊出《日本施放炸弹气球轰炸美国本土》的头条新闻，肯定要掀起恐慌，美国军方决心管制媒体，不让新闻见报。接着在1945年5月5日，俄勒冈州布莱（Bligh）一群主日学学童参加远足活动到森林野餐。那是个宜人夏日，孩童毫无戒心，竞相奔往林间空地窥探一件奇怪装置。没有人知道是谁先碰触了那个东西，气球爆炸，他们的骨头随着碎裂的弹片嵌入四周树干。五名孩童和一位老师遇难。在那整场战争期间，美国本土只有他们死于战火。

当北半球民众逐步发现喷流威力之时，却没有人料到喷流也会在南半球现身。民航飞行才刚起步，很少飞机能爬升到充分高度，也无从注意到风势变化。这其中一架是英国兰开斯特型民航机，机名为“星尘号”（Stardust），这种飞机能飞得很高，专为飞越安第斯山而设计，必要时可以高飞避开经常笼罩山巅的风暴和云层。1947年8月2日，“星尘号”从阿根廷布宜诺斯艾利斯起飞，直航智利圣地亚哥。这段航程要直接越过安第斯山区数一数二的高峰图蓬加托山（Mount Tupungato）。根据气象报告，能见度很低，因此当他们飞近那片山区，“星尘号”驾驶便使用无线电报告，他想爬高到7300米。无线电照例保持通畅；驾驶员报告他已经跨越山峰，正要下降进入圣地亚哥机场。接着，飞机平白无故消失无踪。

调查人员百思不解，终于在五十年后厘清“星尘号”的遭遇。这不是外星绑架事件，祸首也非南美的“百慕大三角”，更不能以在这段时间冒出来的其他种种怪诞理论解释。事实上，那架不幸的飞机是遇上了南天喷流。当“星尘号”爬升到7300米，突然遇上一股劲风逆向袭来，于是飞机航速大减，落差超过每小时160公里。问题是，飞行员对此一无所知。那时没有雷达告诉他对地速度减慢近半，而且在云层底下那片杳无人烟的地带，也没有无线电发射台追踪他的位置。

他只能根据仪器显示的空速推算出自己的位置。当他认为自己已经抵达圣地亚哥附近时，实际上却还没有完全越过山脉。飞机撞上图蓬加托山东侧的坡面，三名机组人员和六位机上乘客当场丧命。撞击引发雪崩，过了几秒钟飞机就被大雪覆盖，接着逐渐下沉，陷入冰河中央，在凛冽霜雪中一路沉降到谷底。

过了五十年光景，冰河终于吐出飞机残骸，若非如此也没有人会知道，原来喷流又夺走了更多人命。然而喷流本身绝对没有怀抱恶意，如今我们已经认识喷流，也能监测其形成位置，甚至喷流还逐渐实现了波斯特运用那股力量的梦想。从北美洲朝东吹向欧洲的强大喷流，能推动航机前进，这就可以解释为什么东向跨大西洋航班，费时要比西向班机短了近一个小时。接着在1999年，“百年灵号”（Breitling Orbiter）高空气球搭乘喷流便车，完成了不着陆环球飞行。

喷流的重要性还远高于此，喷流是促使地球适于生物栖息的最后一步。因为费雷尔的圆形风暴，像滚珠轴承四处滚动的环流，都要靠喷流来引领。

喷流较常在费雷尔的狂暴西风带左右侧高空大气中现身；热带空气和中纬度较冷空气就是在那里相遇；而中纬度空气，也是在那里和极地冰冷大气相撞。就北半球喷流来看，不论是哪种遭遇情况，由于两股气团温差极大，都会推挤南方的空气朝北而去，根据费雷尔的“北半球右转”定律，这就表示那股风会回旋朝东扑去。两股喷流分以复杂方式四处吹袭。有时候这两股汇聚合一，在南北半球各产生一道巨大喷流；有时候两股全都消失不见。冬季时风势最强，这是由于赤道和极地的温度落差最大。

风暴也是在喷流诞生地带形成，因为风暴也仰赖大幅温差取得能量，随后再受喷流影响转向并绕行全球。这些风暴所含雨水，是推动气候变化的首要动力之一，而地球空气也借此方式重新分配手中资源——依各气团情况各尽其才并各取所需。

尽管我们的大气所含水分只占地球总水量区区百分之几，这批水汽却能发挥举世无匹的强大运输功能[1]。平均来讲，一颗水分子被锁进海洋和冰盖之后，便要在里面待上千百年，但若是被吸收进入大气，那颗水分子就会进入空中，接着在短短十天之内化为雨水再次现身。

倘若地球从不下雨，那么所有陆地区域都不会有生命存活，因为所有生物都需要水，若非大气拔刀相助，启动重新分配机制，我们就只能住在海里了，另外那些携带水分的风暴，其实也同时携有热量。

当空气由海洋吸收水分，同时也动用能量拆开水分子，将它们转变为分崩离析的气体。当分子重聚构成雨滴，同时也释出能量，这就是孕育风暴的动力。热量和水密切相依，而且都由世界各地的风来重新分配。（流汗的基本原理也一样，当你流汗，汗腺从你体内取得水分并灌注到身体表面。接着这些水分渐渐蒸发，进入你周围的空气，同时也带走你的额外热能。随后汗水便借助大气和雨水，输往其他更需要水分的地方。）

地球的庞大风系施展这种绝技已达几十亿年，产生出形形色色的全球气候模式。气流因应气温梯度和可用水量的微妙变迁，孕育出不同的世界，而它能维系生命，尽管有时候展现出迥异于我们现今所见的风貌。无论如何，我们人类在演化期间所栖居的世界，发展出一套特定条件、产生出一组特定气候。而我们所拥有的特定再分配模式，可能很快就会出现变化。如今许多人都担心，全球暖化

---

① 空气含有地球水分的0.035%，相当于1.3×10^{18}立方米水量，只够在整个地表降下区区25毫米雨量。

会干扰风载物质的沉淀方式。较暖的空气能容纳较多水分，随后才泻下化为雨水，而这或许会造成某些地区的干旱情况。空气含有较多水分，代表能量也较多，于是风暴便可能转剧。随着极区暖化，喷流可能转移位置；有些人认为，2002年北美洲各地野火频繁就是个征兆，显示喷流或已带着风暴同时向北转移。

就算这种情况完全没有出现，地球或许也能自我调适，起码在地球上某些地区，依然可能保有湖泊、河川和蓄水库。过去四十多亿年间，我们无所不包的大气，始终不断促成这种转变，如今也没有理由停顿。（不过地球经过重新调适之后，是否还能保有宜人环境，得以继续维持大量人口，还是变得难以栖居，那又是另一回事了。）

至此我们已经看出，这片空气汪洋彻头彻尾装出一副改革家的样子。不过它还扮演另一个角色，对地球生物的存续同样不可或缺。因为大气孕育的生命仍然十分脆弱，而太空到处隐藏着风险，万一魔手伸向地表，我们恐怕都要面临毁灭的危机。

就在这时，我们的大气又出面替我们求情。凌驾云层之上，层层大气构成壁垒，不让太空横施破坏。这层层屏障的第一道防线曾差点毁坏，而在当时，我们对它简直可以说是毫无所悉。

下篇

庇佑万物的天空

盖娅自诞生以来始终扮演生命的守护神，若是不肯让她照管，我们都得自食恶果。

第五章

天空破洞的故事

臭氧是一种漂亮的气体。臭氧和它隐形的近亲氧气不同，臭氧是种带亮丽色泽的蓝色气体，1881年，当都柏林科学家哈特利（W. M. Hartley）开始研究这种气体时，他便迷上了那种色彩，那“和晴朗日子的天空一样蓝”。尽管旁人往往认为臭氧的气味辛辣令人不快，哈特利却觉得那种气味清新宜人，当一阵大雷雨过后，田野洗刷得一干二净：“空气带了臭氧，散放一种非常独特的气味，完全不会弄错，也不禁令人想起当西南微风吹起，南部丘陵（South Downs）上散发的一种气息。”

哈特利对这种仅四十年前才发现的新气体深感好奇。臭氧天生存在于自然环境，不过显然数量极少，而且只在特殊情况下生成，比如雷击之后。研究人员最近才发现，这种气体是由氧原子构成；不过寻常氧分子（O_2）只含一对原子，臭氧分子（O_3）则拥有三颗。额外这颗原子，似乎让臭氧比氧气更容易起反应。呼吸臭氧令人不适，会引致胸痛和过敏反应，至于老鼠一类的小动物，在臭氧中便无法长期生存。（在现今的地表附近，臭氧是汽车尾气成分之一，对哮喘患者产生严重的刺激。）

这还没有道出全貌。哈特利就要发现，到了大气高处，臭氧对我们的生活所产生的影响迥然不同。从地表向上约30公里高处开始，臭氧构成了一道防护层，也就是护卫所有生物、阻挡太空攻击的三道银辉大气屏障中的第一道。

淡蓝色臭氧和紫外线

他这个发现的导火索是一项奇特的观察结果：太阳有部分射线遗失了。还记得吧，太阳射出的光芒，有些并非人类肉眼可见。彩虹的红光之外，还有长波红外线，这就是地球暖化的起因。红外线的波峰波谷间距太广，以我们有限的视觉能力是看不到的。不可见光还有一种高能表亲，称为紫外线，这种光线出现在彩虹蓝端之外，而且紫外线波长太短，也非我们肉眼能见。

尽管我们的眼睛对这类远端光线“视而不见”，不过在哈特利时代，已经有多种仪器可以观测到它们。问题就出在这里。红外线确实现身了，而紫外线却突然不见了。可见光在波长400纳米左右中断。凡是波长更短的光，都算是紫外线，而你也可以料到，来自太阳的紫外线，波长范围从400纳米一直到200纳米。然而，从293纳米开始，往下却空无一物。或至少可以说，没有东西抵达地表。

要么太阳没有射出这类能量最高、波长最短的紫外线，不然就是有东西挡住，因此它们碰不到我们。

就在哈特利思索这道问题之时，他注意到臭氧有种吸收紫外线的倾向。他想知道若他试以全波谱紫外线照射一管亮蓝臭氧，不知道会发生什么结果？答案是，臭氧把彩虹的紫外端整个截除。波长短于293纳米的光线，全都没有穿透到另一边。哈特利在论文中总结这几项实验的结果，并以他不常采用的刻板笔调写道：

> 根据前列实验并考量诸般因素，我归出以下几点结论：
>
> 第一，臭氧是高层大气的常态成分；
>
> 第二，那里所含臭氧比例较高，超过地表附近之含量；
>
> 第三，大气臭氧数量，可充分说明太阳光谱的紫外区带局域现象。

他的见解正确。我们头上有50亿吨臭氧在空中飘浮，捕获能量较高的紫外线，不让它们向下射达地表。能量较低的紫外线，也就是我们的臭氧前线卫队放过的种类，对人类十分有益。这类紫外线能促进皮肤制造维生素D，帮助我们预防软骨病和其他骨科疾病，还让某些人晒出古铜肤色。不过倘若臭氧所捕获的射线种类获准通行，自由射向地表，它们便要带来严重危害。这类紫外线碰到任何东西都径行攻击。它们会减弱人类免疫系统；它们会引致皮肤癌和白内障；它们还会杀死藻类，而藻类正是海洋食物链的最根本一环。

我们的臭氧层发挥着高超保护效能，让我们安心度日，结果我们几乎都不曾察觉，上空区区几公里外便暗藏危机。臭氧层就像地雷阵：每有紫外线碰触一颗臭氧分子，这种三氧分子便会爆炸，射出其中一颗氧原子。而且这处地雷阵还不断重新布阵。爆炸弹片（一颗散逸氧原子和一个普通氧分子）能重新组合，臭氧就这样重获新生。

到了20世纪30年代，也就是哈特利做出那项发现五十年后，英国一位叫作西德尼·查普曼（Sidney Chapman）的化学家想出这套道理。不过就在他撰写方程式，以显示臭氧层的威力是多么强大、作用又是多么重要之时，另一位化学家也正在制造一种化学物质，还差点因此毁掉臭氧层。因为就像许多强固的事物一样，臭氧层同样也很容易受损。

可敬又可怨的发明家

到了20世纪20年代，美国有一位工业家正打算发明一件影响深远的事物。托马斯·米奇利（Thomas Midgley）是个乐天派，浑身充满热情和干劲。他有许多朋友，而且尽管他成就彪炳功业，竟然没有什么敌人，着实令人惊讶。他长了一张满月脸，经常展露亲和喜气，特别是当他找到新的工程难题来动脑筋解谜之时更是如此。他连闲暇时间都全心投入机械问题。在乡间散步时，他总有半数时间仰卧寻思，想弄清楚蚂蚁是遵循哪些原理建造丘冢。当他开始打高尔夫球，发现果岭的品质很糟时，他便着手在家里实验培植新种禾草。他生来就是个发明家。

米奇利拥有发明眼光不足为怪，因为他整个家族都热爱实验。他的外祖父发明了圆盘锯，他的父亲则发明了好几种新轮胎和脚踏车轮，并申请了几项专利。米奇利刚进入社会便在设于俄亥俄州代顿市（Dayton）的国民现金出纳机公司（National Cash Register Company）"发明三部"服务，接着在1916年换工作，进入通用汽车公司的研究部门。后来他在那里完成了几项最著名的发明，那几种原料经过事实证明全都很有用，效能强大，而且极端要命。

尽管当时米奇利还不明白，他的这些发明却注定要带来不幸恶果。他在通用汽车初期完成的几项工作当中，有一项是建议在汽油中加铅。他的构想十分合理，而这确实是个值得喝彩的高明创见，可以解决一项十分恼人的问题。那时汽车和飞机才刚发明不久，所有提高引擎效率的对策全都遇上相同问题：燃烧不稳定，从而引发令人气恼的爆音和运作不顺现象。米奇利想方设法，希望找到能够让燃烧更为顺畅的汽油添加剂。刚开始他几乎没有什么进展。他什么都试过了，“从溶化的奶油和樟脑到醋酸乙酯和氯化铝……其中多数，恐怕还比不上对着五大湖吐痰来得有效”。(他倒是发现含碲和硒的化合物似乎有效，不过这类物质都有种古怪的副作用，会让工作人员沾上大蒜的气味。)

米奇利试了几千种化合物，最后他终于在1921年12月发现，在配方中加铅就可以解决一切问题。他必须克服消费者群的若干偏见，人们认为在汽油中加铅似乎有点危险。(确实如此。铅会在人体累积，引起好几种令人衰弱的疾病，因此如今已经禁用。) 不过在当时，米奇利的善意论点占了上风。最早的含铅汽油在1923年上市，而且很快就行销全球。这下汽车和飞机引擎的效率大幅提升，米奇利也平步青云成为英雄。

米奇利下一项发明的导火索，是他在“富吉戴尔部”(Frigidaire，当年通用汽车制冷部门的名称) 遇上的一项难题。机械式制冷技术当时才刚问世[①]，以往都必须从加拿大向南运冰以作为冷却剂一类用品，不过这种做法开销很大，要受季节影响，而且供应量有限。美国南方医院病房的夏天经常燠热难忍，被热死的患者和死于疾病的人数一样多。食物很快腐败，同时黄热病和疟疾等“热带型”疾病在那里依然猖獗。机械式制冷技术的问世仿佛就像个奇迹。建筑物有空调，住家可以保存食物好几天都不怕腐败，而且民众连仲夏时节都可以自己制冰。

冰箱配管中装了一种原料，可借助不断液化又重新蒸发来发挥制冷效果。这种原料原本是种气体，不过当气体导出冰箱，便在管中受迫压缩转为液体，从而释出热能，也导致冰箱背后温度提高。接着这种液体沿配管导入冰箱，再次膨胀，最后又变回气体。这就

① 第一套商用制冷系统在1873年取得专利，此前不久才开始投入工业规模的生产。

是液化作用的反向历程。这种作用能从四周吸收热能、降低冰箱的温度。

这种原料必须很容易压缩转为液体，接着又能轻松化为雾气变回气体，问题就出在选定的原料种类。截至当时为止，所有人试过的每种冰箱，都带有某种健康风险，有些气体具有毒性，有些可燃，还有些两者兼具。只要这类气体安稳待在密闭管道里面就不会出问题，不过总有一天会有某个地方破漏，而麻烦就从这里开始。到了1929年，富吉戴尔部已经卖出一百万台家用冰箱，意外事例也愈见频繁。民众纷纷搬冰箱到屋外、摆在后门门廊。克利夫兰一处医学中心由于冰箱漏气夺走一条人命，从此以后，医院几乎都不敢使用冰箱。富吉戴尔部的工程师甚至还建议，回头采用他们的第一号试验冷媒二氧化硫，其他全都放弃。没错，那种冷媒带有剧毒，不过至少那种呛鼻不快气味，会立刻引人警觉并注意其危害。

米奇利的工作是设法矫正这些缺失。他必须找出一种不会燃烧的无毒冷冻剂。那种物质必须完全安全。

米奇利一如既往倾心竭力投入这项使命，刚开始他在脑中设想多种化学物质，计算其可能特性，“标绘沸点分布，搜寻毒性资料，修改校正。桌上摆满了计算尺和坐标纸、橡皮擦屑和铅笔刨花，还有在洞见幽微的科学生涯当中，用来取代占卜茶叶和水晶球的其他一切随身工具”。最后，米奇利构思出一种看似完全理想的化合物，沸点十分恰当，而且不会燃烧；事实上，若是他的计算正确，任何因素都破坏不了这种物质的化学稳定性。

最后只需确认这种新的化学物质无毒便大功告成。米奇利的发明生涯曾历经意外转折，其中一项就在这时出现。他差点放弃这整个计划。就在预备新化学物质之时，米奇利把三氟化锑（Antimony trifluoride）分装进五个小瓶子。他任意取用一瓶，制出几克原料，后来这便命名为“氟利昂”（Freon，即氟氯甲烷）。他把一只豚鼠装进玻璃罐中，接着再把这种原料摆进去。他让那只小动物呼吸这种新空气并静候反应。结果那只豚鼠完全不在乎。看来那种新式化学物质并无毒性，和米奇利的预测相符。

不过，为验证结果，米奇利从第二瓶开始，再选出一瓶三氟化锑并制出一批新的原料，这次那只豚鼠立刻死亡。米奇利感到不解。他的氟氯甲烷为什么毒死某只小动物，却放过另一只？他小心地嗅闻第三瓶三氟化锑，绝对错不了，里面装的是光气（phosgene）；大战期间使用的杀伤毒气。米奇利发现，他那五瓶三氟化锑当中，有四瓶含有这种致命杂质。他的第一次尝试，完全靠运气选出唯一那瓶纯净的样本。倘若他挑出的是其他的样本，而那第一只豚鼠也死了，那么他还会继续这项研究吗？或者他会不会放弃氟氯甲烷，改用其他原料，而后来那种元素并不会对大气造成这么严重的致命伤害？

“我的几率是四比一，结果却很倒霉，”后来他表示，“我也经常纳闷，倘若那第一只豚鼠猝死，结果是否依然撼动不了我们的乐观预期，仍旧相信新的化学物质不可能具有毒性，于是……唉，我还是很想知道，我们是不是够聪明，依然继续研究。就算我们坚持下去，如果几率仍旧是四比一，我们是否就不会选用那件纯净样本？至今我仍纳闷。”

从这时开始，米奇利只使用纯净样本，最后确认了他第一项实验的正面结果无误。从此以后，所有的豚鼠都安然无恙，氟氯甲烷对人类或动物都没有明显影响。根据他的计算结果，不管从任何角度来看，氟氯甲烷应该是种惰性原料，结果也正如预期。换句话说，氟氯甲烷完全“安全”。

1930年4月，米奇利在美国化学学会的亚特兰大研讨会上公开了他的发明。他以一段精彩绝伦的表演，证明他的新气体很安全：他在大群化学家面前，深深吸了一口氟氯甲烷，接着朝一根点着的蜡烛慢慢呼气，结果令会众如醉如痴。烛火灭了，这气体不具可燃性。

氟氯甲烷不只是不可燃又无毒性，它还比空气重。推销员都爱在楼梯间演示这项特性，他们在每级楼梯上各点一根蜡烛，然后把氟氯甲烷倒下楼梯。尽管这种气体肉眼看不见，然而眼见一根根烛火逐一熄灭，你就看得出氟氯甲烷的去向。

米奇利的新式化学物质立即引发热潮。氟氯甲烷和同族化学物质（合称氯氟烃，以CFC表示，分指氯氟碳三种构成元素）很快成为美国人最爱用的冷冻剂。由于那种物质相当安全，米奇利的公司同意把它卖给他们所有的竞争厂商，于是很快就为全美国的电冰箱采用。

第二次世界大战爆发，氟氯甲烷也产生新的用途。在太平洋丛林作战的士兵饱受种种虫媒疾病荼毒，于是美国农业部发明了一种“害虫炸弹”，那是种携带式喷雾杀虫剂，容器里面必须装一种推进剂，而氟氯甲烷正符所需，可用来施压喷洒药剂。这就是气溶胶喷雾罐的前身，喷雾罐可装填繁多制剂，从制臭剂到发胶无所不包，而且借助米奇利的氟氯甲烷推进，可以利落喷出精确的分量。接着干洗业开始出现，随后氯氟烃又成为家具业制造泡沫橡胶的理想发泡剂。当时业界肯定把氟氯甲烷当成一种化学万灵丹。然而，当米奇利向全世界推出他这项化学物质新发明时，实际上他培养的是一头大怪物。

最初所有人对此都浑然不觉。米奇利功成名就，一生尊荣。他几乎囊括所有化学大奖，还有其他几十种奖项，再加上多项荣誉学位。（他没有得到诺贝尔奖，不过后来有一位学者受了他成果的启迪并戴上了诺贝尔桂冠。）1944年，俄亥俄大学颁给他荣誉博士学位，并在颁奖声明当中，提出下面这段由衷之言：

> 米奇利先生的研究成果广受认可，由他所获殊荣可为明证，这么多奖项，得自最有资格评断他对人类知识所做贡献的团体。而一般人借助生活的经验，当能为自己所受之于米奇利的嘉惠提出证词，表彰他为增进民众幸福、提高生活效率所作出的巨大贡献。他把科学变成解放者，让我们和他一同欢庆，相信他见到自己辛苦所获果实，心中必然由衷感到满足。后世也必定会表彰其永恒价值。

1947年，米奇利死后三年，他从前的老板，查尔斯·凯特林（Charles Kettering）向国家科学院发表演讲，并转述米奇利葬礼牧师的讲话内容："我们空手来到这个世界，也肯定要空手离开世界。"凯特林表示，"这时我猛然想到，就米奇利的情况，我们大可以增添这句话：'不过我们可以在身后留下许多东西来造福于世界。'"

米奇利，可怜又倒霉的米奇利，肯定是留下了惊人遗产。他欢天喜地努力不懈，致力于改善他周遭的世界，结果他却在意外之间，为地球大气带来严重破坏，危害程度凌驾于历来任何单一的生物体之上①。

米奇利生前并没有亲眼见到，他不慎造成的麻烦有多严重。1940年秋天，他染上急性脊髓灰质炎，导致双腿瘫痪。度过最危险

---

① 这句话我改写自麦克尼尔所述，他说，米奇利"对大气的冲击，超过地球史上其他一切单一生物体"。

阶段之后，米奇利马上动手计算，求出一个51岁的人染上那种疾病的统计几率，他归结表示，那个数值“大体上相当于，从堆叠到帝国大厦高度的一摞扑克牌中，抽出某一张花色的几率”。接着他又说：“怎奈我时运不济抽中了。”

他依然在家中发号施令指导研究，借电话发表演讲，甚至设计出一套挽具和滑轮，这样他就可以自行拉扯起身下床。然而，1944年11月2日上午，米奇利阴错阳差被滑车绳索缠住。他被自己的发明绞死了。

氯氟烃露出马脚

米奇利的神奇冷冻剂可能带有不良成分，一个脾气温和的人率先点出这个问题。那个人讲话轻声细语，头发微卷，双眼炯炯有神，满脸堆着迷人微笑。就精神上和兴趣上来看，詹姆斯·洛夫洛克（James Lovelock）并不像当代的专家研究员，反而像极了旧时代的自然哲学家。他以独立研究著称，日常工作的实验室——违反现代专业科学家常态——就设在自家后院。他还很调皮，喜欢恶作剧。一位同事曾形容他是“我这辈子所见的最富创意的捣蛋鬼”。

洛夫洛克从来不想蒙受大学或机构恩赐职位。不过他仍然试采“正规”途径一段时间。他在20世纪30年代完成化学教育，随后进入伦敦的医学研究委员会（Medical Research Council）工作。然而，在那种传统的（恐怕他会称之为迂腐的）环境中，他愈来愈感无奈。尽管他的同事全都身着白色正规实验袍，他却不肯穿那种“制服”，坚持改穿外科医师服装。1959年，在他快满40岁的时候，洛夫洛克已经受够了。“每天我前往委员会，做我的研究，然后又回家。我觉得自己就像这首打油诗里面那个人”：

该死的，
我近乎百无聊赖，
随波逐流。
我只是因循守旧，
不像汽车，更非巴士，
而是依轨循环的电车。

想到这种轨道就要领着他一路开向坟墓，洛夫洛克不禁反胃。他向老板表示，他不干了，他想要逃开；首先前往休斯敦进入大学工作一段时间，在美国薪水果然很高，他也存了一些钱，接着回到英国，在英格兰南部维特郡一处小村自行创设一间实验室。

洛夫洛克很快就察觉，当个独立科学家会遇上几个现实障碍。举个例子，倘若你的正式地址并非有名望的机构，而是地处偏远的茅草小屋，那么要让学术期刊认真看待你的研究就比较困难。而且要想取得实验室补给品更不容易。尽管当年对恐怖行动还不是那么敏感，然而当你使用一处住家地址，想写信订购几克氰化钾或一小块某放射性物质等原料，仍会启人疑窦，接着你恐怕还没等到送货的厢型车，就要先接待警方的访客。为了避开这个问题，洛夫洛克决定创办一家公司，命名为“布拉佐斯”（Brazzos），他选定这个名字的理由平淡无奇，也是根据务实因素考量。公司名称仿自休斯敦附近的布拉索斯河（Brazos）。由于拟议公司名称不得与现有公司名称重复，而比对一次要花25英镑，他试了几个无法采用的名字之后，挑了一个肯定不曾有人用过的，那就是略为改动几个字母的布拉索斯河。

洛夫洛克顶着布拉佐斯公司的名号，加上许多大公司都知道他的医学研究委员会任职经历，于是他很快拿到好几项顾问合约。这时他就可以放手探究他的开创性的（有时还是很怪诞的）科学构想。这其中最有名的，大概要属他的一项见解。他主张地球上的生命会自行调节环境，以免地球变得太热或太冷，换言之，就是认为生物在地球上是强势的。这个想法在1965年涌现，当时他正为美国航空航天局喷射推进实验室进行实验，测试火星生物感测法。就在洛夫洛克思考火星大气与我们另一颗邻星金星上的大气之时，他猛然想起，那两颗行星和地球竟是如此不同。火星严寒，金星酷热，然而两行星的大气却都含有稳定不变的化学成分，而且明显与方程式预测相符。就另一方面而言，地球却非如此。举例来说，地球大气充满高活性氧气，然而按照化学要件却根本不该出现这种现象。

氧气来自生命。洛夫洛克领悟到，地球出现这么多氧气，完全是由于生物因应自己需要巨幅改动生存环境所致。从此以后，他便开始探寻生物改造地球、接着又受地球改造的其他例子。洛夫洛克寻寻觅觅，到处都发现生命、空气和岩石之间存有密切互动关系。他觉得，这样看来，地球本身仿佛就是活的。

洛夫洛克生性浪漫，于是便沿用希腊地球女神盖娅的名字，来为他的理论命名。以《苍蝇王》声誉鹊起的小说家威廉·戈尔丁（William Golding）就住在附近，他建议采用盖娅这个名字，还骄傲地向洛夫洛克表明："历来少有科学家让这等文坛高才为他们的理论命名。"广义来讲，这项理论没错，因为许多生物都曾因应本身需求促成地球改变。然而，盖娅这个名字，加上洛夫洛克的理论全然展现"嬉皮"风格，让许多同侪都对他满腹狐疑。尽管他的研究审慎，论述合理，还在全世界几份最著名期刊上发表，有些科学家依然不肯采信此说。就此洛夫洛克并不十分在意。甚至当一位杰出科学家形容他是个"圣愚"（holy fool），他还感到荣幸，甚至不改本性，依然自我调侃幽默表示，不知道那位科学家是不是"至愚”（wholly fool）。

洛夫洛克在20世纪60年代介入了臭氧故事。当时他觉得不解，为什么他在夏季前往隐舍乡居，天空偶尔会蒙上霾雾、糟蹋了那里的景致。洛夫洛克不记得自己童年曾经见过这种情况，于是他起身前往气象局找几个朋友，看他们有没有办法解释。英国的气象局隶属国防部，洛夫洛克觉得这十分可笑，他说：“我们英国人对天气一向是大惊小怪，不过这似乎是太过分了。我们是不是觉得天气是种国家资源，十分宝贵，必须动用部队来保护？”后来他听说美国气象局隶属商务部，两相比较之下，他同样兴高采烈回应说道：“或许他们觉得他们的气候好得可以拿来卖。”

气象局似乎没有人明白这种霾雾的可能起因，也不知道这究竟是自然现象，还是人为造成的。接着洛夫洛克灵机一动。他对米奇利的氯氟烃有透彻的了解，当时那种物质已经遍布英国，在气悬喷雾罐和电冰箱中都找得到。那是种惰性物质，绝对安全，却大有可能拿来当作“标识剂”，用以标示其他比较讨厌的工业污染物质的去向。倘若霾雾日子的氯氟烃含量较高，便可推断霾雾或许是种人为现象。

洛夫洛克决定动手验证，而且他手中恰好拥有合用的仪器。因为洛夫洛克和米奇利同样是个天生的发明家，他在10岁时就设计出第一件仪器，那是一具风速计，可以拿着伸出火车车窗测定车速——从此他不时就有发明。洛夫洛克靠发明赚了不少钱，足够应付他的科学研究开销。不过有一台机器的重要性超过其他，并在臭氧研究过程扮演关键角色。洛夫洛克之前发明了一项可以侦测出多种化学物质微量成分的仪器，包括测出氯氟烃。他就是打算使用这具仪器，设法测定霾雾的起源。

回到他的隐舍乡居，洛夫洛克开始在各个夏日，着手测量霾雾浓度和氯氟烃含量。同年稍后，他在爱尔兰西岸重做同一实验。结果正如他预料，每当霾雾较浓，空气中就含有较多氯氟烃，霾雾肯定是来自工业源头。

洛夫洛克公开发表结果，虽然他大可就此心满意足，但他心中始终放不下氯氟烃。既然已经飘到他的偏远小村鲍尔恰克（Bowerchalke），那么它还可能去到哪些地方？那种物质反应很迟钝，又很“安全”，可以说是坚不可摧。或许氯氟烃是在整个大气范围内逐渐累积。我们甚至可能把氯氟烃当作追踪剂，借助这种微量惰性标识剂，在全世界范围监测有害污染物的去向。

有种测试做法可以运用他的仪器来测试海中所含氯氟烃，含括范围从污染较严重的北半球到污染较轻微的南半球。北半球的直接污染情况严重得多，那里的土地面积和工业密集程度都远超过南半球。于是，洛夫洛克说服官方机构——自然环境研究委员会（Natural Environment Research Council）帮他在“沙克尔顿号”（Shackleton）研究船上找了个铺位，接着在1971年11月启航。

洛夫洛克第一天进行测量时，意外碰上一个麻烦。他很快发现船上为他提供的“官方”水样毫无用处，问题不是出在他的仪器，而是船只本身。

由于“沙克尔顿号”是一艘研究船，海水会自动由船艏泵入，科学家可以源源不绝取得检测用水样。就普通测量而言这并没问题。然而，洛夫洛克需求的测量精准度远超过船只的设计。他要检测的氯氟烃含量极低，就连用来导水的“干净”水管所受污染都太过严重，不能达到他的要求规格。他必须另想办法，设法从洋面取得干净水样。

洛夫洛克第一次尝试取水，差点变成他的最后一次。他想出的对策很简单，用绳子绑住一个水桶，然后从船侧投入海中。不过那艘船是以14节航速腾腾前进，水桶落入水中后拉力强劲，差点把他扯入海中。洛夫洛克自怨自艾，他说："我早该算出把水桶抛进流速14节的海水里，拉力会超过45公斤。"心平气和之后，他向船上技师索取较小的采集瓶。然而，在船上能找到的容器只有实验室的玻璃烧杯，然而那实在是太脆弱了。看来这时只能见机行事。

于是洛夫洛克到厨房看那里能找到什么东西，平底锅绑在绳子上恐怕太难控制了，不过一只已经退役的铝质旧茶壶，或许正符所需。从此以后，洛夫洛克每天都兴高采烈使用这只茶壶来舀起当天所需水样，船上其他科学家则对此引为怪谈。

船员对他们这位务实的古怪船客比较宽宏大量，而且似乎是诚心诚意守护他。有一次，洛夫洛克冒着风暴采集茶壶水样，这时他注意到，水手长正悄悄站在他后面，打算一旦浪起，眼看要把他卷入海中之际，马上伸出援手救他一命。

随着船只从北半球航行来到南半球，洛夫洛克也注意到情况不同了。空气突然变得新鲜干净了，霾雾也减少许多，同时他的氯氟烃读数也随之下降。在北半球，氯氟烃读数为百万兆分之七十，到了南半球，读数却略低于此数之半。不过测量结果依然证实洛夫洛克所料：氯氟烃已经逐渐出现在所有地方。

洛夫洛克就这样完成一次研究旅行，总开销只有几百英镑，然而他的"沙克尔顿号"航行，最后却开创了历史新局。他投递成果到《自然》(*Nature*) 杂志上发表，接着又添了一段附注，没想到这个举动却让他后悔莫及。那篇论文的重点是证明氯氟烃正逐渐在全球现身，不过，有些人对一切"化学的"事物都畏如蛇蝎，他可不想引发惊恐。氯氟烃终究是种惰性气体；吸一口气，里面只含百万兆分之几，对所有人都不会带来任何危害。所以洛夫洛克写下让他悔不当初的一句话。他表示："这些复合物质，对任何人都不构成可见危害。"

战力悬殊的攻防战

往后几个月间，洛夫洛克的研究结果飘越大西洋，传抵美国，从而在加州大学欧文（Irvine）分校化学教授、别号“舍利”的舍伍德·罗兰（Sherwood Rowland）心中触发一项问题。罗兰领悟，就算洛夫洛克在大气中只发现了含量极微的氯氟烃，加起来却大致等于历来所生产的氯氟烃总量。这就怪了，因为栖身大气的物质多半只能维持几周，接着就会反应消失，或者被雨水冲刷殆尽。倘若洛夫洛克的测量数值没错，那么氯氟烃待在空气中的时间，就似乎特别漫长。罗兰并不担心这点，只是感到好奇。他知道没有任何东西会永久持续，但他更想知道的是，氯氟烃的最后结局会是如何？

当时罗兰正忙着进行他的常态研究，钻研放射性相关题材，还兼顾他所属系所的行政事宜。所幸，他有个青年才俊博士后研究人员，可以把这项问题交给他处理。马里奥·莫利纳（Mario Molina）生于墨西哥城，父亲是位大使。他的背景加上天资颖悟，为他敲开了多扇大门，他也得以进入欧洲几家最负盛名的学府接受教育。但他最喜爱美国的研究课程，而且最近才刚从伯克利得到博士学位。这时他正在寻找下一阶段的发展方向。

罗兰提出的课题似乎很有趣，大可以用来磨炼做学问的技巧：追踪大气中的氯氟烃，并查出其最后结局。莫利纳完成第一批运算，结果显示较低层大气不用害怕氯氟烃。这种物质不溶于水，因此不可能随雨水降回地表，同时也没有其他化学反应可以摧毁它们。最后，它们就会向上飘到大气上方，也就是含有风、云和复杂气候的地方，接着融入平流层的清朗稀薄高空。

问题就从那里开始。当氯氟烃逐渐上飘，进入臭氧层，接着就在那里第一次碰到紫外线。每有一道射线逃脱臭氧分子的自杀式攻击，最后都会撞上一颗氯氟烃分子。这就像一道道迷你闪电，一颗颗氯氟烃经此一击，纷纷变成怪兽。

危险的地方就在于氯氟烃包含氯元素，只要氯安稳束缚在分子牢笼里面就不会出问题。一旦受了紫外线照射，氯便脱困且开始冲撞肆虐。经过一连串复杂反应，每颗氯原子都会施展有效手段，把一颗臭氧分子（O_3）多出来的氧原子扯掉，接着每两颗多出的氧原子都会起反应合并。最后两颗具防护功能的臭氧分子，便转变为三颗没有用的氧分子[①]（或许可以写成化学方程式$2O_3 \rightarrow 3O_2$）。

但是真正令人头痛的是这批氯的犯案效能。每颗氯原子完成反应循环之后，都会恢复原初状态，于是又可以一再反复相同历程。一旦流窜进入平流层，每颗氯原子都像个微型版的吃豆子小精灵(Pac-Man，经典电子游戏)，把几千颗甚至几万颗臭氧分子生吞活剥，然后才和其他物质发生反应并销声匿迹。按照莫利纳的计算结果，单一氯原子平均能摧毁十万颗臭氧分子。

上空仍需出现充分数量的氯原子才会大幅改变臭氧层，并带来危害。莫利纳开始更深入计算。他检视如今所释出的氯氟烃数量，计算这批分子要多久之后才会飘升到平流层，然后……莫利纳吓呆了。他算出，在一百年之间，臭氧层就要丧失整整10%的分子。他马上赶去见罗兰。他们一再核对验算，却一再求出相同答案。而且10%还只是个起步。若是不予约束，放任氯氟烃继续发散，最后就会严重危害地球上的所有生命。当晚，罗兰抱着沉重心情回到家中。他对妻子说："工作进行很顺利，不过感觉就像世界末日。"

---

① 实际反应远为复杂，还牵涉到几种中介变数。

往后几周，莫利纳和罗兰一次又一次全面验算数字，他们必须有十足把握才敢发表研究发现。当他们确信自己的计算正确后，罗兰的夫人琼便把家里所有装了氯氟烃的喷雾罐找出来丢掉。

有关这项研究的消息不胫而走，流入科学情资交流管道。消息传进洛夫洛克耳中，他得知两位学者所作预测，很想一探究竟，只是还没有和罗兰二人见面讨论。他认为氯氟烃确有可能飘上平流层，然而他并不确定到那里之后，是否会如莫利纳和罗兰的理论所料那样四散分裂。洛夫洛克每次遇上有趣的理论，向来不肯错失测试良机，于是他着手寻找飞机。

气象局会定期派机飞上平流层，因此他第一步就去找他们。只是那里的官僚体系繁复得令人却步，他的仪器必须通过规定安检项目，报表文件要盖印核准，办理整套手续要花两年。

洛夫洛克没这种耐心等办手续。于是他改去国防部找几位朋友聊天。看他们手头有没有资料，好比，最近会不会派机飞到平流层，而且可以搭载一个身材细瘦的乘客，还有他更细瘦的几个空气采样圆筒？朋友回答，当然有。一架“力士型”运输机排定要做一次试飞，会上升到近14000米的高空，也欢迎洛夫洛克随机同行。在那个季节，平流层底层约从9000多米开始，所以他有整整4000多米落差，可以在平流层中进行测量。当然，就官方观点，他并不会出现在飞机上，所以万一飞机坠毁他的家庭也不会获得补偿。反过来讲，他们并不收费，而且——谢天谢地——也没有文书手续。

几周之后，那架“力士型”飞机从维特郡莱纳姆（Lyneham）航空站起飞，同时洛夫洛克就坐在驾驶舱中。飞机爬升，他坐在引擎旁边采集空气样本。飞机在下降过程还做了几项操控演练，包括一次摆脱失速恢复控制。洛夫洛克紧张兮兮地请教：万一飞机陷入螺旋坠落困境，那时该怎么办呢？驾驶员满怀信心回答说道：“完全不必担心。这架飞机最多只会转半圈，到时机翼会自动脱落。”接下来，洛夫洛克说，他就此闭嘴。

洛夫洛克回到家中立刻分析他的样本。结果显示，低层大气的氯氟烃含量稳定一致，到了平流层逐渐下降，这和莫利纳与罗兰的预测相符。看来他们的理论对了。

惊醒世人的非常手段

莫利纳和罗兰的发现，在1974年6月的《自然》杂志刊出[①]。结果，一片沉寂。

两位研究人员已经有心理准备，他们设想论文发表之后肯定会有严苛的抨击接踵而至，但似乎没有人注意到他们的惊人消息。问题在于，他们为避免言过其实，措辞极其审慎，以至于没有敲锣打鼓警醒世人，结果微言大义都被埋没在科学词藻当中。在他们那篇论文的后段篇幅，有个语焉不详的段落，里面写道："情况似乎很清楚，大气只能在一定程度下吸收在平流层生成的（氯）原子，结果便可能导致那种严重后果……（还）可能引发若干环境问题。"

这类"可能的环境问题"，牵涉到上空防护层的潜在毁灭危机，有那道防护层，我们才能免受日常致命太空射线的戕害。然而，这个想法显然没有传达出去。

莫利纳和罗兰断定，这下应该把他们的讯息写得更详尽，同时向科学界和世界民众传达。他们预定在9月由美国化学学会赞助，前往大西洋城参加会议，和世界最著名的化学家共聚一堂。这是个绝佳机会，可以面对面向他们的同行发表成果。不过，他们还决定

① 洛夫洛克的平流测量结果随即也在《自然》杂志发表。

另外采取一项较极端的做法：他们要举办一场记者招待会。

科学界和媒体的关系，就算再亲密也不会很融洽。若是科学家大出风头，镀上媒体那般灿烂光芒，很快就会引来许多同行的妒恨谩骂。这种现象甚至还有个名字，叫做“萨根效应”，名字源自天文学家卡尔·萨根（Carl Sagan）。萨根借他的电视节目让世界广大民众见识各种宇宙奇景，结果其他天文学家对他却是猜忌愈甚。科学家一般都抱持一种心态：没事最好别牵扯上媒体。就算不得已介入，也千万别选边表白政治态度或社会立场。科学家的使命是报告研究结果。真有必要诠释结果，就留给世界去做吧。

至少这是当时盛行的态度，而这次莫利纳和罗兰就要打破这些规则。他们在记者会上小心说明所得结果，还有其中重要的科学意义。他们的预测令人不安：根据新的计算结果推估，1995年臭氧就要损失5%，到2050年则会丧失30%。接下来，莫利纳和罗兰逾越科学的正常分际——他们呼吁全世界禁用氯氟烃。

悬而未决的争议

禁掉80亿美元产业赖以为生的产品？就凭这几项计算结果？氯氟烃产业吓坏了。巧合的是，当时出现了警醒世人注意潜在环境危害的有利契机。20世纪70年代初期，环境争议才刚纳入政治课题，绿色运动也在那时酝酿成形，同时美国环境保护局也在几年之前设立。这个机构是导因于蕾切尔·卡逊（Rachel Carson）的前瞻性著作《寂静的春天》（*Silent Spring*），她借这本书警醒世人注意杀虫剂危害。当初的科技发展引发广大民众的兴奋热潮，如今激情转为愁思，担心科技可能带来的损害。当时，全美各地的广播电台纷纷播送琼妮·米切尔（Joni Mitchell）吟唱她的环境寓言歌谣：“事情岂不都如此，要失去了，你才知道那是宝[①]？”

1974年12月11日，公共卫生暨环境小组委员会主席，众议员保罗·罗杰斯（Paul G. Rogers）呼应莫利纳和罗兰的发现，在国会山庄召开一场听证会。他介绍听证会宗旨时说明：

> 这整件事情彰显一则科幻故事，而我们全都耳熟能详：一颗行星如何被本身的居民摧毁，最后仅剩荒凉一片。要不是提出证据的学者都是声誉卓著的科学家，这看来就像黑色幽默那般荒诞不经，说什么地球有可能毁灭，而祸首竟然是几十亿个气悬喷雾罐。

罗兰是个望之凛然的人物，身高196厘米，看来沉稳又有威严，是个彻头彻尾的科学家。他简洁清楚地道出研究要点：凡是不明确之处，终究会潜藏问题。许多科学家，甚至多数科学家都相信，臭氧层肯定要蒙受氯氟烃危害。问题是，没有人知道损害会达到什么程度。

氯氟烃产业奉杜邦企业为龙头，协力钻研莫利纳和罗兰的论据，誓言找出一切可能缺失。而且他们的明星证人之一不是别人，正是洛夫洛克。

洛夫洛克为什么会站到“反派”那边？其中一项理由是，他见过米奇利，喜欢那位发明氯氟烃的科学家。而且就像米奇利一样，在杜邦和其他氯氟烃制造厂工作的人也不是卡通里面的坏蛋。他们的公司都自诩为殷实企业。别忘了，当初富吉戴尔部之所以发明氯

① 多年下来，这则讯息似乎已经留下印记。2003年，我在普林斯顿讲授环境科学写作时，向那班大三、大四学生播放这首歌曲，我说能讲出歌手和歌曲名称的人都可以加分。结果他们齐声吟诵：“琼妮·米切尔：《大黄计程车》。”

氟烃，完全是——自动自发，非基于政府规章——肇因于当时的冷冻剂有明显危害，决意找出更安全的替代品。杜邦更在1972年和其他氯氟烃制造商共同召开一项研讨会，结果也证实这种化学物质并无危害。然而他们却不幸自限格局，只探讨低大气层的直接健康危害，以现今氯氟烃含量来看自然是几无丝毫害处。洛夫洛克对来访寻求建言的杜邦研究人员一向抱持好感。后来他曾表示："或许有人会说我是个大笨蛋，不过我想，我这完全是发乎自然的举止。我喜欢（氯氟烃业界的）那些人，他们这群科学家看来就非常高尚正直。"

此外，尽管他知道那些人维护氯氟烃产业也是为了保障既得利益，不过他同样相信他们这样做并没有错。洛夫洛克真心认为氯氟烃不会带来明显危害。根据他的盖娅理论，生物为地球带来种种自我疗愈机制。洛夫洛克曾在书中写道，以大自然的强大程度，怎可能被区区几缕氯氟烃吹乱阵脚。洛夫洛克认为，就算多几道紫外线溜过臭氧层，生物也能应付。再者，他天生嫌恶不经大脑的直觉反应，也看不起"凡是'化学的'都不好，一切自然的都好"这种经不起考验的主张。

听证会没有达成多大成果，只是进一步推使这项议题对外界公开。这下，凡是介入争议的科学家全都感受到那股热度。莫利纳和罗兰不断受到业界攻击。同时，洛夫洛克则成为环保人士的目标。英国报纸开始刊出恶毒报道，诋毁他"手伸进气悬喷雾剂企业的口袋"。这整个局面带有讽刺意味，其实洛夫洛克一家极早就弃绝氯氟烃，凡是采用这种推进剂的喷雾罐，他们全都不用。当然他们是迫不得已，否则只要喷出些许发胶或制臭剂，都会让他的灵敏测量数值乱成一团。

后来洛夫洛克改变了他的观点。他终于醒悟，连盖娅的自愈机制都有束手无策的时候，还有当初他并没有想到，其实也没有人料想得到，臭氧的减损程度竟是如此严重。他也坦然无惧地道出真相。不过在当时，他依然回嘴驳斥他心目中那种不科学的歇斯底里说辞。莫利纳和罗兰的论述公开之后不久，他向一位报纸记者表示："我尊重罗兰博士的化学专业，不过我希望他别学传教士的做法……美国人碰到这种情况，经常陷入一种超常的恐慌状态。"按照洛夫洛克的说法，这时真正需要的是"些许英国式的审慎态度"。

1975年4月，美国国家科学院召集十二位科学家，组成臭氧议题调查团队。这群科学家分属两个小组。一组审阅检讨莫利纳和罗兰提出的科学主张，另一组则负责就因应措施提出建言。两个小组开始戮力以赴，举办听证会，提出建言并发表论述，这让莫利纳和罗兰忐忑不安。他们担心的是，这一切全都只仰赖他们的计算结果；除了洛夫洛克的氯氟烃含量测量，还有随后送上高空的几个气球，莫利纳和罗兰并没有其他得自平流层的直接测量资料。他们必须靠想象描绘出那里的可能情况，接着在实验室中创造人工平流层以检测他们的构想。平流层是个古怪的地方；空气稀薄，温度和暖，还有强盛的紫外线大量猬集，扯裂存在于正常环境中的分子。还有种种怪诞化学物质，它们在地表附近存续不到一毫秒，到了这团汹涌的气旋当中却属常见。罗兰和莫利纳还必须确认，他们已经把所有可能情况纳入了运算。

举例来说，他们知道两种化学物质妾身未明，要么成为英雄，否则就要变成恶棍。氯化氢（HCl）和硝酸氯（$ClNO_3$）都是氯的"贮存槽"。就算在平流层中，这两种物质都极端稳定，而且一旦氯原子和其中一种束缚在一起，这颗原子的破坏习性就会消失无踪。莫利纳和罗兰已经把这两种化学物质都纳入运算。不过他们算对了吗？若是太过高估这两种贮存槽束缚氯原子的能力，那么就会严重低估臭氧的最后减损程度。另一方面，若是低估它们的本领，结果看来就仿佛在制造恐怖气氛。在臭氧耗竭的初步迹象显现之前，没有人能够知道，莫利纳和罗兰做得对不对。

1976年9月，报告终于发表了。第一份报告总结确认莫利纳和罗兰的计算没错。氯氟烃对臭氧构成威胁。第二份报告则宣称，既然威胁的严重程度尚未确认，合理做法是静观其变，倒还不必雷厉颁行严苛法规。莫利纳和罗兰写道，那两篇报告大可以各浓缩为两个字："没错"和"但是"。大家一头雾水，报刊各说各话。《纽约时报》报道"科学家支持新颁气悬胶禁令以保护大气臭氧"；《华盛顿邮报》则表示"科学单位反对气悬胶禁令"。

然而这仍激起相当程度的警觉。到了1978年，美国起码已经禁用含氯氟烃的推进剂。加拿大、挪威和瑞典也随之推行。但是尽管莫利纳和罗兰加上许多科学同行，都持续不懈想方设法让议题延续下去，臭氧和氯氟烃却悄悄退出政治论坛。卡特下台，里根掌政；绿色的70年代退败，贪婪的80年代继之而起。

问题是，这时就连莫利纳和罗兰也认为，恐怕要等几十年后臭氧减损的初步迹象才会清楚显现。在那之前，氯氟烃都会神鬼不知地逐步侵蚀臭氧层，等我们掌握确凿证据、得知情况严重时，为时已晚。1984年夏天罗兰接受访问，在《纽约客》(*The New Yorker*)杂志发表了消沉论述：

> 就我过去十年所见，除非出现更多证据显示臭氧已经大幅减损，否则这个世界对此问题不会有任何作为。遗憾的是，这就表示若有灾变在平流层酝酿成形，我们恐怕无法幸免。①

① 注意，就此各国依旧吵嚷不休。刚成立的联合国环境规划署（United Nations Environment Programme）在1985年3月举行维也纳大会。会议宗旨谦冲平实，只有二十国签署公约，也没有赋予管制权力，和后来实际发现臭氧破洞的严重性相比完全是无济于事。

罗兰说得对，没有新证据就肯定不会有积极对策来应付臭氧层减损的处境。他完全料想不到的是，证据竟然来得又快又猛。就在那年秋天，一位常年奉守“英国式审慎态度”的科学家，决定打破缄默，大声向世界宣布他的发现。

南极天空的臭氧

南极洲在20世纪50年代还是个险峻的地方，但那里的研究站，恐怕没有几处比英国南极调查署（British Antarctic Survey）设于哈雷湾（Halley Bay）最偏远的前哨站更为艰困险要。哈雷湾基地设于一片冰架之上，和南极点相距约1600公里。那里的温度从未超过冰点，冬季时还可能陡降至零下46摄氏度。还有个更严重的问题，那就是风。强风狂嚎席卷平坦冰架，扬起积雪刮出阵阵雪暴，带走大量体温，还把第一批强悍的小木屋掩埋到只露出屋顶[①]。

哈雷湾的古老传统在世界其他地区早就式微，然而在这里却依旧盛行。那里的男人蓄留山羊胡子，讲的是只适用于南极的晦涩俚语和粗鲁幽默。那里有拉雪橇的狗群，极目四望只见一片平坦的荒凉雪地。那里没有温柔，没有安逸，也没有女人[②]。

约瑟夫·法曼（Joseph Farman）是个老派英国人，生性沉静，常叼着根烟斗。自1957年以来，他就在这处严峻前哨站主持研究。每年，在南半球春夏两季，英国南极调查署的科学家便跋涉前往哈雷湾，测量头顶高空的臭氧含量。

---

① 四间观测站接连被大雪压垮，第五间小屋靠钢柱勉强撑住，不过很快就必须改建新屋。

② 1997年之前，女人都不得在那里过冬。早在1973年就有第一位女性来访，不过实际上她不能算数，她是一位船长的夫人，在军官晚宴聚餐后踏上冰面，身着晚礼服和一群企鹅合照。

为什么测量臭氧？为什么去那里？最早是想要利用臭氧动态来测绘上层大气的气流，到了20世纪70年代，莫利纳和罗兰的氯氟烃发现进一步刺激这项研究，提供了更多推力。不过没关系，反正法曼迟早还是会做这项研究。虽然测量有趣的大气成分并留下长期记录，最后往往能发挥重要用途，但整理记录通常不是一件讨好的工作，而整理的人通常无从晓得这时下的功夫到底能成就什么。法曼做这项计划没有拿到很多钱，不过成本也没那么高，而且总是有充分的志愿人手来进行测量。

1984年年初，法曼的拨款单位老板来访，又一次问他，为什么那么固执，坚持记录那种冷门资料。法曼回答："氯氟烃产业的规模很大，还有人写文章说臭氧正在改变。所以只有坐在这里不断测量，才能看出臭氧是不是真的改变了。"他的老板回答："你这些测量结果只能留给后代。那你告诉我，后代对你能有什么贡献？"

法曼关于氯氟烃的说辞有些不老实，有个秘密正在他心头酝酿，他私藏这个机密已经三年。但是同一年稍后，他决定对外透露。刚开始法曼不怎么相信这组经年累月记载的长串测量数值，它们显得有些古怪。从冬季黑暗月份到阳光再次照耀之间，哈雷湾的臭氧总是有些微变动。不过，从1977年开始，情况出现变化。每年在10月初春阶段，臭氧会急遽减量。这种骤减情况一年年恶化。1983年，法曼依照常态趋势预期臭氧含量应达三百单位，结果他所见读数还不到两百单位。

刚开始，法曼和另外两位同事都保持缄默。他们不想被世人当做傻子。过去五年时间，美国航空航天局有一颗卫星持续对南极上空全面测量臭氧，也始终没有注意到任何差错。或许是法曼和他的团队使用的仪器古怪，也或许是哈雷湾本身就有点古怪。所以从1983—1984年那个季节，法曼运了一件新仪器到哈雷湾。他还检视了另一个英国研究站的记录，那个基地更偏北，位于超过1600公里的阿根廷群岛（Argentine Islands），根据这两处研究站的资料可以确认哈雷湾的记录正确无误。这时每当南半球进入春天，臭氧都要消失40%。天上有个破洞。

当法曼看出这点，便把他的英国式审慎态度抛到九霄云外。他和两位同事合著一篇论文投递到《自然》杂志，在圣诞夜送达杂志社，并于1985年5月刊出。莫利纳和罗兰的文章几乎没有激起丝毫即时效应，法曼却掀起一场骚动。其中最感惊愕的是唐纳德·希思（Donald Heath）的研究团队。希思研究团队隶属美国航空航天局戈达德太空飞行中心（Goddard Space Flight Center），负责协调该署“雨云七号”（Nimbus-7）卫星的臭氧测量任务。他们从资料看不出破洞。法曼团队在讲什么啊？

希思团队匆匆调出他们的资料重新核对。结果令他们羞赧难堪。按照资料回复程式的设计功能，所有乱真的数据都会先被剔除，研究员检视结果时根本看不到，这样才不会受到恼人的测量误差干扰。凡是180以下的臭氧测量值，显然都很荒谬，于是就这样被倒进阴沟。卫星确实看到法曼的臭氧破洞，但因为他们热心过头的程式，研究人员什么都没看到。这时他们使用1979年到1983年的正确资料，看出南极上空出现了一个美国本土大小的破洞。就某些情况而言，臭氧含量还减至150单位以下。

希思团队学到了一个地球大气方面的重要教训。就算你信心满满，自诩通晓空气汪洋的运作方式，最好还是要有心理准备，你随时有可能面对始料未及的情况[1]。

---

① 后来希思声称，法曼论文发表之时，他的团队早已注意到那种乱真的数据，也私下努力尝试解释资料。无论如何，他肯定是错失良机，没有抢先发表百年一遇的科学要闻。

同时，臭氧研究学界方寸大乱。连莫利纳和罗兰的最悲观论述都没有料到这等极端惨况，还这么快就应验。没有丝毫迹象显示全球其他区域有这种破洞，所以这肯定和南极洲的极端环境有关。但那是什么因素呢?

全世界各大学的研究实验室和咖啡区，讨论焦点开始向南极平流层的第一项特点，也是最显眼的特征汇聚：那是地球上空最孤立的大气区域。每年冬季四方风起，沿着那片冰封大陆边缘吹袭，最后构成一圈巨大涡旋，气墙区隔开南极空气和偏北空域有微风吹拂的较暖大气，南极空气被这圈庞大旋风捕获，温度稳定下降，愈来愈冷。接下来，南极洲上空就出现了一个新式云种。

普通的云都是由液态水滴构成，也得以在对流层几乎所有高度形成。对流层是地球大气的最底层，也就是我们体验风霜雨雪的生活范围。当你穿过这层大气逐渐攀升，气温也稳定下降，一直到对流层最高处温度降到最低点。超越这点，紧接着就是平流层。这里有臭氧分子拦下阳光并暖化空气，于是气温开始提升。这两层大气之间的极冷点，会捕获所有水汽并转为云朵、化为雨水落回地表。这是一道密不透水的屏障，就像一匹壮阔的防水布延伸环绕全球，让底层大气保持湿润，上层大气则完全干燥。因此平流层几乎从不出现云朵。

然而，平流层仍有些许水分从底层渗漏上来，而且当气温够低，水分会凝固成微细冰粒。南极平流层在冬季就会发生这种现象。

这种云朵很漂亮，散发鲍壳内侧那种彩虹光泽，展现种种不该在天空见到的桃红、紫色和亮蓝色彩。到了春天，极地长夜过去，太阳重回天空，这时仿佛无中生有，冰粒在日出或日落时分凭空出现。其实，云朵始终都在那里，不过要等到太阳逆转地平线的明暗两侧，才能勾勒出云朵的身影，这时的阳光就像一盏聚光灯，以最后一道光束照耀云层。接着，天空突然闪现光辉，就像洒满了孔雀羽毛。早期探险家曾以细腻的水彩创作来表现那种效果。他们全没料到，后来那会变得多么危险。

极地女英杰

许多研究人员开始提出见解，认为借助这种平流层高空云族，或能解释南极臭氧破洞的成因。其中有一位当时才30岁，叫做苏珊·所罗门（Susan Solomon）。所罗门是位理论学家，在科罗拉多州博尔德（Boulder）美国国家海洋和大气管理局（National Oceanic and Atmospheric Administration）工作。尽管还很年轻，她却已是才气纵横。她是最早审阅法曼那篇论文的成员之一，而且当她读到那篇文章，霎时涌起恐慌。自此以后，那组资料就在她心中纠缠不休。

所罗门俯身操作电脑，试过一组又一组模型，竭力设想南极平流层可能展现哪些反应，然后全部纳入考量。没有一种模型出现这等规模的破洞。接着，她开始想到云。倘若起因是云，情况又是如何？或许云朵在冬季为南极洲大气预作准备，等到春季阳光重返就可以展开毁灭行动。

云朵表面对化学反应有重大影响，在平流层这般稀薄的大气中更为明显。大气中要出现任何化学反应，都必须先有两颗原子或两颗分子相遇。然而高处的空气稀薄不常发生这种接触，更有甚者，那两颗或更多颗参与反应的分子，还必须适度增强能量。倘若分子过于倦懒，相遇时也不会发生多少事情。

不过，倘若这类化学物质得以落在云朵表面，它们便立刻享有更多选择。云朵可以扮演中介角色，把不同物质拉拢在一起，还帮它们提高能量，促进它们的功能。这就是所罗门把云纳入她的模型之后所发现的现象。

关键似乎在于不起反应的“贮存槽”种类，这些物质能束缚氯原子，不让它们招惹是非。这类分子——硝酸氯和氢氯酸（盐酸）——在漫漫冬季长夜，都可能落在云朵表面并产生反应。当你完成这整串反应，最后的产物就是氯气。这种分子自行挣脱云朵，静候阳光返还。当太阳升起，第一道紫外线也随之现身扯裂氯气，于是一颗颗致命的原子应运而生，狼吞虎咽嚼穿臭氧层。突然之间，出现破洞完全合情合理。唯一不解的是，缺损为什么没有更严重？

不过，这还只是一项理论。美国全境还有许多研究团队也得出相仿结论，但他们全都知道，除非掌握更多资料否则没有人有十足把握。总得有人南下前往南极洲，从极夜结束阶段一直待到初春几周，当场测量化学反应实况。

所罗门志愿接下这项工作，让所有人（连她自己在内）都吓了一跳。她是位理论学家，工作时要坐在电脑前面，不必外出做田野访查。这辈子第一次鼓起勇气投身实验科学领域，她就要领导一支十二人的队伍，前往地球上最严寒凶险的地方，而且是在冬季。

至今她依然没办法解释自己为什么想去。或许是由于，尽管她所选专业本质上属于静态工作，所罗门却迷上大气的壮阔气势。她钟情风暴雷电，其实就是些能够提醒她自然威力如何强大、人类相形如何渺小的一切事物[①]。

不论理由为何，过了几个月，所罗门来到新西兰克赖斯特彻奇

① 她告诉我，这是2001年9月她在伦敦接受访问时讲的，当时她不肯取消跨大西洋飞行，甘冒风险前往伦敦。她搭乘的飞机是“9·11”过后最早复航的航班之一。

城（Christchurch）机场，身着一件燠热的镶毛厚裘风帽大衣，手上紧紧抓着制式帆布袋，里面装满安全装备和保命衣物。她就要搭上“力士型”军用运输机，展开一段险恶的8小时飞行。飞行员莅临进行简报，向眼前这十二位男士和一位年轻女士致意。他开口询问：“这里由谁负责？”所罗门举手。飞行员带点错愕向她致意，接着结巴挤出一句话：“干得好。”

所罗门一踏出机门便爱上了南极洲。她钟爱那里的空旷险恶，钟爱那里的无情野性。那种美和常见的明信片美景不同。那种美是粗野的，所罗门沉浸其中。

她来到麦克默多研究站（McMurdo），那是美国最重要的基地，也是南极洲的非官方“首府”。那是1986年8月南半球冬季结束之际，夏季访客还要等一个月才会开始涌入，到时天气就会变暖，白昼也开始变长，直到连续24小时为止。基地只剩与世隔绝度过整个冬季的常驻人员，他们彼此密切相依，建立起一个独立社群，也因此对新进人员总是猜忌多疑，总认为新人会不经意坐错桌位，或把大衣挂在“别人”的挂钉上。

所罗门的工作是在一栋建筑的屋顶架好仪器。设计构想是要运用入射月光，检视出飘在中介平流层的化学物质并进行测量。测量仪器位于室内，不过上面屋顶会架设转动式镜组，引导月光沿着一条管道向下射入。

研究团队接到通知时，离出发只剩下四个月，来不及建造追踪系统。他们没有自动装置来推转镜面，跟踪月球越空运行，结果只好采现场手动操作。负责人员必须鼓起勇气对抗零下40摄氏度的严寒，有时还要顶着凭空都能刮起的狂风进行作业。

一天晚上所罗门轮值，当她爬上屋顶，天气已经转阴。没有月光仪器就毫无用处，所罗门决定不管镜面，转身下楼到实验室小睡。说不定等她醒来，月亮就会回来。所罗门在实验室内钻进睡袋，蜷起身子睡着。当她醒来的时候外面正刮着暴风雪，能见度差到极点。狂风呼啸席卷建筑，那种凶猛气势在冰原之外难得一见。所罗门吓呆了。她的镜组还在屋顶。万一受损，整个计划就完了。

她想都不想，回头沿木梯爬上屋顶，雪片如沙粒般狂扑脸颊，她奋力遮挡对抗，四肢扒住屋顶表面，开始慢慢向镜组匍匐移动，阵阵强风猛力拉扯，想把她拉倒。不过她抓住镜组，紧握梯子，终于爬回屋内。

她说，很值得。果然完全值得。因为所罗门这次调查，还有后续几项研究都提出了确凿的明证，显示平流层高空的冰云确实带来了损害。每年冬天，冰云启动氯贮存槽，仿佛把南极大气当成手榴弹，为它装上雷管。没错，这是南极洲那片荒芜大陆的独有问题；连北极都不够冷，不足以长期生成平流层云团；而且北方极地也从来没有出现过臭氧破洞。尽管你可以辩称，那个南极问题只会影响几只企鹅和少数科学家，然而，致命射线蜂拥射穿天空破洞的骇人景象，却让关于臭氧的那场争论形势逆转。

1987年9月16日，世界21国和欧洲共同体在联合国环境规划署（United Nations Environment Program，简称UNEP）赞助下签署了著名的《蒙特利尔议定书》（*Montreal Protocol*），这是史上第一项为管制环境有害物质而制定的国际协议。在此协议的约定下，20世纪结束之时，氯氟烃产量需减少一半。

1988年3月，美国、加拿大、日本和北欧地区的臭氧测量值最新分析报告出炉。结果显示，北半球的大气也逐渐稀薄，所幸损失还没有像南极洲那么严重。两周之后，世界最大的氯氟烃制造厂——杜邦企业宣布停产。

全球暖化和臭氧破洞

随着臭氧破洞愈来愈深，更多科学证据纷纷涌现，指出臭氧减损和米奇利的氯氟烃有连带关系，目标愈来愈明确了。1990年，缔约国在伦敦签署一项修正案，规定在1996年完全禁止生产和使用氯氟烃产品。

1995年，莫利纳和罗兰获颁诺贝尔奖，酬谢他们就确认氯氟烃的种种危害[①]所作的贡献。其他相关研究人员也分别获得奖项和盛誉。至于所罗门，南极洲一条冰河甚至以她的姓氏为名。当初她收到传真得知这项消息，还以为那是在开玩笑，心想那条冰河是根据和她同姓的另一位南极探险家命名的。她把传真放进收文匣，过了一个星期又取出阅读，见到小字细则，这才醒悟那是真的。如今她形容那是她"最珍惜的荣誉"。同时所有人私下都享有一份科学研究界罕见的大奖：他们心里明白，自己的研究发挥助力，救了全世界。

米奇利的怪兽都很长命。它们会待在大气当中活过21世纪；你这辈子每吸一口气，都会把它们吸进些许。同时，每到春天，臭氧破洞还是会在南极洲上空现形，而且情况恐怕只会更糟而不会变好。不过当21世纪迈入尾声，破洞会自行愈合，到时我们的防护罩也会恢复原状。

这段故事还有最后一则补充。许多人搞不清楚臭氧破洞和全球

① 他们和保罗·克鲁岑（Paul Crutzen）共享这一奖项。克鲁岑研究发现氧化氮也能摧毁臭氧，率先察觉臭氧层可能很容易遭受破坏。

暖化的差别，虽然两项环境隐忧都令人不安，其实却是不相干的问题，也各有不同起因。然而这两方却能联手为恶。当全球暖化，对流层和平流层之间防水屏障的渗漏情况也跟着略显恶化，所以世界暖化之后，平流层的湿度就要些微提高。还有，对流层暖化了，平流层便要降温。把这两项摆在一起，情况就更利于平流层生成云团，而且不仅影响南极洲，还及于北半球。

至今北极地带还没有出现臭氧破洞。由于周围大陆山脉遍布干扰气流，致使真正的涡旋无从成形，因此那里始终不够寒冷，不足以长期生成平流层云团。然而，全球暖化恐怕就要改变这种情况。从2004年11月底开始，三个月时间，北极上空都覆盖着空前浓厚的平流层云团，而且持续时间极长，超乎常态。随后在2005年春季，上空的臭氧层减损了50%左右。尽管规模和南极洲无法相提并论，却大有可能波及有人地带。南极洲的大气与外界完全隔绝，北极的大气就不同了，北天极涡旋往往四处偏转，就像摇晃的陀螺；那一年，涡旋飘移下行、跨越北欧地区，向南远达意大利。

如今洛夫洛克对氯氟烃的危害已经了如指掌，也许我们都该把他的话铭记心中。他在1999年将近80岁时，写下了这段话：

> 我们的地球是颗绝美的行星：它的美是以我们祖先的气、血和骨构成的。我们必须记得，我们的祖先意识到地球是种生物，对它敬畏有加。盖娅自诞生以来始终扮演着生命的守护神，若是不肯让她照管，我们都得自食恶果。

第六章

电离层：天空的反射镜

由地表上空近百公里处开始，整片大气充斥电流。这是我们大气汪洋的神秘地带。那里是流星的发源地，还有一束束诡异的摆荡流光；有些是细长的蓝色光芒，由底下远方的雷雨云顶一路向上蹿升；还有些是庞大的红色光团，挥舞触须向外放射。直到近代，才有研究人员亲眼见到这类鬼魅般超高空闪电，还为它们起了相称的怪诞名称：小精灵、妖精和鬼怪。它们搭好背景布幕，供这处高空带电气层发挥最重要的功能：这个气层是臭氧层的老大哥，负责吸收来自太空的致命射线，没有它，地球就不会有生命。最早揭示出高空存在这处带电空域的初步迹象的，是一位对此毫不熟悉的人士，不过，那个人却依旧衷心期盼这种现象能够助他一臂之力。

1901年12月12日，午后十二点半

加拿大纽芬兰锡格纳尔山（Signal Hill）有一栋小房子，屋内有个年轻人在书桌前坐定。尽管房间尘埃遍布，他面前的书桌上却摆着当年最尖端的科技设备：几个皮箱和闪亮金质电线拼凑成怪里怪气的一团，那个人还把一件小型青铜装置贴在自己的耳朵上。他知道，或说至少他希望，3500多公里外的英国康沃尔郡波尔杜区(Poldhu, Cornwall)，有一组工作人员正升起天线向他广播一段信息。结果他却只听到阵阵细碎杂音。

古列尔莫 · 马可尼（Guglielmo Marconi）出身反常的姻缘结合。他的母亲是爱尔兰人，出身制造詹姆森威士忌的富裕家族，却不顾双亲强烈反对，私奔和她的意大利心上人结婚。二老反对情有可原：安妮才21岁，朱塞佩 · 马可尼（Giuseppe Marconi）已经38岁，更糟的是，他还是个鳏夫，本身已经有一个儿子。况且他是住在偏远山区的异乡人，生活范围和安妮家族时相往来的显赫社交圈几无丝毫瓜葛。

不过安妮心意已决。尽管这几年来朱塞佩已经略显冷淡，她从不后悔和他私奔。她婚后一年生下长子，起名为阿方索(Alfonso)；过了整整九年，才又在1874年4月生下次子，叫做古列尔莫。或许由于丈夫和她愈来愈疏远，安妮便把全副心思放在古列尔莫身上。根据他们的家族传说，安妮产下次子之后，大群仆人涌进房间探看新生婴儿，这时其中一位老园丁冲口说出："他耳朵好大啊。"安妮回嘴说道："将来他将可以听到空气中静默细微的声响。"

马可尼诞生时，父亲已经快50岁，对婴儿的啼哭声很不耐烦。朱塞佩的另两个儿子都不曾给他惹麻烦，他们很安静又很听话。他们十分尊重父亲的绝对权威。古列尔莫和父亲相处不来，几乎从他开始讲话两人就时起冲突。进餐时，孩子们都应该梳理妥当，准时就座，而且只有大人问话时才准开口谈点日常琐事。古列尔莫经常迟到，身上沾满灰尘和泥巴，而且不管脑中冒出哪些新鲜念头，他都毫无顾忌地脱口而出。

安妮和丈夫不同，她十分尊重孩子的权利。后来她告诉自己的孙女德格娜（Degna）：“但愿成人能够明白，他们对孩子会造成哪种伤害。他们经常打断小孩的思绪，心中却丝毫不以为意。”安妮看出她的小古列尔莫满脑子都是念头，也看出他能够集中精神凝神思考，于是她尽心尽力腾出空间和时间，让这个儿子能够落实他脑中的构想。

第一具无线电装置

马可尼的早年生活，弥漫了这种源自双亲个性和文化的矛盾冲突：意大利或爱尔兰、天主教或新教、严格或宽容。然而，纵然两边的语言、宗教和态度各有差异，尽管有父亲的严厉批评和母亲的温馨溺爱这两种极端做法，古列尔莫始终能够在对立处境觅得脱身缝隙，享有自由徜徉的空间。他的不平常身世只让他的天性更为突显。他成年之后便养成拘谨、固执、专注、独立和百折不挠的个性。

每当古列尔莫摆脱讨厌的正规课业，通常都会躲进父亲的图书室。刚开始他爱读希腊神话，不久就改读本杰明·富兰克林（Benjamin Franklin）和迈克尔·法拉第（Michael Faraday）的古典著作，迷上他们关于电的新科学。这批读物激发了马可尼的满腔热情，使他开始动手玩弄机器。他还不到10岁就拆开表妹黛西的缝纫机，安上一支烤肉叉在零件里。结果黛西哭了，古列尔莫也后悔了，马上把机器重组复原。13岁时，他私下造了一台蒸馏器来蒸馏烈酒。有一次他拿餐盘做实验失败，这时父亲残存的些许耐性终于彻底瓦解。他读遍富兰克林的电学实验相关著作，决心自己也来设计一个，也不是基于什么特别理由，反正他拿电线串联几个餐盘接通电流，结果餐盘全都跌落地面，摔成满地碎片。古列尔莫的父亲认为这样无缘无故挥霍浪费，简直就是无法无天恶意破坏。从此以后，再让他发现这个儿子弄出这种邪恶玩意儿，他都要捣毁它。经过这次事件，古列尔莫不动声色，想尽办法把他的发明藏得好好的。

刚开始，小马可尼只玩弄自己的发明，不过在1894年夏天，他前往意大利阿尔卑斯山区度假期间读了一部著作，结果彻底改变了他的一生。德国一位叫做海因里希·赫兹（Heinrich Hertz）的科学家在不久之前过世，马可尼恰好读到他的讣文。那篇文章不只写了赫兹的生平，还细述他的若干科学成就。

看来赫兹在七年之前成就了某种杰出发现：无形的电磁波。早先苏格兰一位叫作詹姆斯·麦克斯韦（James Clerk Maxwell）的出色科学家，便曾预测世上可能存有这种波，不过在赫兹之前还没有人见过这种波的作用。电磁波和一般波动同样具有波峰和波谷，不过传播速度极高，能以光速移行。其实，电磁波就是种光波，不过由于经过延伸（或压缩），波长太长（或太短），所以我们肉眼见不到①。

赫兹以一个铜质线圈产生电磁波。他把线圈接上高压电源，电线两端留有些许间隙，当他揿下按钮通电，一道蓝色的强烈电火花跃过间隙。那阵电火花是普通可见光，本身毫无神秘可言。然而电火花却在周围空气中激发一种电干扰，有点像是把一块石头抛入池中。赫兹的仪器射出一圈圈电波和磁波的"涟漪"，向外交错扩散。他在约1米外摆了第二个接收信号用的线圈，测知了这种现象。收讯线圈的间隙十分狭窄，约相隔不及一指宽。第一道电火花迸跃之

① 紫外线和红外线都是不同形式的电磁波，见第五章。不过两类光波的波长都微不足道，就无线电波而言，其相邻的波峰、波谷，间距可达几公里之遥。波长愈短能量愈高，因此无线电波是能量最低的电磁波，因此我们才能够在这个世界生存，任凭无线电波穿梭往来，都不至于受其危害。

时，确实发出阵阵无形波动朝收讯机放射，于是那边也出现一阵细小蓝色喷焰蹿过间隙，证明波动已经传达。

马可尼读了实验相关报道，波动也传达他的脑中、触发一阵电火花。说不定这种新发现的赫兹波，也可以用来发送信息。

由于工业革命影响，长距离通信需求孔急。刚开始的通信技术还十分简陋。19世纪初期，欧洲全境纷纷设立信号收发站。每处收发站都竖立一根高耸的信号杆，上面装了一对调节臂。下一站的作业员使用望远镜凝神观察信号臂动态，抄录字母信息，接着调节本站信号臂把资料转发出去。尽管过程颇为费事，这套做法的效率却很高，一则信息从巴黎发出，短短几分钟内就能传抵沿海地带。到了1860年更有改进，那时多数收发站都换装了新式电报，而且莫尔斯（Morse）先生发明的点划电码也已经普及，于是必要时，他们可以通过埋藏在地下或架在电线杆上的电缆，以莫尔斯电码传达信息到远方。

不过那项技术已经发展到了顶点，因为信息只能传到铺了电缆的地点。这就是马可尼构想的核心：只要传播距离够远，这种赫兹波就可以散播信息到任何地点，而且不必用上电缆。没错，赫兹的波只能移行几米，而且距离一增长，强度便大幅减弱。不过马可尼当然有办法改良设计。他回到家中说服母亲，让他使用阁楼的两个房间做实验，于是他投入整个冬季的时间在创造发明上。马可尼参加海军入伍检测和大学入学考试，结果两头落榜，从此他的父亲便撒手不再理会这个孽子。然而马可尼的天分从来不靠理论。他完全走的是务实途径。

到了1895年春季，马可尼已经完成一套系统，能在他的实验室中收发点划电码。到了夏天，他便把他的“无线装置”搬出屋外。他开始向田野几百米外的住宅发送信息，哥哥阿方索带着天线在那里等候。阿方索绑一条手帕在杆头，收到信号马上挥舞旗杆，随后那方白布的舞动距离愈来愈远。但是马可尼心中明白，除非有办法跨越丘陵山脉等自然障碍，否则他这项发明，永远不能发挥重大的通信用途。

马可尼决心向附近丘陵发射信号，传到山丘另一侧，其实除了他的满腔信心之外，没有其他学理上的理由支持这项测试。手帕信号这时毫无用处。阿方索尽忠职守，携带一支猎枪出发爬上丘陵，后面跟着两位助手搬运天线同行。那是个灿烂的9月天。马可尼等待了20分钟，看着队伍行进，直到他们攀上丘陵棱线，接着从视野中消失为止。他又等了几分钟，随后发送信息。远方传来回应，阿方索的枪声回荡传下山谷。

马可尼完全不明白电波是怎样传过丘陵，最初他还以为电波是以某种方式穿透山丘。但他后来证明，无线波动真的能够传达远方，而非穿透障碍物。这项实验还带来一项影响，马可尼的父亲对此激赏叹服，他的苛求批判消失无踪。这下他终于领悟儿子那项发明的价值，那是一门生意。他出钱支应他进一步开发产品所需，甚至还向意大利政府寻求资助。

结果政府回绝，让所有人都大失所望。马可尼随母亲一同前往伦敦，她可以动用家族人脉关系，为他在那里筹办一场听证会，看来伦敦比较能够接受他的构想。尽管马可尼的外国名字很古怪，不过伦敦生意人发现，他的举止十足地表现出英国绅士的风度，于是疑虑尽除。他讲话很慢，字斟句酌，而且他的英语完美无瑕（这得感谢他母亲的教诲），不带丝毫意大利口音，连爱尔兰腔都听不出来。他有母亲的蓝眼睛，同样透着从容的眼神，还有母亲的浅发和白肤。他的神情流露自信，以这么年轻的人来讲十分难得，况且他还表现得中规中矩，既不浮夸也不过分炫耀。浮夸炫耀都是大忌，不论哪种，都肯定要把伦敦的严肃投资客吓跑。

“无线”商机

伦敦人认定马可尼带有令人欣慰的英国风格，后来美国人则认为他带有令人愉悦的欧陆气息。一位美国记者评述道：“当你遇见马可尼，你肯定要注意到他是个外地人。他从头到脚都展现出这些信息。他身着英国式衣物，身高像法国人，靴子后跟是西班牙军方款式。他的头发、胡须剪成德国样式。他的母亲是爱尔兰人，父亲是意大利人。整个加起来，马可尼十足地展现了一股国际风格。”不过他却不是个圆滑世故的人。另一位美国报纸记者写道：他的身材不比法国人魁伟，年龄不到25岁。他只是个男孩，带有男孩的气质和热情，还带有成人忧心终生成就所引发的不安念头。他的神情有些紧张，他的双眼略显迷蒙。他的表现就像个谦逊的男子，当旁人指称他发现了一片新大陆，他只是耸肩回应。他环顾四周学者，流露仿若发呆的古怪神色，而这正是竟日钻研学问，投入科学实验的典型学者特质。

伦敦生意人对马可尼的发明、他的态度都印象深刻。他们可不像意大利政府，生意人很快就看出可能的潜力，而且乐意投注资金来开发这种“无线”科技。1897年7月20日，无线电报和信号公司（Wireless Telegraph & Signal Co., Ltd.）成立，而马可尼则握有这家新公司的过半数股份，后来这家公司改名为马可尼无线电报公司（Marconi’s Wireless Telegraph Co., Ltd.）。除了60%持股之外，马可尼还得到1.5万英镑现款。当年他23岁，已经很有钱，而且开始出名。

隔年夏天，马可尼前往英格兰南岸的普尔（Poole），参与无线电报首次新闻用途的收发作业。都柏林《每日快报》（*Daily*

Express）派了一位特派员，搭船报道皇家圣乔治游艇会（Royal St. George Yacht Club）的赛船实况。他在一艘拖船的高处观察比赛进程，书写报道内容在纸上，然后递交给马可尼，由他使用无线发报机来发送。

那位记者发现，马可尼坦率得可爱，因为他承认自己无法解释自己的发明怎么能表现出那种神奇的行为。记者写道，当马可尼使用发报机时，“他的脸上展现一种压抑的热情，流露出令人喜爱的个性。一个23岁的年轻人，他简直能够从苍茫深渊唤醒精灵，派遣他们乘风而去，这样的人肯定觉得自己的作为，仿佛就像是撬开了大自然的实验室门锁。马可尼聆听他的仪器发出噼啪声响，脸上带了些许困惑好奇的神色，就像阿拉丁摩擦神灯，第一次唤出精灵并听到他的声音，脸上必然展现的那种表情”。船上另一位记者则坦承，自己简直无法抗拒要去玩弄那台无线设备的念头。“我们很快就意识到，这种惊人事实确实可能实现，不必接线就能和几英里外，我们完全看不到的收讯站通信，接着我们开始发送无聊的信息，好比要求金士顿（Kingston）收讯站的负责人员一定要保持清醒，别喝太多‘威士忌加苏打’。”

赛船持续两天。有时浓雾蔽天，从岸上看不到船只，新闻完全断绝，只剩马可尼的无线发报机稳定传来连串莫尔斯电码，继续报道比赛情况。报纸竞相报道这项神奇的最新演示，述说无线电的海事通信威力。维多利亚女王本人也得知这些报道。当时女王已经近80岁，御驾亲临怀特岛郡（Isle of Wight）奥斯本行宫（Osborne House），还要求马可尼在停泊外海的皇家游艇上架设一个收讯站。这样女王就能用无线电和她住在船上的皇子——威尔士亲王爱德华通信。后来，皇室家庭便以这种方式总共发送超过115则极重要的消息。女王得以垂询皇子是否睡得安稳，她的随员也能够发送无线机密信息，邀请亲王随员莅临茶叙。马可尼获亲王赐颁一支“美观围巾夹针”，酬谢他为国家提供这项服务。于是媒体又是神魂颠倒竞相报道。

信号横越大西洋

在这段时间，马可尼依旧不断发现崭新的做法来改进他发报机的发讯威力，提高收讯机的灵敏度。他由南岸的永久收发站不断发送信息，传播距离愈来愈远，看来没有任何东西挡得住这种电讯。就连地球的曲率似乎也构不成阻碍，这点特别令人不解，因为照理说赫兹波应该是采直线行进，当波动掠过地平面，应该向外射入太空。

然而，马可尼的信息似乎不以为意。尽管怀特岛的灯塔高出海平面约30米，但由于地表呈弧形，从位于本土的普尔只能勉强望见塔顶。然而无线电波却轻松越过这项明显障碍。接着，马可尼还从海上船只发送信号，距离岸边整整40公里，等于中间挡了一座150米高的海水“丘陵”，结果信号依然穿越障碍传至陆地。

这唤醒马可尼脑中一项杰出构想。无线装置能不能解决船只间的通信问题？当时20世纪已初露曙光，然而，尽管各大陆全都架设了电报线路，船只却依然只能仰仗令人困窘又无可救药的古老传讯技术。一艘船只能靠旗帜、闪现灯号和臂板信号装置来收发信息，一旦船只超出视线之外，便与世界完全失去接触。

一位评论员写道，在20世纪之前，“若船只起火焚烧或在风暴中沉没，陆地无从知其所终，上焉者还有耳语流传……无线电施展神力，破除大海的古老恐怖沉寂，自航海时代萌芽以来，都缄舌闭口的船只，也蒙其所赐获得喉舌”。

这就是马可尼的梦想。不过，要实现梦想，他必须证明数学家错了，还要展现无线电波克服地球曲率、跨越浩瀚距离的性能。40公里还不够耸人听闻，不足以证明无线电的威力。马可尼决定发出一道无线信息，跨越宏伟的屏障，克服地球的曲率，翻越相当于240公里高的海水山脉。他要证明，无线电可以和电缆竞争，连4800公里阔的大西洋都能跨越。当时的数学家仍然声称这完全办不到，不过马可尼依旧沿用先前所有实验的对策：我相信办得到，且看我的想法对不对。

英美电缆公司（Anglo-American Cable Company）怀着敌意注视着马可尼的进展。他们拥有14条横跨大西洋海床的电缆。每条电缆的铺设成本为300万美元，尽管经由他们的庞大线路发送信息所费不赀，多数人都支付不起，然而所有电缆却都满载，全力发送莫尔斯电码，在两大洲间噼啪传递。万一无线电有用，那么电缆业就要关门了。这里涉及巨大的商务利益。马可尼觉得绝对有必要保持沉默，等他证明电波能够突破险阻，跨越相当于一座240公里高山的弧形大西洋再说。

1901年1月，伦敦一家报纸的记者请教马可尼："据说您正在筹划要从英国向美国发送信息，这种报道有没有事实根据？"马可尼回答："完全是空穴来风。我从来没有提过这种构想，尽管有一天或许能够实现这种壮举，不过目前我完全没有这种想法。"

然而就在那个月，马可尼在一张美国地图上标示出科德角（Cape Cod）来，"一个人站在那里，就能够把整个美国摆在脑后"。他断定，这就是第一则跨大西洋无线信号的预想收讯位置。

就英国这方，预定传讯地点位于康沃尔郡最南端，设于一处名为波尔杜的城镇。工程师已经开始按照马可尼估量的必要规格，动手架设一具巨型天线。马可尼设计出一个半圆形构造，含20根厚重木杆，每根高达60米，并以电线缠绕绑缚。经过11个月的辛勤工作，就在建物即将完成之时，灾难却降临了，一阵狂风袭来，席卷正面迎风的康沃尔海岸。天线杆很高却不结实，木杆像骨牌般纷纷倒地。

过了几周，一阵风暴在1901年10月彻底摧毁科德角的收讯站。其中一根高耸松木桅杆刺破收讯室屋顶，差点击中马可尼的一位主任工程师。这下收讯天线也毁了，在滩岸散成一团，就像一大堆漂流木。

马可尼迅即改变计划。他订制了一具较简单也较坚固的新天线，要架设在波尔杜做发讯用途。那具天线有两根天线杆分立两侧（不是20根），并以55段铜线绑牢，看来就像帐篷的支索。他稍微延展进度，时间恰好够用来测试新天线，朝向设于360公里外，爱尔兰克鲁克黑文（Crookhaven）的一处收发站发送信息。这次测试创下无线传讯新纪录，不过马可尼恐怕没有注意到这点。

1901年11月26日，他在利物浦搭上“萨丁尼亚号”（Sardinia）定期轮船。他已经改变心意，选定另一处收讯站。班轮不是前往科德角，而是航向纽芬兰，那里是北美大陆最接近英格兰的地点。他由两位最可靠的工程师，珀西·佩吉特（Percy Paget）和乔治·肯普（George Kemp）伴随同行，这两人都蓄留壮观的浓黑翘八字胡（马可尼的八字胡则朴实得多）。这时大西洋早就进入风暴季节，完全赶不及搭建脆弱的天线杆，不过马可尼完全不想等到来年春季。他决定采用不同的对策，设法架设一具高180米的便捷天线。他的行李箱中有六个风筝、两颗气球，还装了大批铜线。

马可尼在纽芬兰圣约翰斯（St. John’s）考察了几处地点，最后选定锡格纳尔山，那是处俯瞰海港的高耸悬崖，也是圣约翰斯对抗大西洋猛烈风暴的自然屏障。山顶有一片小高原，适于施放风筝。

那里还有座卡伯特纪念塔（Cabot Memorial Tower），可用来向船只发送信号，另外还有一栋两层石造建筑，原本是处兵营，当时则已改为医院。

马可尼就要展开试验，把他的距离记录延长十倍。气候很糟，风雨夹杂冰雪吹袭医院建筑。马可尼和他的团队为一颗气球灌注氢气，让气球拖着四五公斤的电线飘升，看它是否升得够高，然而风势太强，粗重的系留索就像细线一般断裂，气球也飘向大海消失不见。

1901年12月12日星期五，马可尼决定再试一次，这次要用一个风筝，挂着一条长180米的电线当作天线。他通过电缆电报发出指示。他们约定从纽芬兰时间13点30分开始，发送摩斯电码哔、哔、哔三响信号（代表字母S），并在此后3个小时持续发讯。

正午之前不久，实验开始了。佩吉特在户外和风筝绳索奋斗。他仰望着风筝在风中挣扎，冰冷的雨水落在脸上，眼看风筝翻腾着蹿上120米高处，接着又翻飞下坠，逼近大西洋汹涌的洋面。

在室内黑暗的小房间内，马可尼的另一位助手肯普在唯一的椅子上坐定，桌上摆了几团线圈和一个电容器，他身边只有几个包装箱。马可尼喝完一杯可可，然后轮到他值班收讯。他拿起单耳耳机附在耳朵上开始聆听。这时才刚过中午。

马可尼全副心神专注工作。一位记者谈到他，那段描述传神之极："当他兴致高昂或兴奋激动，眼神便绽放光彩……他给人的最强烈第一印象就是昂扬活力和全神贯注。"他投入超过5万英镑的赌注，要验证世界众多顶尖物理学家都宣称不可能实现之事。而支持他的力量，只有欧洲老家那几次短距电波跳跃，还有他认定自己绝对正确的十足自信。

他专注聆听，一分钟又一分钟过去了，除了杂讯之外毫无声息。接着到了12点半，波尔杜小组持续发讯超过一小时之后，马可尼听到某种声音。当然了，三响尖锐哔声在他耳中响起。他把耳机递给肯普，并沉着询问："肯普先生，你有没有听到声音？"有，肯普先生确实听到那三响哔声。他们立刻叫佩吉特进来。他什么都听不到，但那是因为他的听力本来就有点问题。接着，尽管按照指示，波尔杜应该继续发送信息，声音却突然终止。

马可尼继续监听。到了下午1点10分，信号又出现了，接着在1点20分又出现一次。当天发报时段结束之际，马可尼已经听到莫尔斯"S"码25次。不过他还是不确定这到底够不够。那批信号很模糊又飘忽不定，马可尼希望作出较明确的结果。隔天，12月13日星期六，小组又试做一次。然而这次由于风势太强，风筝无法发挥功能。气候愈来愈糟。马可尼断定这样就够了，他肯定听到信号，这时应该发表正式声明了[①]。

报刊陷入疯狂。《纽约时报》刊出大标题：《无线信号跨越大西洋——马可尼表示他收到英格兰的信号》，内容写道："古列尔莫·马可尼今晚公布现代科学的最奇妙进展。"《麦克卢尔》（*McClure's*）杂志一位记者贴切地描绘了大众对那项声明的惊叹反应："一条电缆，曾经发挥不可思议的功能，串连发讯和收讯双方，维系触摸得到的有形联结。但今天，你可以试着理解通信全新的意义：这里空无一物，只是在辽阔弧拱大海一岸设了一根杆子，垂挂一条电线，对岸还有一个风筝，在大气中飘忽挣扎——然而思想却在两岸之间传递。"

就连许多平常都很冷静的科学家，也几乎不能自制。英国电学研究先驱奥利弗·洛奇（Oliver Lodge）爵士写道："你觉得自己就

① 至今仍有人怀疑，当天马可尼是否真的听到信号声。无论如何，请参见麦克金的书：*The Friendly Ionosphere,* by Crawford MacKeand (Montchanin, Delaware: Tyndar Press，2001)。麦克金详尽探究技术细节，模拟马可尼使用的设备，总结认为他的说法极为可信。

像个孩子，平日常在一台废弃管风琴已经失效的键盘上按来按去，这时一股无形的力量，开始吹送生机活力进入管风琴的胸膛。你讶然发现，手指碰触键盘竟引发对应音符，于是他迟疑了，半是喜悦，半是害怕，唯恐自己被和声震聋，而这时他几乎可以随心所欲，奏出种种和弦。”

电缆公司股票崩盘。英美电缆公司疯狂反制，想要败坏马可尼实验的信誉，但只让他的结果更显得可靠。他的同侪没有人怀疑他。

几个星期之后，美国电机工程协会（American Institute of Electrical Engineers）为马可尼筹办了一场盛大的晚宴，席设纽约市沃尔多夫阿斯托里亚大饭店（Waldorf-Astoria）的阿斯托艺廊（Astor Gallery）。马可尼的餐桌后方有一幅黑底字匾，表面装设电灯排出他的名字。艺廊东端同样设了字匾，并以灯光排出“POLDHU”（波尔杜），西端则闪现“ST JOHNS”（圣约翰斯）字样。三块字匾全都以一条电缆串联，电缆装有电灯，每三盏聚为一组，点出字母“S”的莫尔斯码。宴席主持人朗读大发明家托马斯·爱迪生的来函内容：“我很遗憾没办法到场向马可尼致敬。我希望能和他见面，结识那位具有大无畏企图心、成功地让一道电波越过大西洋的年轻人。”接着主持人谈起，他本人几天前和爱迪生先生闲谈所述，这段话引来哄堂大笑，他表示：“他对我说，‘马丁，我很高兴他成功了。以他的成就来看，那位老弟可以和我这等人并驾齐驱了。还好我们趁他年纪轻轻就撞见了他。’”

马可尼谦虚回应这段颂词，还对电学前辈的成就大加赞扬。两天之后，这等举止引来《纽约时报》撰文称许，该报还评述表示，马可尼的成就铁证如山：“不必佐证，无须确认，只需马可尼君一纸声明就够了。纽芬兰传来电报信息，透露这项壮举已经实现，世界工程界代表人物随即接受访问，反应毫无例外，大家全都表示：

‘既然马可尼说这是真的，那我就相信。’”同一篇报道接着叙述：“他不说大话，也不胡乱许下奢望诺言。他不了解营销谋略，或许是吧，不过他已经养成一种诚实、保守的性格，同时我们敢说，他完全不必找营销人来帮忙，自然就能从他的发明获利。”

马可尼是个干练的生意人，肯定也不必借助外力，自然能够从他的发明获益。他决心在全世界广设马可尼收发站，不论采取哪种迂回路径，都要让信息克服曲率，传遍全球。他已经让数学家羞赧难堪。唯一的问题是，他完全不知其所以然。

古怪的科学家亥维赛

在英国故乡，几位数学家听说这项消息马上料到真相。奥利弗·亥维赛（Oliver Heaviside）是位引人瞩目的男子。尽管他不是非常高大[1]，却相当英俊抢眼；他长了一头浓密的棕褐色头发，而且眼神凌厉，令人不敢直视。他还是个非常古怪的人。

有关他的怪诞传闻多如牛毛。他拿花岗岩块当作家具，他染黑头发，然后拿茶壶保温罩当帽子戴，直到染料干了才取下；他精心修剪指甲，还涂成樱桃红色。他一辈子大半隐居于德文郡（Devonshire）的一处小乡村，当地成年人对他见怪不怪，村中痴愚则对他谩骂，还向他的窗子丢石头。

然而，亥维赛的怪诞偏颇世界观，恰巧是构成他才华的一环。他在卡姆登城（Camden）一贫如洗的贫民区上学，那里也正是造就查尔斯·狄更斯（Charles Dickens）的地方。亥维赛挺身指责传统填鸭式的学习法，不满全体老师只能想出这种教学方式。对他来

① 他身高164厘米。

讲，文法完全是一堆“言语无法形容的乏味、愚蠢又不当的规则”，而用反复动手、无须动脑的方式来学习数学，也已经把他的几位同学变成了“自大的逻辑机器”。

在亥维赛诡异而又奇妙的内心世界里面，完全没有发展出那些现象。1903年，《电学家》（*The Electrician*）杂志的一位编辑以充满诗意的文采来描写亥维赛的思维方式：“奥利弗·亥维赛先生只身徜徉于陌生思想的大洋，罕有人望其项背。就多数人而言，只有当他航向常人眼中可见的港口，现身筹办补给，为执行进一步理论钻研做必要准备之时，我们才得以瞥见他的身影。当补给筹办完备，他又急驰航向大海。我们有些人以毫末之能竭力划桨，尾随短小距离，迅即瞠若乎后；力竭转身，陷入自己搅起的迷雾，艰苦寻路返还陆地。”

亥维赛受不了才智不如己者，而这就包括大半民众。偶尔他会设法把成果写得较为浅显易懂，结果让他不敢相信，在他看来不言而喻的事实旁人竟然无法领会。一位科学家写道：“有时他竭尽心思设法回归最粗浅的层次，跃过高耸的双重围篱，浅说明示，提供捷径，而心思迟钝的普通人却颓然无力跨越。”有次他写了一篇精彩绝伦却艰涩难解的电磁学理论文章，当一位朋友央求他多着墨解释，他于是将原文“之后即知”前面添了“用功”两字。或许那只是他展现刁蛮幽默感的偶然实例，但另有个人茫然不解其所述，又向他抱怨道：“亥维赛先生，可知您的论文实在非常难懂。”他回答：“确实难懂，不过撰写起来还要困难得多。”

但他仍然具有自我调侃的优雅气度。有次他认为某人该骂，落笔三千言强烈指责，却在文中最后写道：“我这是满纸没道理的胡言乱语，如果你没看出来，那大概是因为我表达得不够好。”亥维赛常与朋友鱼雁往返，气愤时自然提笔抒发，但偶尔也会以信函相娱。他的文笔始终极其简练，措辞十分优美，连他的数学方程式都写得一丝不苟，只是当他觉得所述公式令人想起有趣的脸孔或人形，他便会玩性大发，信笔挥洒画个草图。除了数字之外，他还喜欢玩弄文字游戏。有次他在信末写道："专此，顺颂勋绥。临纸不知所云。喔！不才实乃撒旦恶徒。"

尽管亥维赛隐居化外，他却衷心渴慕访客，然而性情古怪又常语带嘲讽的个性令许多人敬而远之。一位科学家回顾1914年的往访情景时说道："尽管接触时间短暂，我对亥维赛犹深为感佩。尽管他外表显得古怪，却没有人比他更能让我叹服，我深觉眼前这人，实在具有高超才智。每思及那次访问我都感到庆幸，却再也鼓不起勇气二度造访。"

他的挚友，电学科学家乔治·瑟尔（George Searle）不怕亥维赛的怪癖，还找过他好几次。两人不仅谈论科学，当时亥维赛迷上一种称为脚踏车的新鲜热门机器。他和瑟尔常牵车外出"火速狂飙"，这是维多利亚时代的休闲活动，骑士抬脚放任车辆高速行进，危及行人，险象环生。瑟尔说："当时我们把脚摆在前叉踏板上，接着就让脚踏车冲下山丘。奥利弗抬起双脚，双臂蜷缩，让车子呼啸着冲下陡峭崎岖的巷道，把我远远抛在后方。"

有一次，瑟尔得知亥维赛必须戴眼镜，坚持要帮他找一副合用的。亥维赛不肯去眼镜店，连其他可行做法他都不愿听从，不过瑟尔还是帮他找到了。但是两人就这件事持有不同见解，亥维赛写信时经常使用怪诞诙谐的拉丁文来表现幽默，他还循此风格写信给瑟尔夫妻，大意为："乔治·瑟尔暨夫人惠鉴。敬颂台安。爰眼镜故。眼镜现身。觅之久矣。偶于袋中寻获。"

亥维赛的研究大半涉及电学和磁学理论之间的繁复关系，他把当初激发赫兹实验的著名方程式拿来重新构思，将公式改头换面，实际运用时更是精简至极。即使到了今天，教科书依然以亥维赛所发展的形式来介绍这组方程式。他还证明，制造电报线时若刻意纳入些许瑕疵，竟可以提高传讯效率。这是电性和磁性彼此增强所产生的古怪副作用，和直觉完全相反，结果没有人肯相信他。最后是一位美国科学家采用亥维赛的推论获取专利，当美国电报业者开始使用这项技术后，证实效果十分优异，英国人才依样画葫芦。但是亥维赛成就这项发明该有的名利，却已经付诸流水。

天空的反射镜

当亥维赛听闻马可尼的成就，他马上料到，无线电信号为什么能跨越如此遥远的距离。早先他已经听说短距离无线电波似乎能弯曲跨越地平线，那时他曾略事钻研这道课题。有些人认为，或许电波确实有转弯现象，这种作用称为衍射（diffraction）：当你半闭双眼凝视光点，所见光芒似乎向外散射，道理就在于此。然而亥维赛心知肚明，这种解释还不够。

有另一种解释方法。赫兹已经证明能够导电的物质（他采用的是一片金属）都能反射无线电波，道理和镜子反射光线完全相同。因此亥维赛表示，天上肯定有一个带电的气层，作用就像无线电反射镜，能把信号弹回地球，因此电波才能克服地球曲率。这点从表面看来似乎略显奇怪，事实则不然。只要有若干带电粒子就能导电，像是沿着电线流入你家中的电力，就是一串带负电的电子。原则上，天上的带电气层不见得必须带负电，也可以带有正电，不过更可能是两者兼具。

尽管高空的空气极端稀薄，却仍有些许气体原子和分子四处飘荡。每颗原子都有两种成分，包括一颗致密的、带正电的、细小的中央原子核，还有一团绕轨运行的（带负电）飘浮粒子云雾，被称为电子。

就一般而言，两类成分都是完全平衡，于是原子和分子都保持电中性。不过若有某种事物（例如：由太空来袭的宇宙线）劫走几颗电子，原子就会散裂出带有正、负电的碎片。换句话说，空气就会带电。

尽管他始终没有发表详细的数学描述，后来这种天空反射镜仍被称为亥维赛层[①]（Heaviside layer）。又由于带电粒子称为离子，如今我们称亥维赛的导电层为电离层。

亥维赛的电离层预测，是他一生发挥深刻洞见、钻研电学和电报所得的众多辉煌成就之一。可惜的是，由于亥维赛言语刻薄性情刁钻，纵有人能领略其内里蕴涵的创造才华，他却始终难以获得认可和理解。

尽管旁人纷纷以他的成果为本，获取专利发了财，而亥维赛却始终一贫如洗，近晚年时财力尤其匮乏。以他的个性，他无法忍受带有丝毫施惠意味的赞助，曾经多次悍然回绝旁人声援。有次一位朋友拿一条面包给他，他气极了，把面包摆在显眼位置整整一年，后来是另一位访客坚持，他才丢掉面包。

亥维赛的另一项怪癖更让他的财务困境雪上加霜。他怕冷怕到极点。他以一具炽烈的煤气炉加上一具燃油炉，双管齐下为房间加温，室内随时都“比地狱还热”，窗子也紧紧关上，不让任何清新

① 约略就在那时，一位叫作亚瑟·肯内利（Arthur Kennelly）的美国科学家也提出相仿的见解。之前亥维赛曾经就这项概念深入阐述，写成一篇学术报告投递给《电学家》杂志，结果文章却始终没有刊出。或许就是这样，当时的研究人员才使用“亥维赛”一词来称呼那圈气层，或者充其量只把肯内利的姓氏附在亥维赛后面。见Ratcliffe, *Sun, Earth and Radio*。

的空气流入。这种怕冷习性还影响了他身边的人。他让女管家签署一项协议，上书："我同意身着保暖毛料内衣，且冬天必须穿得很暖。"

以亥维赛的经济状况，他很少有办法全额支付燃料开销，所以总是不断和他口中的"煤气野蛮人"争吵。晚年他还曾经因为付不起账单，熬过将近一年没有煤气、照明和暖气的日子。一位邻居见他待在户外，坐在院子里，看来很冷又面带病容。她说："到你屋里火炉旁坐吧。"亥维赛微笑答道："夫人，我没有火——我只靠我的才气来保暖。"

除了煤气，亥维赛对其他有形物质似乎不以为意。他对荣誉和奖项也几无所求。1912年，由于他的电磁学研究成就斐然，获列为诺贝尔奖候选人。结果并没有获奖，不过话说回来，其他几位杰出候选人也没有获选——包括一位叫做阿尔伯特·爱因斯坦的物理学家。所有人都败给了一个名叫尼尔斯·古斯塔夫·达伦（Nils Gustaf Dallen）的人。达伦因发明了一种灯塔自动化调节器而获奖。当然了，过了几年，爱因斯坦在1921年赢得物理学奖，而亥维赛却毫无机会。或许这也好，很难想象他打扮体面、前往瑞典参加颁奖仪式的样子。1891年6月4日，皇家学会打算遴选亥维赛为会员。他只须亲身前往伦敦，出席正式入会仪式便成。亥维赛以一首诗文回应：

> 还有一事，
> 在那之前，
> 得先确切落实它。
> 付我3英镑，
> 以酬舟车劳顿，
> 我将欣然前往。

但若不允，

会员免谈。

当然了，亥维赛并没有去（不过他们仍然接受他为会员）。后来他对奖项的态度愈发反常刁钻，或径自回绝，甚至设下怪诞受奖条件。亥维赛临终之前，英国电机工程学会打算把学会最高荣誉法拉第奖章颁给亥维赛，他们建议派遣代表团到他家中面授奖项。亥维赛心烦意乱。他以十分激动的措辞写道：“那些人是谁？我一次只能跟一个人讲话，再多就很困难……况且我也可能没办法弄到一间不带煤灰的房间……你们能不能尽量安排连续四天，一次来一个人？”当消息传来得知学会已经变更计划，预定只派一人携带奖章前来，亥维赛显然大松一口气，接着他著名的捣蛋习性复发，渗进他的回应当中：“非常好。单独一人，或可由一名女士随行护驾，以免你被我恶名昭彰的暴力恶行所伤。我和女士通常都能融洽相处，她们的清脆女高音和粗鲁男子的嘶哑喉音截然不同。而且女士也都喜欢我，我想是吧……不过我可不去奉承她们……不准派代表团。只准派一位女士来护驾。”

亥维赛终究是无法继续只身住在那栋住宅（他的管家在几年之前就搬走了，并没有人怪罪她）。当他衰弱委顿，瑟尔便带他住进一处疗养院，那里的护士和其他院民都很敬重他。他在1925年2月3日死于院中。

亥维赛来不及知道，他的天空反射镜最后扮演了保障地球生命的关键角色。在那个时候，就连物理学界都认为他的天空反射镜只有底层对我们有帮助。事实上，它不只能够反射马可尼的巧妙信号传遍全球，还彻底终结了船只出海便与外界断绝音讯的孤立惨况。

船只航海的守护神

1912年4月14日 星期日

临午夜之际，哈罗德·布莱德（Harold Bride）从梦中醒来。他躺在自己的铺位，聆听邻室传来的无线电操作按键声响。他本能地在脑中转译那阵莫尔斯电码。内容是常见的旅客资料、商务安排、晚宴规划、“克日相逢”还有“但愿你在这里”。这时船只已经驶入纽芬兰雷斯角（Cape Race）无线电收发站收讯范围，显然他的朋友暨同事杰克·菲利普斯（Jack Phillips）仍在工作，把成堆信息逐一发送出去。

马可尼在锡格纳尔山成就壮举后十多年，所有大型客轮都配备了他的新式无线收发站。负责收发的小伙子都来自马可尼辖下的公司，他们的装扮和一般船员有别，身着带闪亮衣纽的夹克，头戴大盘帽，衣纽上和帽檐前端都可见马可尼公司的标志。

无线技术是豪华船舶的最新时尚，也是乘客心目中迷人奢侈的玩具。富有乘客以无线电发送私人信息，或在冗长的奢华跨海航程中，借此得知天下事。当然了，无线技术也可以用来呼救，不过乘客总会认为没什么好担忧的，也不会因此感到安心，甚至很少有人特别认真地看待这项功能[①]。

① 当代一位评论家戏称，鲁宾孙漂流孤岛不必再面对多年孤寂，他只需要启动船上的无线电装备，“呼叫最接近的电台和船只，然后就可以放松心情，边等救援边听股市交易最新行情”。早几年之前曾有两艘船只相撞，最后，其中一艘“共和号”沉没。还好当时发了无线海难信号，不过救援抵达之时，所有乘客已经转搭上幸存的“佛罗里达号”，接着它还蹒跚驶入港口。

无线技术在两年之前造就了一起热门新闻，警方借此技术逮捕恶名昭彰的克里平“医师”。克里平的妻子遭人谋害，还以砖头堆砌埋尸家中，尸体上洒了石灰，部分腐坏。谋杀案曝光前几天，克里平协同他的秘书埃塞尔·勒内夫（Ethel le Néve）潜逃。这起刑事案轰动全球。世界各地的报纸都刊出克里平的照片，只见他戴着一副眼镜向外凝视，还蓄留粗浓的下垂小胡子。

过了几个星期，“蒙特罗斯号”（Montrose）客轮启程航往加拿大，船长对他的一对乘客愈来愈感到好奇。这位“鲁宾孙先生”的小胡子刮得洁净，这时只剩下巴蓄留的山羊胡。他的鼻梁有戴眼镜的明显痕迹，却没见他戴过。他和一个儿子同行，那个年轻人显得特别纤弱，所穿长裤对他而言太长了，帽子里面还塞了纸张才合他的尺寸。尽管那个年轻人已经二十几岁，却仍然经常牵着父亲的手。

船长暗中命令无线电收发员向伦敦发送一则信息。负责调查克里平案的专案组组长迪尤（Dew）警官立刻搭上“劳伦提克号”（Laurentic）定期快轮，要抢在“蒙特罗斯号”抵达加拿大之前赶上它。航轮天线噼啪传送着无形的电信号，同时“鲁宾孙先生”对此依旧浑然不觉，也不知道报刊每天都刊出新闻，还以图解标示两艘航轮的位置。这场追逐在全世界的眼前开展，当迪尤捕获两名逃犯，他对他们说：“早安，克里平医师，我是苏格兰场迪尤警官。我有逮捕令要抓你归案。”瞬时之间，马可尼的无线技术成为破案英雄。

“泰坦尼克号”葬身海底

布莱德工作的船只叫作泰坦尼克号，这艘宏伟客轮从头到尾都是顶级配备，船上的无线设备是有钱买得到的最新、最棒的型号。

摁下发报按键，主要电容器便发出整整一万伏特高压，触发跳跃电火花并把无形电波射向几百公里，甚至几千公里之外，发出的声响震耳欲聋，因此发报设备必须装进一间隔音室。

还要再等2个小时才轮到布莱德正式开始值班，不过他知道，菲利普斯一定很累了，因为尽管无线发报十分昂贵，前十个单字收费12先令6便士，此后每字加收9便士[①]，不过“泰坦尼克号”多的是有钱乘客，几便士他们根本不看在眼里。就是为了服务这样的富豪客层，因此船上才派驻两名报务员，而一般船只只有一位。他们前一天遇上一次恼人的电力故障，损失7个作业小时，于是两个小伙子只好接连超时赶工，设法处理完堆积待发的信息。前一次布莱德做到精疲力竭，幸好菲利普斯提前半小时接班让他早点歇息，这时布莱德决定回报他的好意。他身上仍穿着睡衣，掀开绿色门帘进入报务室。

菲利普斯果然疲惫不堪。不必多费唇舌就可以劝他让位。在他移交工作给布莱德之前，船长从门口探头进来，口吻平静地说：“我们撞上一座冰山。我已经派人勘查，看这次碰撞对我们有什么影响。你们要做好准备，也许需要发讯请求协助。不过先别发送，等我指示再说。”

两名小伙子只略感惊讶，因为两人都没什么感觉。他们在那里等着，过了10分钟，船长回来了。他在门外指示：“发讯请求协助。”菲利普斯询问：“该怎样发？”船长回答：“正规国际求救信号，这样就可以了。”

显然情况比表面上更严重。菲利普斯马上开始轻叩。他发出“CQD”，总共六次，接着发送“泰坦尼克号”的呼号，还有船只目

① 换算现值相当于前十个单词收费近60美元，此后每词加收近4美元。

前位置。“CQD”是马可尼公司的标准紧急信号，从1904年开始采用。其中“CQ”是“seek you”的谐音，代表“呼叫所有收发站”，后面加一个“D”代表“危难”（distress）。此后过了两年，柏林召开国际无线电报大会（Radiotelegraphic Convention）并建议改采用“SOS”，这不代表任何意义，只是采用莫尔斯电码发送时比较好辨识①。不过菲利普斯只沿袭旧有做法，很少使用这种新式电码。

“无声”室内闪起灿烂电火花，发出神秘的无形波动，载着菲利普斯的求救呼喊射上太空。时间是午夜12点15分。

16公里外，“加利福尼亚号”顶风停航。由于冰山阻挠，船长决定等到清晨再继续航行。远方“泰坦尼克号”的灯光隐约可见，然而“加利福尼亚号”上却没有人想到会出麻烦。船上只有一位无线报务员，11点半已下班，这时早就上床睡觉了。

93公里外，“卡帕西亚号”（Carpathia）的无线报务员哈罗德·科塔姆（Harold Cottam）也打算上床睡觉。他衣服脱了一半，这时一件事情浮上心头，心想或许可以和“泰坦尼克号”那两个伙伴传个信息。马可尼公司的报务员网紧密交织，其中许多人都有私交，他们还经常在业务舒缓期间，私下进行船对船空中交流。这样的交流很少需要打出船只呼号。经过几次交流就能轻松认出旁人的莫尔斯码叩敲手法，这和在人群当中认出熟悉嗓音同样容易。你可以听出旁人按、放发报键的速度，还有手法轻盈或强健或迟疑，还有，偶尔也可以根据外人无从得悉的些许手法转折，分辨出对方是谁。那群小伙子自有一套非正式的速记手法。你可以要某个讨厌鬼“GTH”（go to hell，下地狱吧）。结束通信时便说“GNOM”，代表“good night

① “SOS”码很简单（点点点/划划划/点点点），而“CQD”码就比较复杂（划点划点/划划点划/划点点）。

old man”（晚安，老头子。其实他们的年纪都在20岁上下）。

科塔姆和菲利普斯、布莱德两人都是朋友——事实上，就是他介绍布莱德来这里工作的。这时他想起科德角有几则信息等着传给“泰坦尼克号”，或许该让他们知道。

他敲叩发讯：“我说啊，老头子，你知不知道科德角有一批信息等着发送给你？”

“泰坦尼克号”发出第一次求救信号时，他还在床铺室内，因此他完全不知道对方出问题了。菲利普斯迅速回应他的问题，内容让他大吃一惊：

马上赶来。我们撞上冰山。

该不该告诉我的船长？

这是CQD啊，老头子。位置北纬41度46分，西经50度14分。快来。

“加利福尼亚号”船桥舱中，一位见习水手詹姆斯·吉布森（James Gibson）闲来无事，拿他的双筒小望远镜判读远方“泰坦尼克号”灯光。他一度以为“泰坦尼克号”正用船上的莫尔斯灯号发信息，他本想回应，后来却断定那只是灯号闪烁不稳。半夜12点45分，“加利福尼亚号”二副看到“泰坦尼克号”上空白光乍现，爆发了一记警示火箭。这就怪了，他心想，竟然有船只在夜间发射火箭。“加利福尼亚号”上没有人多想，为什么“泰坦尼克号”有这种奇怪举动。这证明传统的船对船沟通做法没有丝毫作用。毕竟，视而不见本是人性常态。

亥维赛的天空电反射镜发挥了功效。尽管就“泰坦尼克号”看来，“卡帕西亚号”还远在地平面之外，载运“菲利普斯信号”的电波却已经越过两船之间的海水山脉，接着便朝“卡帕西亚号”所在的位置反弹射去，并引来船只天线噼啪回应。“卡帕西亚号”的船长被唤醒得知消息，几分钟后，他就下令把船只动力全部导向引擎。科塔姆发报通知“泰坦尼克号”那两位朋友，他们正加速赶往救援。他写道，他们还有4个小时航程，现正“努力赶来”。

布莱德跑去告诉船长消息。当他回到报务室，菲利普斯正向“卡帕西亚号”发送较详细指示。接着就听菲利普斯下令：“穿上你的衣服。”原来布莱德忘了自己还穿着睡衣。布莱德胡乱套上自己最温暖的衣物外加一件夹克，然后穿上靴子。同时菲利普斯一直没有离开电报机，他仍在发送“CQD”码、每隔几分钟发一次，并回应所有答讯船只。然而多数船只距离太远，实在帮不上忙。甚至他还试发了几次“SOS”，就如布莱德所述，他们恐怕只有这最后一次机会来使用新式电码。同时，布莱德拿一件大衣披在菲利普斯身上，还把“泰坦尼克号”的醒目白色救生带缚在他背上。这时两人都能察觉船只向前倾斜。海水已经淹到甲板，还听说很快就要丧失动力。

到了1点45分，“泰坦尼克号”向“卡帕西亚号”发出另一则信息：“老头子，尽快赶来。引擎室淹到锅炉了。”那是“卡帕西亚号”收到的最后一则信息。几分钟后，船长来到报务室，正式准许两个小伙子离开工作岗位。他说，从现在起，“大家各自求生”。那时是半夜两点整，救生艇全都离开了。布莱德冲到寝室拿他和菲利普斯的钱。他回来时，见到一名司炉溜进无线报务室，正偷偷解下菲利普斯背上的救生带。布莱德满腔愤怒。他回顾说道：“胸中突然涌起一股激愤，那个人不配当水手，我不要他死得体面。我希望他被吊死或被逼上木板条跳海淹死。我希望我把他宰了。我不知道。我们离开无线报务室，任凭他躺在舱房地板，动也不动。”

船上乐团的乐师都已放弃求生指望，英勇地坚守岗位。他们不再演奏繁音拍子的慵懒音乐。布莱德向一艘折叠式救生艇跑去，小艇绑在甲板上，几名男子正费劲施放，于是他也加入帮忙。这时，布莱德听到圣歌《秋》（*Autumn*）的旋律响起，仿佛为一段祈祷文伴奏：“领我生还浩瀚大海，引我双眼仰望上苍。”海浪把小艇卷离甲板。布莱德身陷小艇下方，骇然发现海水竟是如此冰冷，接着他鬼使神差地爬上顶部。这时小艇已经翻覆，乘员全都攀附在浸了水的船底。

当晚天色清朗得诡异，星光从周围冰山反射，映现出一片灿烂。这时乐队已不再出声。17岁乘客杰克·塞耶（Jack Thayer）也攀着翻覆的小艇，满脸惊恐，痴迷地望着船只：

> 她从船身中段偏船尾那点开始翻转。船尾渐渐抬起指向空中，显得从容不迫，就这样不慌不忙慢慢抬高……她的甲板略转朝我们这方。我们可以看到好几群人还待在船上，总共将近一千五百人，一群群或一团团挤在一起，就像成群结队的蜜蜂；结果却成群、成对或单独坠海，当船只的宏伟后段向天空抬高，耸立达75米，最后抬升到65度或70度。到这里似乎暂时止住，就这样悬着，感觉上仿佛过了好几分钟。

接着灯光熄灭。船只所有引擎都尽了责任。它们坚守岗位，为无线机组供应电力，推动电波载着菲利普斯的求救呼唤传遍大西洋。这时所有引擎都要止息。

折叠小艇十分靠近船身，受吸引逐渐朝庞大倾转船身漂去。这时还有力气转头仰望的人，都见到三具庞大的螺旋桨在他们头顶上方森然现身。就在这时，最后一段还完整的舱壁，发出一连串闷响猛然断裂，于是“泰坦尼克号”便优雅地、静静地滑入海中。

塞耶只听到人群发出一声叹息，此外什么声音都没有。他回忆道：

> 接着大概有一分钟，四周根本是一片死寂，没有人出声。接着有个人呼喊求救，这里、这里；音调渐渐提高，汇聚变成连续不停的哀号长音，我们身边水中到处是人，1500个人都在求救。那种声音，听起来就像是宾夕法尼亚州仲夏夜晚林间的成群蝗虫。

接下来20分钟，说不定30分钟，这种骇人呼喊接连不断，随着发出声音的人一个一个冻僵，喊声也愈来愈微弱。在这段时间，半满的救生艇都漠然袖手，相距只有几百米，艇上乘员唯恐救生艇被人群蜂拥压沉，干脆谁都不救。

这时那艘翻覆的折叠艇，处境比木筏好不到哪里去，然而攀附在龙骨上的人，仍旧竭尽全力出手救援，直到船身浸水太过严重，再也没有救人空间，于是他们这才停手。这时船上已经有28人，或坐，或卧，或跪，挤成一团，不论朝向哪边都动弹不得。有人跪在塞耶身上，抓住他双肩，他们两人顶上还另有一个人。布莱德全身伸展横卧，双脚紧紧抵住软木船舷，舷外就是冰冷海水；另外还有个人坐在他的腿上。接下来两个小时，他们就这样缩在一起，只有布莱德不断向大家保证，鼓舞士气安抚人心，他说："'卡帕西亚号'正以最高速度赶来。我把我们的位置告诉他们了。不会有错。我们大概在4点钟或稍后一些，就会看到他们的船灯。"尽管光线黯淡，布莱德看不到菲利普斯，不过他也挤在船上，只是很奇怪，不知道为什么他始终闭口不语。

"卡帕西亚号"真的来了；正如布莱德所料，4点过后不久，他们的船灯就出现了。折叠救生艇上的乘员全部获救，只有一个人躯体僵直，原来他已经因为体温过低而丧命。尽管布莱德想尽办法用衣物裹住他，但菲利普斯在发报室时不曾停手发报，没空穿上保暖衣物，结果他穿得不够暖，无力对抗大西洋的冰冷海水，毫无生还机会。

布莱德得靠人扶持才能登上“卡帕西亚号”，他的双脚受了严重挤压，还长了冻疮，没办法行走。不过在船上医院休息几小时之后，他便前往无线报务室和科塔姆见面。随后在船只抵达纽约之前，他都待在那里，发送乘客的哀悼信息。

船只入港停靠妥当之后，他还待在发报站滴答发报，房门开启，只听一个人说：“老弟，现在实在没有必要发信了吧。”布莱德回答：“可是那群可怜人，他们都认定信息会发出去啊。”接着他转头，这才发现前面那人是谁。照说低阶驻船操作员是永远没机会亲身面见马可尼先生，不过每间无线发报室都挂了他的照片。布莱德抬眼看墙上那张照片，接着又回头转向马可尼站立的位置。马可尼向他伸手，布莱德一语不发握住。接着他想挤出笑容，却办不到。他说：“你知道吗，马可尼先生，菲利普斯死了[1]。”

总计一千五百多人丧失生命。马可尼几天之前才来到纽约，得知船难深感震惊。他原本计划搭乘“泰坦尼克号”旅行，却由于公事进度落后太多，而“卢西塔尼亚号”（Lusitania）正好有一位十分优秀的速记员，于是他改搭那艘客轮跨洋。按照原定计划，他的太太贝亚（Bea）和两名幼子也要搭乘“泰坦尼克号”，打算到纽约和他会合共度假期。结果他的儿子朱利奥（Giulio）身染疾病，他太太打了电报表示要延后启程。

尽管损失惨重，所幸无线电波发威，加上空中反射镜助阵击败

---

① 布莱德那堆待发信息里面，有一则是塞耶的母亲托发的。他的父亲随着“泰坦尼克号”失踪。塞耶太太的信息写道：“不管找谁来见我们都好，就是不要找小孩。希望没了。”这则信息始终没有发送出去。

地平面屏障，总算联手救起712人。马可尼也遭受了若干批评。他是不是命令“卡帕西亚号”报务员守密不发新闻，等他能把他们的故事卖得更好之时，再对外透露？布莱德和科塔姆确实都把他们的故事卖给了《纽约时报》，也肯定赚得大笔收入，算起来相当于他们年薪的三四倍[1]。美国一位参议员在调查报告中指出：“有些事情比生命本身更为可贵。眼见海水已经淹到上层甲板，菲利普斯和布莱德两位无线报务员依然不肯擅离岗位，这是尽忠职守的表率，应予最高度赞扬。”然而，布莱德无法忘怀死在他手中的那位司炉，于是他不断改变说辞。原本是他和菲利普斯联手与那个人搏斗，后来变成菲利普斯单独下手杀人。布莱德成为英雄返回英格兰，但是他在船难十周年过后不久突然离去，改名换姓前往苏格兰，改行当了旅行业务员。他仍然拥有一套无线电发报机，偶尔也在空中和对他一无所知的人士交谈。

事实就是事实，若非马可尼的电波可以反弹跨越弯弧大洋，“泰坦尼克号”的结局便无人得以知晓，而所有乘员也都无法生还。

这时，无线发报机的威力已然经过充分验证，所有人都想要一台。世界各地纷纷设立无线收发站。马可尼赚得巨额财富，也如愿以偿赢得卓著声望。他甚至还以他的发明赢得诺贝尔奖。但是尽管亥维赛曾作出预测，却没有人知道（马可尼更不明白）天空那面反射镜是怎么来的。

解开电离层之谜的关键人物

无线电界还需要另一位物理学家，一位能够（像亥维赛那样）

---

① 布莱德赚了1000美元，科塔姆则赚了750美元。他们每年各赚350美元左右。

理解赫兹射线神秘作用的人物。于是一个人踏进无线电界，那个人的言行谨慎，性情冷静，注重细节，勤奋又极端拘泥于传统，事实上，可怜的亥维赛所欠缺的一切，他完全具备。

爱德华·维克托·阿普尔顿（Edward Victor Appleton），1892年生于英格兰北部的布拉德福德（Bradford）。他的家庭属于劳工阶层，住在一处典型的共用墙壁的房子，房子密密麻麻比邻搭建，而且四处可见当地工厂溢流污物。但是阿普尔顿的房子虽然贫穷潦倒，却也打理得很体面。遮挡窗口的帘布一尘不染，就连林立小屋门前的石阶也总是刷洗得光洁亮丽。阿普尔顿的父亲负责管理仓库，每天都戴一顶圆顶礼帽，却不戴工人常用的庶民平顶圆帽。他的邻居有警察，还有铁道工和邮差，全都身着制服以彰显他们的尊贵身份。

阿普尔顿是个有出息的孩子，11岁就得到奖学金，进入一流中学就读，而且不管他接触什么领域，全都有非常优异的表现。他的歌声优美；他是足球队和板球队队长；他的长相英俊，人缘又好，有深灰双眼，还长了一头很讨女孩子喜爱的波浪形褐发；他所修学科，从文学到科学，几乎门门拿第一；他还是历来唯一拿到物理实验室钥匙的学生，这样他就可以在晚上继续他的研究。18岁时，他又赢得一项奖学金，这次是帮他进入剑桥大学。为协助他在那里站稳脚跟，父母兑现了一张人寿保单，他的叔叔也送他一笔5基尼金币的大礼。

就某些层面来讲，阿普尔顿进入剑桥大学可说如鱼得水。他在1911年进入剑桥圣约翰学院（St. John's College）就读大学部，那时他已经养成根深蒂固的保守习惯。他穿戴布拉德福德一位裁缝制作的硬领；终其余生，他都继续向同一家裁缝店购买相同的领子。圣约翰学院是剑桥最古老、资源最丰沛的学院之一，其显赫光辉令他赞叹不已。他来此之后，随即寄明信片给布拉德福德一位朋友，写道："我自己就有几个好房间，也觉得自己是个要人，千真万确。"明信片正面是剑桥另一所学院的餐厅照片，阿普尔顿加了一句附言："我们圣约翰还有一间比这更大、更好的餐厅。"随后他又接连寄出几张更精彩的明信片。他在其中一张上写道："我和一个熟人一起进早餐，他是克莱尔学院（Clare College）的助教，进早餐时可以使用学院的银质餐具。他是助教，所以学院偶尔会借给他用。它们看来实在灿烂夺目。"①

阿普尔顿在剑桥表现亮丽，兼顾体育和学术科目，他在1914年6月毕业时，还拿到物理学双料第一的耀眼成就。两个月后，英国对德宣战，阿普尔顿立刻入伍。战争结束，他回到圣约翰任教。他对剑桥传统仍然心驰神往：长袍礼服和制式肖像，餐厅的金银餐具和摇曳烛光，还有拉丁语感恩祈祷。尽管他深感自豪自己竟然不费丝毫代价，就被接纳进入这等尊贵世界；但阿普尔顿仍旧是个布拉德福德的外人，也开始注意到这里的若干缺点。

比如，当阿普尔顿要求学院处理厨房蟑螂的问题时，膳食人员竟然拒绝了，提出的理由让他惊讶。原来圣约翰的蟑螂是在伊丽莎白一世执政期间由欧陆带来，因此不得干扰它们的生活。还有，尽管阿普尔顿欣然领受他聪明自负的同事的嘉许，然而他对那些人鄙视大学墙外世界的傲慢态度却不大赞同。后来他常提到一位自诩一辈子不曾踏进戏院的剑桥学者，并说那个人："言谈之间明白表示，期望自己不管到哪里都应获得赞美，结果令我不平，因为他几乎到

① 当时阿普尔顿的事业生涯还在早期阶段，进早餐时不能使用学院银器。当时也没有别致的膳宿设施。他在战争期间娶了一位布拉德福德女子为妻，后来当他的新婚妻子来到剑桥，第一次见到他租下的联栋式居所，想到两人就要住进这种不讨人喜欢的地方，她不禁哭了起来。

任何地方都受人称许。”

至少就这点而言，阿普尔顿永远无法适应当时的剑桥环境。尽管他是个拘泥于形式的人，慎重摆脱了自幼养成的劳工阶层的仪态和腔调，但还是希望能够和大家轻松相处。几年之后，他当上了爱丁堡大学的校长，还会亲自掸灰清理档案柜较高部分，只因为他的清洁妇身材娇小，够不着。他还会与仆役闲聊足球，或者他觉得他们会喜欢的其他一切话题。还有当他和同样卓越的同事开会，见秘书怯生生端茶进入会场，他还会逗趣说道：“赫柏（Hebe）女神给诸神端来杯盏啦！”

他乐于和旁人谈他的科学研究，凡是想听的，他都来者不拒。这不只是学界人士，还包括普通人，也就是其他许多学者都藐视的对象。他的公众演讲内容明白清晰，生动有趣，预先经过周详演练，然后以他的优美高扬嗓音娓娓道出。他的主要动机发自胸中的求知热情，企盼能在这个世界发现料想不到的神奇现象。在阿普尔顿心目中，科学完全关乎想象力。几年之后，在不列颠学会（British Association）一次会长致辞之时，他曾表示：

> 现代科学最惊人的事实或许在于，就像诗文、像哲学，其所展现的深度和奥妙，逾越我们讲求实际的寻常世界；而这是相当重要，且迥异于俗世的特性。科学已经让宇宙重新展现无穷本质，也就是它一度似乎被取走的丰饶莫测和奇观。

电离层的白日与黑夜

同时在20世纪20年代早期，当阿普尔顿在剑桥从事研究期间，他领悟自己从事的课题，和讲求实际的寻常世界有天壤之别。战时他曾在气象信号署（Signal Service）工作，当时他迷上崭新的无线电技术，特别是一种称为热离子管（thermionic valve）的装置。这种器材是十分重要的信号收发元件，因此被列为军事机密。然而，当时似乎还没有人懂得这类器材的运作原理，因此必须借助效率低下的试错法，一步一步学会使用。战后，阿普尔顿随身带了好几件这种神奇的电子管回到剑桥。“我可没有让英国陆军添加失窃物品，有些是当时制造电子管的电灯公司送我的，还有一件德国式的，那是我从一个俘获的炮弹箱里面捡来的。”接着他开始使用这几件电子管，想要厘清这种用来收发电波的无线电装备究竟是如何运作的。

阿普尔顿开始深入探究，马可尼的无线电波怎么能够蜿蜒传播绕行全球呢？他愈钻研沉迷愈深。阿普尔顿和马可尼见过面，据说他十分佩服马可尼不受任何悲观理论阻拦的实验毅力。尽管马可尼在二十多年前，已经射出电波，弯曲跨越大西洋，然而究竟是什么东西让电波反弹传播，却依旧令人茫然不解。

阿普尔顿认为，最可能的解释要从亥维赛的见解入手：高空某处的空气中充斥电能，那处气层就像反射镜一样能把无线电波反弹折返地球。不过，他还希望更进一步探究细节。这面反射镜是什么样子？是什么构成的？还有作用方式为何？

马可尼的无线报务员，在多年之前便发现了一种现象，阿普尔顿相信这里面藏了一条线索：一天当中有某些时段，比其他时候更适于发送无线电信号。就如一位人士所作评述：“每个报务员都有亲身体验，能察觉某些时候的条件似乎完全齐备，利于他们发送信息，这时那种神秘的电火花能顺利跨越几乎无从想象的遥远距离。”而最有利的时机，似乎都是在夜间。没有人知道这究竟是怎么一回事，不过有些人揣测，或许是由于夜间较少有报务站继续作业，收发信号较少受到干扰所致。但阿普尔顿还有一项更好的解释，他认为，日夜收发效能有别，表示太阳和亥维赛带电气层的形成过程有某种关系。

或许有某种东西随太阳射线进入，从而以某种方式，将高层大气的成分裂解为带电碎片，带走浮动的电子、分子所含电子，也让空中遍布带有正、负电的碎片残骸。这样一来天空必然充斥电力，这种现象肯定也发生在最外圈气层，而那层大气正是我们抵御太空射线侵袭的第一道防线。

不过倘若这是事实，为什么夜间太阳下山之后，这圈气层反射无线电波的效能却变差了？阿普尔顿认为他明白个中道理。他推断，带电层始终都在那里，就算在太阳下山之后至少还有部分残存。由于正负电荷相吸，带电碎片终究会重新结合。不过最上层空气很稀薄，碎片不常彼此碰触，仅只一夜时间并不够长，还不会完全消失。

夜间气层和昼间的情况应该有一项重大差别：夜间气层位于较高空位置。这是由于在昼间，阳光射线或粒子，或不管是什么作用能够透入较深层大气所致。于是亥维赛的反射层得以向下延伸，进入空气较为致密的天空区域。凡是射达这处低空位置的无线电波，不只要被气层弹开，还会发生碰撞并有部分被吸收，于是在这段历程会失去部分能量。到了夜间，由于带电碎片重新组合，导致这处低悬气层的密度降低，并促使气层上升。这时天上只剩高空的残存电荷，那里的空气稀薄、很少发生碰撞、重组速率缓慢。无线电波在那里更能从大气弹开，也不至于丧失那么多能量。于是无线电能够传播更远的距离。

1924年4月，阿普尔顿雇请新西兰人迈尔斯·巴尼特（Miles Barnett）担任助理，来帮他测试这项观念。巴尼特立刻着手测定由伦敦发抵剑桥的无线电信号。自从马可尼最早以滴答电码跨洋发送信号迄今，无线技术已经有了长足进展。如今电波已经有语音伴随，甚至还搭载音乐同时漂洋过海。两年之前，新成立的英国广播公司（British Broadcasting Company）在伦敦建立了电台，称为“2LO”，而且他们的常态广播在剑桥也收得到。阿普尔顿要巴尼特测定他们在昼夜不同时段的信号强度。

巴尼特能轻松收到电台的信号，他很快就证实夜间信号超过昼间的强度。除此之外，他还发现了奇怪的现象。每天约在黄昏时刻，信号总是起伏不定、忽隐忽现，仿佛有某种宇宙妖精胡乱调校强度。阿普尔顿和巴尼特很快都明白这代表什么意义。信号肯定是夜夜随着亥维赛的带电层向上空移动。

巴尼特测定的信号含两种成分：一道是直接朝他射来的电波，另一道是由天空反射镜反弹射来的。这两道电波抵达他在剑桥的收发机可能彼此发生干扰，倘若两条路径的差异叠加构成波长的整数倍，则两道电波会结合，构成一道超级电波，这时“音量”就会猛然提高。另一方面，倘若一道电波的传播波长恰为另一道的一倍半，其波峰就会与另一道的波谷段落相遇。如此一来，两道电波就会彼此抵消，信号也消弭无踪。

除非出现极度巧合，否则在正常状况下，这两种情况都极不可能出现。无线电波的波长由英国广播公司选定，而信号传播距离则是由阿普尔顿和巴尼特的实验室坐落地点，以及亥维赛层的高度来共同决定。这两组随机数值没有丝毫理由沆瀣一气，让电波的波长恰好倍增或彼此抵消。而且就一般而言，从早到晚都不会出现这种情况。

然而，在黄昏时情况便有不同。亥维赛层每夜都会向高空蹿升。气层浮升时会通过特定高度，这时反射无线电波与地面电波发生干扰。设想亥维赛层逐渐升高的情况。首先，气层抵达某一高度，导致反射波与地面波的波峰恰好重叠，于是信号音量提高。气层继续提高，通过另一处特定高度，这时反射无线电波恰好与相匹配的地面电波彼此抵消。突然之间，信号消失无踪，气层继续升高，碰到另一处波峰相叠位置，随后又升到另一处抵消点。随着亥维赛层逐步升高，信号便出现强、弱、强、弱的交替现象，巴尼特的仪器所测音量也随之起伏共鸣。这是第一项直接证据，显示亥维赛的见解正确。

阿普尔顿由此产生一种观念。很显然，他无法改变亥维赛层高度来进行实验，不过只要好好游说，倒是可能让英国广播公司改变信号波长。倘若他们接受所请，逐步改变广播信号，这就会产生仿若带电层升高的相同效果：电波会逐渐通过不同定点，有时相互累加，有时彼此抵消，最后产生同样高低起伏的信号干扰效应。这就能证实亥维赛层确实存在。此外还能得到另一个收获，探出这种神秘反射层的切实高度。

由于阿普尔顿有办法逐一计算信号高度，他可以分别算出达到哪个高度时，电波便叠加产生新的波长。只要知道广播的波长，还有广播站到他的实验室的距离，他就可以求出反射波必须达到哪个高度，接着才反射转朝地面，传抵他的接收机。

这个构想十分高明，英国广播公司随即同意配合。然而要逐步改变广播波长，在2LO电台并不容易进行，不过他们可以改在南部沿岸的伯恩茅斯（Bournemouth）进行。这样一来，阿普尔顿就必须重新计算从电台到实验室的适当距离。结果让他十分懊恼，实验不能在他喜爱的剑桥进行，必须到外地借用实验室，而且无巧不成书，合用的实验室竟然就位于剑桥的死敌——牛津大学。

1924年12月11日，阿普尔顿和巴尼特把实验安排妥当。[1]他们耐心等待伯恩茅斯结束常态广播。在巴尼特心目中，最后一首萨沃伊·奥尔菲斯乐团（Savoy Orpheans）的演奏曲似乎是永远都播不完。他

① 接着再过短短几个月，亥维赛便去世了。

满腹牢骚：“而我还一直认为自己喜爱舞曲。”最后，就在午夜之前，节目结束了。伯恩茅斯电台韦斯特台长（Captain West）和两位研究人员通电话，要他们做好准备。接着，午夜过后几分钟，变动信号开始播送。过了几分钟，阿普尔顿期待的起伏状况出现了。亥维赛的地球带电气层，在他头顶上空约百公里处噼啪作响。

阿普尔顿发现了当初亥维赛只能想象的现象。真正的工作于是展开。这时他已经在伦敦大学履新担任物理系系主任，借职务之便建立了一个研究网络，派员协力研究这个新气层。这时，常变信号也改由特丁顿（Teddington）的英国国家物理实验室（National Physical Laboratory）负责发送，同时阿普尔顿也在各地新设了几处收发站，包括盖在彼得伯勒（Peterborough）郊区的两栋木屋营舍。

阿普尔顿新聘了一位助理来负责彼得伯勒站营运，那位叫做布朗（W. C. Brown）先生的人战时在船上担任报务员，还曾遍游四方。其他阅历暂且不提，单凭见多识广就养成了他的高度智谋，阿普尔顿曾说：“就算缺茶、缺奶精又没有杯子，他也能在半夜变出一杯热茶。”他又说：“当布朗太太偶尔来陪他，这时也会出现滋味最美的腊肠卷，同样是凭空出现。电离层初期研究，全都是就着热茶和腊肠卷完成的。”

彼得伯勒电信站的第一项用途是投入测试拂晓收发状况。国家物理实验室启用之后，阿普尔顿的运用弹性大幅提高，更可以掌控测试信号的播送时间。由于他当时已经知道，亥维赛层在黄昏时分会上升，因此他希望检验气层是否在黎明时沉降。结果一如预期，当太阳射线回头为大气充电，无线电波的反射信号也随之稳定削弱，气层逐步下降——有时还降到离地只有约50公里。

不过，这里仍有一个耐人寻味的问题：太阳究竟是怎样促成这种作用的？阿普尔顿希望查清楚，亥维赛层是如何成形的。

抵挡X射线的功臣

1927年6月29日这一天，他终于有机会查明原因。那天会出现日食，月亮通过太阳前方挡住视线，从地球见不到阳光。当阳光被遮挡瞬间，情况是否就仿佛黄昏？然后当阳光复返，亥维赛层会不会像在拂晓时分那般变深？

日食预计在清晨5点左右出现。阿普尔顿向有求必应的英国广播公司游说，请他们特别安排从伯明翰（Birmingham）发讯，由他在彼得伯勒接收。他还联络船艇，说服船长在他实验期间节制发报作业，来保持电波净空。29日朝阳升起，阳光慢慢绽现，亥维赛层也如常开始沉降。接着日食时刻逼近。月影开始笼罩彼得伯勒上空大气，反射无线电波迅即增强，同时亥维赛层也猛然上升。

黎明和黄昏的效应始终都是逐渐显露，随着阳光缓缓洒落地平面，展现出几难察觉的变化。然而在日食当时，变化来得毫不迟疑。效果瞬间展现。

就阿普尔顿而言，这只代表一件事。不论大气带电是什么造成的，其原因肯定是以光速朝地球前来的。没有粒子能移动得这么快，那肯定是某种光线。阿普尔顿也猜到了那名嫌犯是谁，肯定就是宇宙间最活泼的射线：X射线。

这就是他查访追寻的答案，可以解释亥维赛的反射镜为什么出现在天空。不过结果不止于此，这次发现还率先揭示了这面反射镜对万物众生的重大影响。因为让大气带电的历程，也保护我们免受骇人的威胁。

来自太空的X射线会戕害生灵，因为这种射线不只破坏高空电离层所含原子，对生物细胞也有相同的危害。入射X射线带着极高的能量抵达，能够瓦解DNA分子，将之碎裂成带电残片，从而触发癌症。因此我们才必须如此审慎地控制医疗X射线的剂量。

由于X射线含极高能量，只需动用些许我们就能看穿生物组织，见到体内的器官和骨头。因此我们上医院不必太过担心，同时接受四万五千次胸腔X射线照射才会要你的命。不过，一旦脱离电离层保护，只需瞬间就会产生那种致命轰击。太阳不断射出X射线，只需一次X射线爆射，凡是没有在电离层保护下的生物全都要被烤焦。国际太空站特别装置一个强化舱，目的就在保护太空人免受这种危害。当太阳爆发闪焰，太空人都必须立刻赶往保护舱隐蔽。

经由这次日食实验，阿普尔顿发现电离层重要无比，而且不只是作为通信的镜面，电离层还构成另一层专门用来牺牲的大气。这圈气层任令其原子被击碎，从而保护我们免受不断轰击脆弱地球[①]的X射线侵害。

阿普尔顿的名望确立，世俗崇高荣誉纷沓而来。他获英王颁授爵士勋位，还获颁美国功勋奖章、法国荣誉军团勋章之军官勋位，甚至还奉教宗指派为宗座科学院（Pontifical Academy of Science）院士。阿普尔顿接续着马可尼，荣获亥维赛擦身错过的诺贝尔物理学奖[②]。晚年阿普尔顿成为卓越的大学行政专才，大半精神投入委

---

① 后来才发现，这圈噼啪作响的气层十分复杂，超乎所有人的理解。先前阿普尔顿已经把亥维赛的发明称为“E层”（E代表电）。不过后来他还发现，更高空还有一圈，他称之为F层，其他人则多半称之为阿普尔顿层。接着又发现了一圈较薄弱的，位于E层下方，自然便冠上了D层名称。阿普尔顿说明：“我没有采用字母A、B或C，因为我觉得有必要预留一两个字母，以防有人发现D层底下还有其他气层。目前还没有发现，所以现在看来，气层名称从D开始，就显得有点离谱。不过，我承认这是我的错。”

② 他前往瑞典受奖，在典礼上发表演说，还讲了一个小笑话来娱乐现场嘉宾。他说，他们不该对科学方法抱有太高信心。从前有个科学家，调制威士忌加苏打水给他的朋友喝，接着就小心观察他们的反应。隔天晚上，他又调制兰姆酒加苏打水给同一群朋友喝，再隔天晚上，则是杜松子酒加苏打水。每次他的朋友都喝醉了。那位科学家总结认定，造成醉酒的起因，肯定是所有饮料都具备的唯一共通点：苏打水。这个故事效果很好。当时瑞典王储（后来的古斯塔夫六世）和阿普尔顿夫人的座位相连，后来阿普尔顿才发现，当天王储只喝苏打水。

员会事务，再腾不出多少时间从事实验研究。他的地位比以往更为稳固，不过他依旧不改其幽默个性，他的女儿罗莎琳德（Rosalind）生性“有点顽皮”，深得父亲宠爱。有次她在旅馆用餐，觉得饮料不对胃口，她不动声色，从藤草购物篮中取出一瓶杜松子酒给饮品加料，这举动可把父亲逗乐了。

同时，阿普尔顿一得空便溜班去搜集资料或分析结果。他谈起自己的研究，比拟那是“逃入高空气层”。他终其余生都努力钻研电离层的作用。

20世纪30年代他前往北极探索，成就一项耐人寻味又极令人不解的发现。阿普尔顿一直想探究磁性对电离层的干扰现象，当时已经知道这种作用在两极最为强盛。因此他安排在挪威远北区的特罗姆瑟市（Tromso）测定读数。阿普尔顿在那里发现，电离层和磁暴似乎存有某种牵连。当磁暴出现摆动罗盘磁针，电离层便销声匿迹。电性和磁性显然以某种方式联手运作。

尽管阿普尔顿想不出这两股力量究竟是如何在我们头顶上空协同运作，不过他肯定是踏上了正轨。因为大气这圈最终防护层，确实是由电离层的电性和更上层的磁性合力驱动。地表上方几千公里高处，空气稀薄得几乎见不到丝毫成分，由地球磁场射出的磁力线横扫天际，警戒着来自太空的致命威胁，而底下的电离层则守株待兔，拦截威胁并解除其危害。

这种威胁危害最烈，我们却始终懵然无知；直到20世纪50年代，太空时代萌芽之际才有所觉。

第七章
最后的边疆

1957年10月4日，美国“冰河号”破冰船，加拉帕戈斯群岛（Galapagos Islands）附近某片海域

昨天（四日）夜到今晨是我非常振奋的一段时光（对整个文明世界也是如此）。就在晚餐之前，拉里·卡希尔（Larry Cahill）告诉我，船只刚从消息途径收到新闻，苏联成功发射一颗卫星。卫星的资料如下：轨道与地球赤道面倾角65度，直径58厘米，重83.6公斤（哇！），估计高度900公里，周期为1小时35分钟。

太空争霸战

詹姆斯·范艾伦（James van Allen）的田野笔记向来做得一丝不苟，这次也不例外。笔记标题简洁，上面写着：“赤道—南极洲探索作业”，而且每笔记载都仔细标示日期。船只才刚通过巴拿马运河，这次探索还不算真正开始。不过范艾伦通常在启航之际就开始记笔记，凡是可能影响后续发展的芝麻小事，全都记载下来。他

完全没有料到自己会写下这么令人振奋的新闻，当然也没想到消息来得这么快。

范艾伦吃了晚餐，还看了一部二流电影，心情却始终无法平静，就算身处大洋海域，他都要更深入地了解真相。他前往通信舱，一个年轻电信员已经在那里就座，头戴耳机忙着调整收讯机。他说："我想我找到了。"范艾伦接过耳机亲自聆听。耳边传来清晰嘹亮的"哔、哔、哔"声响。这实在令人不敢相信，由人类发挥巧思动手发射的人造卫星，偶然通过船只上空，发出这阵规律、严谨的信号声响，昭告天下它就在那里。这和大气发出的自然飘忽杂讯完全不同，而且正是范艾伦多年以来都想听到的声音。

他从1948年开始就经常表示，人类总有办法把卫星射上轨道。《纽约时报》便曾因此嘲笑他；《纽约客》还以其特有的温和戏谑文风来捉弄他。有一次，他在一场重要研讨会上发表演讲，却由于所见"流于空论"，被迫删除部分内容。如今果然成真，卫星就在他们头顶上空，哔哔作响。

范艾伦马上想录下信号声，不过录音机摆在下层的实验室中，体积也太大，况且那台机器还完全与另一件仪器整合在一起，要拆下太过费时。当时电信室中还有一位船客，美国海岸与测量调查局（Coast and Geodetic Survey）的约翰·格涅维克（John Gniewek）。格涅维克预定在隔年前往南极洲，主持一处地磁研究站。格涅维克的舱房里摆了一台小型磁带录音机，他说马上就可以拿来。格涅维克去拿录音机，同时范艾伦也三步并做两步，下楼去取他的示波器。从太空向我们射来的第一笔人为信号呈现哪种相貌？范艾伦在他的笔记簿上形容了它的样子：一条直线，不时出现周期杂乱线痕，仿佛有个小孩拿着铅笔乱画，每隔0.2秒涂鸦一次，各持续0.3秒。

探索队队员纷纷来到电讯室，里面愈来愈拥挤。卫星再次通过，他们轮流聆听，随后又听着卫星再次通过，接着又是一次。最后，在深夜两点钟，范艾伦起身回寝室睡觉。他很少在田野笔记上写下这么多惊叹号。当天最后一句话，或许最富意义："倍感激动！"

"太空时代初露曙光！"全球报纸头条都大肆宣扬。伦敦《每日镜报》更动报头固定文字，它不再是"每日销量世界第一"，它已经成为"宇宙"第一大报。

新闻很快传到华盛顿。基于巧合，或更可能是按照计划，苏联、美国和其他五国的科学家来到美国国家科学院，齐集讨论火箭和卫星活动，为当时正逐步开展的国际地球物理年（International Geophysical Year）共襄盛举。苏联代表团的谢尔盖·波洛斯科夫（Sergei M. Poloskov）先前曾表示，世界很快就要出现第一颗绕地人造卫星，当时这项见解还引起骚动。结果真的实现了。《纽约时报》的沃尔特·沙利文（Walter Sullivan）接到所属编辑室一位编辑的电话。他马上赶去通知现场一位美国人。他轻声说："上去了！"那个人挤过人群，要把新闻转知美国的官方会议代表团，他找到劳埃德·伯克纳（Lloyd Berkner）。伯克纳要大家安静。他说："我要宣布一件事情。我刚从《纽约时报》得知，苏联已经有一颗卫星在轨道运行，高度为900公里。我要向我们的苏联同行恭贺他们的成就。"

当然，美国被吓坏了。刚开始还一片静默，接着是戏谑玩笑，不久就是一片谴责。全国各地酒吧纷纷贩售"旅伴号鸡尾酒"——以一份伏特加和两份酸葡萄调制。所有人都想知道，俄国人怎么会抢先上了太空？美国是以科技创新自豪的国家，几十年来一直领先世界，还开创飞行先河。美国的卫星计划怎么会被赶上，还有个赌徒酸溜溜地表示："怎么连天线都垂下来了？"

理论层出不穷。就像麦卡锡时代过后那般众说纷纭，有些人说，问题出在科学界的猎巫现象。另有人指责高层。总统自己不就一再表示，科学界“只不过是个压力团体”？总统助理谢尔曼·亚当斯（Sherman Adams）不是曾经贬斥藐视“外太空篮球赛”？只有一件事情大家都清楚明白：美国人必须还以颜色，而且要快点儿想出对策。

当时美国有个官方卫星计划，称为前卫计划（Vanguard）。计划小组历经了机件故障、技术失灵，夏天过去了，他们完成第一具完整的火箭，准备要发射升空。不过火箭的上两节都只是摆样子。当时也没有人再想做任何测试。他们只想要一颗卫星。

计划主持人约翰·黑根（John Hagan）费尽唇舌向总统报告计划现况。他们还安排好在同年12月进行另一次发射，而且没错，到时就会采用完备的火箭，而不仅仅是展示品。火箭还会搭载一件极轻的酬载（payload），重量近2公斤，这也可以算颗卫星吧。不过，这并不是，请注意，不是任务飞行。发射目标只是要测试发射载具。把一颗卫星送上太空，黑根表示，是这次飞行的“额外收获”。

10月9日，总统新闻处通知记者，在两个月间，前卫计划就要发射一具“搭载卫星的载具”。

这时压力真正开始升高了。11月初，前卫测试火箭（称为TV-3号）进驻佛罗里达州卡纳维拉尔角的18A发射区。往后四周，所有试验都顺利完成。工程师抱着严谨乐观的态度，但由于大批民众开始涌入那处海岬，让他们心中染上不安。这本来是一次试验，应该在严谨受控的情境下进行，也该带点安详宁静。然而，总统却昭告公众知晓引来这种后果。消息四处流传，都说美国这次要设法把卫星射上太空。所有人都希望能亲眼看见。

或者说，几乎所有人。黑根早先便决定留在华盛顿运筹帷幄。他的副手保罗·沃尔什（Paul Walsh）会向他详细报告现场情况。

《纽约时报》当然也到了现场。12月1日周日，该报记者刊出报道："昨晚，导弹时代的'赏鸟人'在一处沙砾滩岸目睹卡纳维拉尔角的奇景，前卫塔台映衬星空，展现出鲜明的轮廓，两道灿烂白光照耀基部，顶端一盏红色信号灯闪耀着光辉。"这实在是一幅壮观的景象：白色火箭紧倚着巨大的龙门起重吊车，耸立着直指天际。民众从美国各处涌至，甚至还有些来自欧洲。日子一天天过去，发射时程不断延后，倒数计时也一次又一次中止，然而民众的激情却逐日高涨。原先预计星期三发射，接着是星期四。最后在12月6日星期五上午10点30分，终于只剩几分钟就要发射了。

发射前45分钟。无线电追踪网络开始发送"完全正常"信号。前30分，警报器响起，通知所有非必要人员都要离开发射场所。前25分，发射管制台厚重防护门关闭。前19分，管制台灯光熄灭。前5分钟，朗读倒数计时的声音些微发抖。前1分钟，倒数计时改为读秒。火箭发射，引擎发出无法形容的巨响，轰然点火。

"小心！天啊，糟了！""卧倒！"控制室里的人，多半真的卧倒。火箭倒地爆出一团惊人烈焰。（这时却没有人注意到，那颗卫星由鼻锥滚出，跌落地面发出哔声，还在运作，却严重凹陷毫无指望了。）沃尔什在控制室西北角落有利观测位置，一边以电话和华盛顿特区保持联系，向黑根转述倒数进度。他说："零、发射，第一次点火。"接着就是"爆炸！"那边传来黑根的回应："混蛋！"

显然这时必须启动备用计划。陆军也自有一套火箭运载系统开发计划，截至当时已经进行多年，且逐步进入公开阶段。回顾"旅伴号"在10月升空之后，新任国防部长尼尔·麦克尔罗伊（Neil H. McElroy）曾在当月上任之前，到全国各地军事设施巡视。10月4日新闻传来的时候，他正在红石兵工厂（Redstone Arsenal）视察。陆军火箭科学家沃纳·冯·布劳恩（Wernher von Braun）一直希望自己的计划能够雀屏中选，结果却是海军的系统获得青睐，改头换面成为前卫火箭。这时他简直是声泪俱下地陈情哀求："我们早知道他们会落得这种下场，前卫绝对不会成功。我们有现成的装备，看在老天分上，放手让我们做吧。麦克尔罗伊先生，我们可以在60天内把卫星送上太空。只要有您的授权和60天就够了。"

总统办公室经过慎重考虑，最后终于授权冯·布劳恩着手进行，这时他早就摩拳擦掌跃跃欲试。他手头不只拥有可用的火箭装备，连卫星都准备好了。由于当时正逢国际地球物理年，或有机会发射火箭，一群热情的科学家便为此投入开发有效载荷。其中一人深具远见，设计机器时兼顾前卫火箭和陆军竞争型号丘比特C型火箭（Jupiter C）的规格。当时那位科学家正待在太平洋的一艘船上，他名叫詹姆斯·范艾伦。

火箭气球发射成功

收到第一封马可尼无线电报时，范艾伦人还在"冰河号"上。电报在10月30日送达，内容写道："致范艾伦博士，请您授权在春季将您的实验设备转移两套给我们。请即回复。"

他不觉得讶异。"旅伴号"发射隔天，他便在田野笔记簿里接着前晚的简略记载写下一连串评述。第一则是"杰出成就！"紧接着就是"我们的前卫现况如何？"

他匆促发出回电，同意所请。是的，他非常乐意将所述设备转移给喷射推进实验室，以便在春季发射时使用。这时"冰河号"的任务也将近完成，接着在11月初驶入新西兰利特尔顿港（Lyttleton Harbor）。范艾伦收拾行囊匆忙赶回爱荷华州。

范艾伦自从得知爱荷华大学出现空缺开始，心中都很愉快。他生在爱荷华，也在那里长大，很高兴能在东部约翰·霍普金斯大学工作期满之后回到故乡。不过他的妻子，阿比盖尔（Abigail）却没有那么笃定。她是东部人；当初两人在巴尔的摩意外结识，那次真的是一场意外。有一天范艾伦开车前往实验室，两人在一处设有暂停标志的路口相撞。车辆受损都很轻微，对两位驾驶的影响却十分深远，因为他们在六个月后结婚。

阿比盖尔之前只有一次来到密西西比河以西，当时她大受文化差异冲击，深信就算前往月球也不过如此。这家人在七年之前，天寒地冻的元旦日，开着一辆老旧旅行车抵达，后面拉着一辆更老旧的拖车。范艾伦本人也承认，他们在那里住的第一户狭窄公寓，有“很严重的热传导问题”。不过这时情况好多了，一家人安顿下来，阿比盖尔很开心，工作也顺利推展，甚至在卫星领域突飞猛进之前是如此。

范艾伦是个专业物理学家，战时曾担任海军军官，不过直到有机会检视掳获的德军V-2火箭，就此进行实验之后，他的科学见识才开始飞扬。从此以后，他只能向上仰望，着眼于地球的最外层大气。他希望了解那里的细腻构造是什么东西造成的。

说不定那里有来自外太空的粒子，不时冲击地球的外部气层，而那正是来自宇宙的信息。随后在爱荷华大学，范艾伦率先研发出一种仪器，他称之为“火箭气球”（rockoon），这件仪器是个载着火箭的气球，上升到约15000米高空后，接着火箭引燃，又再向上蹿升60000米。1953年，他采用这种方法在空中发现了带负电的粒子（电子），并构思推敲电子是否与极光的构成有某种关系。

但是卫星是他这辈子所曾见过的最令人振奋的科学壮举。他之前已经设计出一种装备，可以由载具射上人类想象得到的最高高度；这件装备能搭载一部简单的盖革计数器，用来测定放射性。宇宙射线正是放射线，范艾伦的盖革计数器一旦射上太空，便得以在射线中穿梭，每遇上一股射线就会噼啪作响，透露射线的来龙去脉。这时仪器就要假手陆军丘比特C型火箭计划升空起飞，同时，这项计划也已经改名“探索者一号”。这太好了。因为“旅伴号”（俄文原名Sputnik，本身便有“卫星”之意）只是升空飞行，而“探索者一号”则要进行探索。

1月31日星期五早上，卡纳维拉尔角开始进行倒数计时。预定发射时间为当天晚上10点30分。所有事项顺利推展，顺利得简直要让其他人感到难堪。晚上9点45分，有人注意到火箭尾端一处泄漏，不过修复故障只延迟发射15分钟。到了10点48分，丘比特C型火箭起身离地，发射升空。

这部巨型载具共分四节：第一节是推进用液体燃料火箭；第二节共含11具发动机；第三节还有三具发动机；最后一节只有单一发动机，也是负载栖身的安置处所。当他们监看每节火箭依预定顺序逐次点燃，工程师注意到，第四节似乎有点超前。卫星肯定去了某个地方，然而，他们还不知道那究竟是哪里。卫星没有坠回地面，不过也可能像颗弹弓的弹丸，被射往另一处脏污的土地。除非有人收到信号，否则没有人知道卫星有没有开始运作。

范艾伦已经算出什么时候该收到消息，绕轨一整圈要花90分钟。到时卫星就该在墨西哥北部上空发出信号，加州南部设有许多接收站可以收到信号声响。当然了，条件是卫星必须在那里出现。接下来一个小时，他在五角大楼战情室（当时已经成为卫星的通信中心）和其他访客一起站着等候。旁观闲杂人等三三两两进入室内，没有哪位特别富有声望。喝了更多咖啡，等了更久时间。又过了半个小时，连闲谈声都停息，没人想要开口。现场弥漫茫然失望的气氛。接着电话响起，发射过后将近两个小时，加州地震谷（Earthquake Valley）的专业无线电收发站传来消息，还附带一句魔法金言："戈德斯通逮到飞鸟了。"（Goldstone has the bird.）

室内爆出满堂喝彩。范艾伦、冯·布劳恩和喷射推进实验室主任威廉·皮克林（William Pickering）马上被陆军车辆载往国家科学院，从后门溜进去提报。接着就是记者招待会。范艾伦惊奇发现，尽管已经深夜1点半，房间依旧挤得水泄不通。后来他形容那次聚会"生气蓬勃"。三个人的合照迅速发送到世界各地，照片中有范艾伦、皮克林和冯·布劳恩三个人，还大张旗鼓在顶上高挂一具"探索者一号"的全尺寸模型。两位火箭专家满脸笑容不可自抑。范艾伦面露从容欢颜，或许也带点疲累。

天空具有放射性

往后几天，"探索者一号"不断传来点滴数值，几乎没有时间进行分析。不过那批资料似乎有点古怪，卫星上的盖革计数器，有时测得宇宙线的零星起伏、数值就如预期；然而数值偶尔也会下降到零，仿佛机器有周期性失灵现象。问题是，数值回传发讯作业并不是运行得非常顺畅，因此他们没办法凑出连续轨迹。

"探索者二号"的表现应该会比较好，可惜由于火箭第四节有缺陷，卫星在发射台上便丧失功能。"探索者三号"随即在1958年3月26日升空，结果也证实范艾伦的初步推测。要么是他的仪器出了毛病，不然就是天上有非常奇怪的现象。

"探索者三号"发射过后不久，范艾伦飞往华盛顿特区。当卫星呼啸通过圣地亚哥上空，那里的一座接收站把全轨道测定值完整下载。范艾伦必须取得那批数字。他前往设于宾夕法尼亚大道的前卫资料中心，取得"资料带"携回他的旅馆。他用计算尺运算，拿尺和笔把结果标绘在一张方格纸上，一直工作到清晨三点钟。

研究了那幅标绘图示，范艾伦这才明白，“探索者一号”的数据为什么如此怪诞：他们接收的读数，是分别从不同周期阶段测得的。然而，尽管这时完整记录摊放在他眼前，数据依旧难以理解。盖革计数器在低空海拔登录的接触频率不高不低，每秒15至20次，根据他先前几次以最高海拔火箭气球所作实验研判，这个结果和宇宙线预期照射情况相符。但是接下来仪器读数却呈低平直线，仿佛升得愈高，所见宇宙线愈少。这完全没道理。

范艾伦收拾好计算结果，上床睡觉。隔天他直接前往办公室，拿那幅标绘图向他两位同事卖弄。他想知道厄尼·雷伊（Ernie Ray）和卡尔·麦基尔韦恩（Carl McIlwain）对这幅图解有什么看法？

麦基尔韦恩那阵子也相当忙碌，前一天他才拿盖革计数器原型机进行测试，做出了重大发现。没有信号时，机器读数自然呈低平直线。不过当信号太多，读数同样要显现直线。当接触计数达每秒25000次，读数便呈饱和。另两人瞪眼看着他，这就表示，强度超出预期达一万倍。

雷伊说：“天啊，天空有放射性。”这可不是指老生常谈的宇宙天空，而是指我们头顶正上方，紧贴地球大气边陲的那片天空。根据他们这项新发现，高空仿佛有一团不断威胁众生的蘑菇云。

不过，倘若真相如此，那么我们为什么没有被烤焦？他们发现当时已经有现成学理来解释原因，六年之前，一位年轻科学家已经在挪威提出这项解释，只是国外却没几个人相信他。

不需火药的大炮

1903年2月6日，挪威克里斯蒂安尼亚（Kristiania，奥斯陆

的旧称），皇家弗雷德里克大学节庆大厅

这所大学最华美的厅堂始终令人叹为观止：一根根科林斯式台柱，一道道大理石拱门，还有光鲜亮丽的木制楼板。今晚有一位德高望重的贵宾莅临，令厅堂的弯弧长椅更增华彩。灿烂华美的吊灯底下，挪威的社会精英喃喃低语满心期待。他们来自各行各业，包括金融、船运和矿冶等行业。国防部部长也在现场。没错，来自军方的观众为数不少，而且挪威方首脑也到场出席，更别提各军种统帅和较偏军务方面的国会议员；最前排是欧洲数一数二大兵工厂，阿姆斯特朗和克虏伯公司（Armstrong and Krupp）的代表团。厅内还有来自各大学的多位教授，以及本地的知识分子，分别散坐于不同位置。其中许多人的妻子也来了，因为那时挪威正处于漫长寒冬时节，晚上天气很冷，除了这场晚会之外，城内能参加的消遣活动只有音乐演奏、戏剧表演和古怪的降神聚会，而对厌倦那些娱乐的市民来讲，参加这场晚会肯定十分有趣。

克里斯蒂安·伯克兰（Kristian Birkeland）站在大厅最前端，也就是所有弯弧长椅的焦点凝聚位置。他的身材瘦小，长相讨人喜欢，佩戴一副丝框眼镜，双耳恐怕略大于理想尺寸，而且他两鬓贴着几缕稀疏头发更显得双耳奇大。尽管他仍很年轻，但从几年前开始，额头却已经童山濯濯，令他十分懊恼。他的衣着一如既往，仍是洁净无瑕：外穿黑色长礼服，内着背心和雪白衬衫，鞋子擦得光可鉴人，还打了黑色领结。

伯克兰等候观众安顿下来。他喜欢公开演示，也爱向民众展现才华，加上他在物理学领域又展现显眼才气，于是他的母校皇家弗雷德里克大学延聘他为讲师。这时虽然他才36岁，却已经晋升为正教授达五年之久。事实上，就这个显赫的位置而言，多数人通常都得等到50岁，甚至更年长之后才能获得聘任。

正是基于这点，加上其他种种因素，他才有办法说服大学管理阶层，让他使用他们的宝贝宴会厅，而且实际上还是作为私人用途。因为那群实业家和军事家，并不是为了瞻仰物理学恢宏进展才来这里集会，他们想看的是伯克兰的最新发明，还有，更重要的是要断定，这项发明是否能为他们的投资带来利润。

演示需要庞大电力，这表示现场需要同等庞大的发电机。大厅没有地方摆放这种庞大机器，况且，摆在那里也并不相称，因此伯克兰已经把机器安置在室外校园庭院当中。发电机的电缆则输向这场演示的主角：一台簇新的“电磁炮”。

那尊大炮占据舞台中央。炮筒孔径超过5厘米，筒身缠绕道道神秘铜圈，显得十分粗大，还有更令人赞叹的，炮身达3.7米长，用螺栓牢牢固定在一座大型白色炮架上。炮筒内部有一枚沉重铁质的“炮弹”，重约9公斤，备便上膛，随时可以发射轰击目标，那是厚约13厘米的实心木板。事前顺利完成几次试射；每次轻拨开关，炮弹便由炮筒轰然向外抛射，正中红心。

电磁炮的背景科技和伯克兰很投缘，他对日新月异的电磁新科学十分沉迷。他在事业生涯早期曾经前往巴黎，在世界屈指可数的最著名科学家，亨利·庞加莱（Henri Poincaré）门下受教。而且他在那段时间，还巧见一组出色的方程式。

就是这组方程式为赫兹带来灵感，到了当代，还让隐居英国乡间的亥维赛激发昂扬斗志。回顾1873年，伯克兰只有6岁，苏格兰科学家詹姆斯·麦克斯韦便构思出一套基础定律，来阐述电和磁的绵密交织关系。他深入钻研这两种作用力，通盘汇总过去几十年来涓滴出现的相关发现。电力似乎会受到磁体影响：手持罗盘靠近通电的电线，罗盘针就会晃动。反之亦然，移动简单一条铜线通过磁体旁边，尽管眼前见不到电池等电源，那条电线马上会出现电流。电场会莫名其妙生成磁场，相反也是如此，而这正是麦克斯韦方程组所代表的现象。

麦克斯韦方程组内含的关系，也表示电场和磁场能彼此复制，构成永不止息的蜿蜒波动。这就是光波和无线电波一类电磁波的组成原料，完全就是同一组电场磁场彼此交织生成的伸缩变异现象。

除了推动物理学进展之外，那组方程式还带出众多发明：马可尼的电报、贝尔的电话，还有发电机和电动马达。根据麦克斯韦方程组的另一个观点，若是你把导体摆进磁场，那件物体便会移动。

伯克兰循此构思，造出了他的电磁炮。倘若不用火药，改采电磁力来抛射炮弹飞越上空，这会产生何种影响？这肯定会带来一笔财富。

他真正的目标是想赚钱。尽管伯克兰乐于摆弄他的技术制品，不过他投入这类科技的目的，却是想筹措资金，好让他从事十分费钱的真正爱好。他早就深深着迷于北极光的成因问题。

筹措资金困难重重

回溯19世纪90年代，伯克兰在大学研究阶段，便已投入探究当时才发现不久的现象：阴极射线。这种射线由真空管的热阴极川流涌入真空空间，平常是看不见的，只有碰上玻璃管壁才会现身，因为管壁涂敷荧光涂料会发出鬼魅般的紫光或绿光。（液晶屏幕革命性剧变之前的电视，正是以这种原理来运作的。传统电视显像管的体积庞大，里面有个热阴极能放射出无形的射线，穿越真空管空间，撞击屏幕内壁并描绘出一幅影像。）

伯克兰着手研究阴极射线之时，还没有人知道（包括他在内）

那种射线究竟是什么东西。就像麦克斯韦和赫兹发现的多种电磁波，阴极射线也是看不见的，而且威力也很强，但从另一方面来看，这类电磁波和他们发现的多种电磁波却非常不同。如果拿一块磁体摆在X射线、光线或无线电波近处，结果并不会发生任何事情，那些电磁波所含磁场，完全抑制了磁体的一切作用，于是波动不受干扰，继续向前推进。

阴极射线就不同了。当伯克兰把一块磁体摆在邻近位置，阴极射线会掉转方向，改朝磁体两极射去。这让他产生一种构想。他把一块带磁性物体涂上荧光涂料，接着对准那块物体发射一束阴极射线。结果一如预期，无形的射线突然现身，片片光辉在磁体的北极和南极部位闪现舞动。那种光芒有点像是北极光。

几世纪以来，世人早就知道两极上空会闪现鬼魅般的光辉，在空中映现出绿、红和白色的鼓荡光帘。许多人都曾经试行解释这种发光现象，各家的说法光怪陆离多不胜数。然而，当伯克兰在实验室中，凝神注视真空管内的发光磁体，他便心知肚明，恐怕真相只会比那些说法更显得古怪。太阳不断向我们放射阴极射线光束。接着，地球本身的磁场，便捕捉这些光束并导向两极，由那里的空气吸收射线能量，从而映现耀眼光辉。

伯克兰产生这项观念过后一年，英国科学家约瑟夫·约翰·汤姆逊（Joseph John Thomson）在1897年发现阴极射线其他更重要的现象。阴极射线根本不是射线，或起码并不是稳定移行的波动。其实那是种粒子束，其构成原料是成群的带负电纤细粒子——也就是如今我们所称的电子。

后来更证实这项发现重要无比。因为倘若伯克兰的见解正确，那就表示太阳正不断抛出电子，还可能连带向地球放射带正电的粒子。这种带电粒子正是我们见识过的可怕威胁：引人战栗的辐射，也是核爆所生成的产物。尽管伯克兰还不明白，不过他当时提出的见解，牵涉之广远超过极光的成因。他的直觉后来导出一项发现，彰显地球大气究竟是如何保护我们免受外太空的放射性侵害的。

伯克兰迅即决定着手尝试，设法验证他的直觉。但是他心中的构想非常费钱：除了极地探索、新建极光观测站、测量仪器外，还需要一间功能强大的实验室，而且是皇家弗雷德里克大学从未见过的高档等级。尽管伯克兰当时所得的研究经费，已经占了大学研究预算很大的比例，但是他所需资金还要多得多。因此，他决定借助他本人的发明创意来填补基金缺口。

伯克兰喜爱发明，和他对物理研究的喜好程度几乎不相上下。到他晚年，手中已掌握六十多项专利，含括各式品类，如电毯、机械式助听器，还有一项用来硬化鲸油以供制造固态人造黄油的技术①。不过就伯克兰的所有发明看来，最大的指望要寄托在他的电磁炮身上。当时节庆大厅里面有一位居纳尔·克努森（Gunnar Knudsen）先生。克努森是工程师，也是国会议员，同时身为伯克兰火器公司（Birkeland Firearms Company）的五位合伙人之一。两年前，伯克兰筹设公司之时，便曾写信给克努森延揽他加入，信上写道：

---

① 伯克兰的眼光独到，领先时代。后来他还曾设法筹款来研究运用原子能的方式，当时全世界多数人根本连想都没想到这点。当时现代原子论还不存在，也少有人明白原子还可以再分裂。到了1905年，爱因斯坦发表了他著名的狭义相对论论文，证明质量只是能量的另一种形式，同时伯克兰串联两者，因此而促成了核能电厂和核子弹两项发明。1906年，他写信给一位瑞典银行家："我提议解决的问题是，找出运用原子能的可行作法。我们最重要的能源就贮藏在分子里面。若是能够解决这项问题，我们就可以从1公斤物质那里取得庞大能量，超过如今我们以1万公斤煤炭生成的数量。"伯克兰表示，他知道这项问题很难解决，也承认最后可能不能实现，不过他又说："我这辈子还不曾像面对这项问题时那样，希望投入全副心思。"可惜，就这次而言，他并没有得到那笔款项。那位银行家称他的构想"气势磅礴""引人瞩目"，却说他要等伯克兰的其他发明获利之后才能出资。

> 最近我发明了一件装置，借此或许便能采用电力来替代火药，发挥推进作用……克拉格上校（Colonel Krag）亲眼见识我的实验，他提议创办一家公司，延揽几位人士出资，按照我的计划来制造一部小型火炮。当然了，这就相当于赌一场博弈，不过所需捐助额度相当低微，同时我也相信，获得丰厚收益的机会很高。

克努森认识伯克兰，也很喜欢他，于是他出资赞助部分基础研究。他的回信十分厚道：“我欣然接受你的邀约、乐于参与你的发明，并且保证，就算没有滋生丰厚彩金，我的笑容依然不改。”在那种情况下，这样的回应算是不错了。

差不多该开始演示了。伯克兰是个作秀专家。尽管他的大学职务理当兼顾教学和研究，然而在这些日子里，他简直没有时间从事教学，于是他出钱雇人帮他上课。在早期阶段，他确实让演讲厅蓬荜生辉，学生也一向爱听他讲课，他们总是无法预料接下来伯克兰要说出什么转折；他的助理奥拉夫·德维克（Olaf Devik）曾多次出席伯克兰的早期课堂演讲，生动回顾当时的情景说：“他操作珍贵的电力课堂装备，远超过其功能极限，保险丝烧断了，他仍庄重自持面不改色。接着他神态庄严停止讲课，抚平他貂皮罩袍的皱纹，擦干眼镜端详黑板，好看清他刚才算错的部分。”伯克兰并不排斥故意烧断保险丝来制造效果。他有时候会伸手轻触开关，简直就像在爱抚，过了一会儿却猛然摁压，于是火光闪现，让观众倒抽一口气。接着他露出微笑向观众示意，打理整饰仪容，然后接下去继续讲课。

不过，他的电磁炮演出，却要在寂静中展现精彩情节。这项装置能够投射鱼雷从空中飞越，威力和现代战争武器相差无几，然而它却带有弓箭的优雅性能。不会出现爆炸，没有闪光，没有反冲作用；就如演练结果显示，那枚9公斤的抛射物会静静地从炮筒平滑射出，接着精确无误朝着目标飞去。

伯克兰在电磁炮和目标之间，以栏杆隔出一道狭长的安全廊道，除此之外，厅内所有席位全都坐满观众。北极探险家暨专业玩命特技家弗里乔夫·南森（Fridtjof Nansen）坚持要坐在安全区内，把伯克兰给惹恼了，南森却断然不肯让步。伯克兰看时候正该开始。他说："各位女士，各位先生，大家可以轻松就座。稍后我向下转动把手，各位不会听到任何声音，只有弹体抛射击中目标发出的砰响。"

他伸手握住把手。当他向下转动把手，大厅却响起震耳欲聋的轰鸣。闪光炫目；一道火焰从炮筒狂喷而出。电磁炮出现短路，发出一道整整一万安培的拱弧电流，跳过金属套管。可怜的南森，座位十分贴近电磁炮，可惜没有人记载他的反应，不过其他观众全都惊慌失措，现场传来惊恐尖叫，接着成群显贵不顾尊严，奋力逃离拥挤大厅。伯克兰事后表示："那是我这辈子最戏剧性的一刻。就那么一射，我的股份汇兑比率便从三百一路跌到零。"观众只顾逃命，没有人注意到抛射弹体确实发出砰响击中红心。

隔天，克里斯蒂安尼亚全城都在谈论节庆大厅那次惨败。伯克兰的许多同事都阳奉阴违趋而避之。有些人还幸灾乐祸想坐收渔利，他们觉得这个自以为是的年轻人，也该调降一两个层级了。换做才气低下之士恐怕早就气馁，然而伯克兰却忍俊不禁只觉好笑。毕竟，就算要落败，也总要败得轰轰烈烈。问题是下一步该怎么做？短路本身很容易修复，然而潜在投资客的感受，要修补就比较困难了。

在他还没有开始着手尝试之前，伯克兰发现这次意外电火花的另一项用途。演示过后一周，在克努森主办的一场晚宴上，伯克兰遇见实业家山姆·埃德（Sam Eyde）。埃德和他谈起氮肥料。所有植物都需要氮，不过若是想让植物生长茂密，你就必须动手供应氮。当时只有一种做法可以补充氮肥，那就是找到天然硝石，一种含硝酸的矿物。

任何人只要能够以人工方式，大规模生产氮肥，都能够促成农业革命，还可能为世界带来充分粮食。更棒的是，眼前就有种庞大的氮源等着让人取用，而且和空气一样不费分毫。氮气体积占了地球大气的80%；这是种充沛的稀释剂，不让氧气把世界烧光的惰性气体。不过，埃德遇上的难题，正是肇因于氮气的惰性。空气中的氮气呈分子形式，含两颗原子，由于原子束缚得十分紧密，几乎没有东西能把二者分开。从农业观点来看，只要局限于这种形式，氮气就毫无用处。

埃德拥有充分的动力，足以把氮分子裂解为两部分；他拥有挪威的好几处壮阔瀑布，可以借助水力发电厂，随心所欲地发出充分电力。然而他却完全不知道，该怎样把他的电力，转变为所需的瞬息炽烈电火花。

这点伯克兰倒是完全知道该怎样做。他早就用那种电火花，把克里斯蒂安尼亚的半数市民给吓坏了。他在晚宴上热情激昂向埃德说明他的见解[①]，以他的壮盛电火花，加上埃德的动力来源，让两人可以直接从空气取得肥料。

伯克兰暂停他的极光研究。往后三年，他全心全意投入希望能解决问题，设法把他那次意外短路，转变为功能完备的氮气分裂熔炉。结果大有斩获，这项成就在世界各地广受瞩目。卡通漫画描绘伯克兰身着干净礼服，打了领结，戴着眼镜，唇上还有蜷曲的小胡

① 德维克像写诗一般，描述伯克兰变得“浑身燃起火焰，绽放光辉”。

子，道貌岸然地转动一台衣物轧干机，凭空拧出粪肥，旁观人士则以手帕掩鼻，抱怨臭气难闻[①]。很快地，资金开始大量涌入。这下子，他就有钱可花，得以回头钻研他挂念不已的极光。

无声的极光

> 1570年1月12日，波希米亚
>
> 首先，一团仿若浩瀚山脉的黑云出现，掩住原本闪烁光芒的几颗明星。云层上方有一条光带，像燃烧硫黄般绽放光明，形状就像艘船。许多火炬从这里升起，简直就像蜡烛，其中还夹杂两根巨大火柱，一根在东边，另一根在北边。火光顺着巨柱向下延烧，就像滴滴鲜血，照耀得城镇仿若着火。巡守敲钟唤醒居民，让他们目睹这起上帝的神迹。所有人都惶然表示在他们的记忆当中，人类从未见过或听闻这般邪恶的景象。

凡是见过极光的人，永远忘不了那种景象。光芒凭空出现，通常呈淡绿色彩，像闪烁的帘子或尖突射线，或呈螺旋状，像巨大螺壳轮廓那般蜿蜒横跨天空。极光最诡异的一点是完全无声。当你见到极光，你察觉天上那种光线，觉得同时应该发出爆响；设想闪电、烟火或炸弹。然而，这种光芒却完全沉静，明暗搏动，就像一只猫悄不作声地伸爪摩搓[②]。

---

① 伯克兰的熔炉被哈柏法（Haber process）取代，哈柏法是氮肥的现代正规制法，其中一个阶段是以含铁触媒来分裂氮气。不过，他那种电火花闪烁的熔炉，却在几十年时间里独擅胜场。

② 不断有报告指出，极光出现时会伴随发出嘶声，不过发生几率极低。尽管多年以来科学家对此都嗤之以鼻，然而最近研究却暗示，这其中或有可研究之处。

自从这种光芒见之于记录，几世纪以来都不断令人恐惧，也引人敬畏，这两者程度几乎不相上下。平常极光只在极北或极南地区出现，在极地长冬暗夜的雪地上空舞动。极光最盛之时，你可以借光阅读，或在原本黑暗的小屋当中，看清他人的脸孔。极光会照出影子，为猎人照亮道路。有人说，极光是上帝为极地居民创造的，借此补偿每年一次没有阳光的缺憾。

传说不绝如缕。或说那是天界战士的剑光，或称那是奥丁神侍女瓦尔基里（Valkyrie）的盾牌，也有人说那是成群天鹅困陷冰雪，鼓动翅膀的影像。极光是死去的老处女，一边跳舞，一边挥动白色连指手套。（这是来自挪威西部的传说，其中一种说法流传至今；如今仍偶有人提到年迈的织女，述说她们不久就要起身投向北极光。）有些人认为，挥舞白布会让极光增强；另有人则相信，向极光挥手或吹口哨会激发怒气，让坏事降临。

许多人认为极光会带来危害。倘若你毫无遮挡地在极光下走动，头发就会被扯掉；极光会取走儿童的脑袋，拿来当作足球在天空乱踢。极光是种恐怖凶兆，是战争、贫穷和瘟疫的信使。

最后那种忧惧常流行于较低纬度地带，当极光一反常态地挣脱羁绊，侵入偏南地区飘忽闪现，南方民众罕见这种天象，因而心生畏惧。在极地以外区域，那种白、绿光芒往往染上些许紫红色泽，那幅景象把16世纪的波希米亚人给吓坏了。恐怖情绪年深日久，尽管中世纪迷信时代已经过去，较开明时期取而代之，这种恐慌依旧延续下来。1898年9月9日，极光毫无预警突然现身，把伦敦、巴黎、威尼斯和罗马上空染上红、橙光泽，许多人深恐灾难迫在眉睫，然而无巧不成书，隔天上午凶兆似乎应验，深受民众拥戴的奥地利美丽皇后被一位意大利无政府主义者刺杀身亡。

伯克兰对这种迷信自然是置之不理。他马上向一位天文学家熟人发出一封电报，请教他太阳黑子在事件前后会出现哪些变化。他很快得到回应，结果一如他所预期。就在极光显现之前几天，太阳出现异象，几群反常的太阳黑子约在同时现身，在日面徘徊逗留。

自从伽利略在17世纪率先以望远镜观测日面，世人便知道太阳表面偶尔会出现丑陋斑点。（伽利略认定太阳出现黑子，为他增添一笔反教会法定罪行，因为上帝的无上事功，怎么可能出现瑕疵？）到了伯克兰所处时代，事情逐渐明朗，太阳经常喷发烈焰，而且和这种黑子或有关联。1859年9月1日，英国皇家天文台（Kew Observatory）科学家理查·卡林顿（Richard Carrington）爵士领先世界率先见到这种喷发现象。原本他是进行太阳黑子的例行观测。当时已经明白直视太阳会损伤视力，这点伽利略知道得太晚，不过卡林顿经过深思熟虑，投射太阳光盘到一片涂有淡麦黄色胶质的玻璃板上。影像十分清晰，直径约28厘米。正当他仔细标记黑子位置之时，却注意到日面北边高纬度区一处黑子群集地带，映现出两片白色强烈光斑。

刚开始卡林顿还认为，那肯定是他的设备破洞造成的，不过他很快就明白，他眼中所见的是一种至关紧要的现象。“于是我抄录精确计时器读数，眼见喷发强度激增，我感到意外，心中有些激动，匆忙跑去叫别人过来和我一起目睹这种景象。我离开还不到六十秒，回来之后，结果却让我丢脸，情况已经大为不同，亮度也大幅减弱了。”卡林顿算出，在5分钟时间内，那两片光斑就移动了5.6万公里。

这种闪焰所产生的效应很快就影响到地球。卡林顿观测之后18小时，一阵磁暴涌现，干扰了全球的电报传输，极光挣脱常态束缚，连远在夏威夷、智利、牙买加和澳大利亚的地方都见得到。这种现象十分合理，探险家早就注意到极光似乎会让罗盘针出现意外摆荡。回溯18世纪，确实有一位叫作奥拉夫·希奥特尔（Olaf Peter Hiorter）的瑞典科学家，花了一整年时间，每小时逐一记录北极光在头顶闪现，进而影响偏转罗盘针的情况。他在8月和圣诞佳节间曾两度回家短期休假，但留下的记录依然非常可观——甚至可说是非比寻常——总计达6638笔读数。

希奥特尔从事这项研究，目的在于提醒前往北方大地的旅人，告诫他们极光出现之时别相信罗盘。伯克兰却看出这其中更深奥的含意。倘若他的见解正确，极光确是由太阳射来的电子集束，那么地球的磁场自然要受到影响。伯克兰的研究领域包括葛蔓纠结的电磁学，他深知凡有移动电子就会出现电流；同时凡有电流之处，磁性就会涨落起伏。

再者，这种变化在两极附近幅度最剧。环绕地球的磁场，样子有点像是对切成半的苹果。磁力线从南极发出，弯曲越过赤道上空，最后穿入北极重又隐没。这种“封闭的”场线构成一圈几乎滴水不漏的磁势垒（magnetic barrier），来自太空的带电粒子遇上这圈场线，没有几颗可以渗入。然而，由南极发出的最陡峭场线，却没有和北极的对应场线相连。实际上，两极分有零星几道场线，直接朝上往太空射去。伯克兰认为，这些场线可以为他的阴极射线提供必要通道。阴极射线可以依循这种开放式场线，像颗颗链珠滑落般盘旋而下，最后触及地球大气。射线一路激荡磁场，射抵大气之后就会被空气吸收，让大气辉映出若隐若现的鬼魅极光。北极光和南极光，正是地球大气尖兵发挥效能所显现的迹象。

舞动极光

9月16日，伯克兰在挪威《世界之路报》（*Verdens Gang*）刊出一篇文章，标题为《太阳黑子和极光：来自太阳的信息》。他写道，在欧洲全境引发极度恐慌的极光，并不是什么鬼魅之影或灾难凶兆。极光是我们自己的母体恒星，向我们射出某种集束所显现的迹象。伯克兰知道他握有一项很棒的理论，不过他还是必须提出证明。他决定动用自己种种发明赚来的财富，建造他这所大学前所未见的最大、最先进的实验室。不久，房间塞进大量设备器材，只有负责执行实验的人才准许进入；学生有问题时，都必须待在门外向内嘶喊发问。到处可见悬垂电缆；一台庞大的发电机占了整整三分之一个房间，还加上一排排充电电池、照相机和各式工具。伯克兰的新王国不时发出声响、闪光，散发古怪气味，这让他大为出名。大学有一个委员会，每年应检视所有厅室至少一次，这处实验室却让他们视为畏途，始终不敢靠近。

就连伯克兰和他的团队在实验室也不免要蒙受风险，他们全都习惯了偶尔遭受电击，而且工作时也常把一手摆进口袋，这样一来，万一遭受强大电击，电流会顺着体侧直接向下传导，而不至于流过心脏。

在实验室中，伯克兰的衣着变得更古怪了。他仍是一身耀目的潇洒西装，领结同样打得端正。不过这时他的一身装束，经常要添加一顶土耳其毡帽（fez），脚上还搭配一双鞋头又尖又长的红革室内便鞋。他见了容易受骗的人就说，戴这种帽子是要保护头部免受电磁辐射伤害。见了其他人他便坦言，戴帽子是要给他的秃头保暖。

他沉迷于工作。不管是谁来描述伯克兰，首先总会提到“孜孜不倦”一类的形容词。他自童年开始就染上慢性失眠症，而解决办法就是整夜不停地工作。每当一项计划让他沉迷，他总是夜以继日永不停歇，甚至连吃饭都省了。他的一位助理撰文描述他：“我从没有见过任何人，像他这般专注于科学，这样不顾一切全心投入。

他的工作辛劳远超出人类体能的耐力极限。他永远无从想象，自己哪有可能不全心专注工作。”当然，就是这种态度赔上了他的婚姻，他在研发熔炉期间，曾与一位比他年长四岁的老师结婚。不久之后，妻子受不了他的工作习性，终至离他而去。伯克兰对妻子离开并不十分在意，只想急切地让所有人都知道错误在他，还尽力务使前妻取得充裕金钱。这点或许他是做得有些超常，因为尽管他的前妻不曾再婚也始终不再工作，然而终其余生，她年年夏季都能待在法国度假胜地里维埃拉（Riviera）晒太阳。

尽管伯克兰工作十分投入，有时却也会发呆出神。当他在实验室变得十分冷漠，他会命令助理继续工作，自己却无缘无故外出进城一两个小时。回来时只见他帽子向后歪戴，却是神采飞扬，为某种新颖构想或真知灼见而振奋不已。

伯克兰十分鄙夷官僚体系。他不写日志也不做笔记，只随手拿纸信笔记载，写好就塞进口袋或遗落在垫子下，或者到处摆在实验室各个角落。尽管他幸运地拥有绝佳记忆，但是这习惯肯定让大学行政人员忍无可忍，当他们要求提供开销细节，他回答：“要那个做什么？我记得总额。”有时他会派送便条纸给主管单位，宣布他占用了这个房间或那间厅堂，设了新的实验室。有一次，他甚至还霸占一间演讲厅的一半空间。教务长和副校长大为震怒，他慢条斯理告知校方：“演讲厅是缩小了，不过聚拢学生坐在一起，空间也够用。”他自掏腰包支付演讲厅的修改费用，缓和他们的怒气。

伯克兰的新实验室有个配备最令人赞叹不已，那就是他安置人工太阳和地球的真空舱室。舱室容积达整整1立方米，侧边就像玻璃水族箱边那般笔直，不过顶点呈圆弧状，外壁厚达5厘米，因此抽出空气时才不至于崩塌。这个舱室的确够大，可容他最苗条的助理爬进里面，盘腿坐着清理内壁。伯克兰有次开他玩笑，“不小心”

把助手关在里面。伯克兰喜欢恶作剧，他的助理都抱持幽默任他戏弄。有一次，他摆了一根带了强磁性的铁棒在金属桌上，接着不动声色要一位助理拿开棒子。那位助理几度挣扎使力，接着其他人也过来帮忙，大家一起用力，终于挪动铁棒几厘米。他们全神贯注无暇顾及伯克兰，这时他却悄悄拨动关闭控制磁性的开关，结果铁棒和助理瞬间通通飞离桌面。

舱内一壁近处设有一个发出辉光的阴极，发射电子束以模拟太阳射线。一束束隐形射线沿着管道，穿越空间直达伯克兰的“小地球”。那是一个以黄铜薄片制成的圆球，直径约35厘米，里面有个以铜线缠绕的铁核磁体。为了更符合实际情况，伯克兰还把磁体倾斜23.5度，和地球本身的倾角吻合。

球体表面涂敷氰亚铂酸钡（barium platinocyanide），这种化学涂料一受电子照射便会发出辉光，就像今天的电视屏幕。当伯克兰启动“小地球”内部的磁体，阴极“太阳”的电子便转向朝“小地球”两极射去，在那里构成两个舞动环圈，分在北极和南极发出鬼魅般的紫色辉光。

伯克兰见到这种景象心中欣喜。他写道：“显而易见，除了纯科学理由之外，我做这件事情还有个次级目标，那就是让我自己能够欣然目睹这般景象，这所有重要实验，全都以我竭力促成的最出色样式展现出来。”

伯克兰偶尔会邀请观众挤进实验室，好向他们炫耀他的人工极光，结果很少有人不感到惊奇。竟然有人能够造出北极光和南极光，并随心所欲令其舞动。此外，他还能解释极光什么时候出现。而且他的实验和他的理论也吻合无间，令人震撼。

但是就算伯克兰让“小地球”外表舞动辉光仿似极光，却不见得表示他的见解正确。许多人认为，太空有放射性射束的观点十分荒谬。伯克兰必须证实，发生在他真空室内的现象同样也发生在室外真实世界。

极地征途

他必须证明当日面出现黑子，北方天空除了极光之外，还会出现电流。由于电流位置太高，他没办法直接测量，不过说不定他可以侦测电流对附近磁场的影响。因此，伯克兰将仪器打包妥当，动身前往北方。

就伯克兰这般体格瘦小还有点虚弱的人来讲，他投身极地探索所表现的热情，简直称得上是暴虎冯河。当然了，他必须进入极光区，也就是前往挪威最北的省份。同时他还必须在冬季前往，那时北方会出现黑暗长夜，最适于研究极光。此外，他作出的另一项决定让其处境更为艰辛，他想在高山之巅研究极光。

其中一项理由是要竭尽人力极限尽量贴近极光。确实有若干理论坚称极光出自电流，而电流则由山尖向外泄出地表，因此这种山尖就像倒置的避雷针；就算你认同伯克兰，同样不相信这种说辞，却仍有许多人认为挪威北部的极光降得极低，其本身会触及山巅。没错，这是出自谣言和传说，并非得自科学资料，不过偶尔也会出现目睹报道。这种“密切接触”的细节叙述有时异常详尽，还充满诗情画意。底下这段是芬马克郡（Finnmark）塔尔维克（Talvik）的一次航海纪实，时间可远溯自1881年：

> 夜幕低垂，北极光立刻在天际欢然绽放光焰。极光在深蓝苍穹汇聚成一片庞大火光，还有一束束巨大光柱，淡紫色、蓝色和绿色，结合成巫术火焰绳结在船只上空舞动。我们才刚抵

达科斯峡湾（Korsfjord）中央，我猛然见到阿尔塔（Alta）上空，一道极光纠结下垂直抵水面，还以高速移动奔腾横越峡湾……“它会掀翻船只！”划手座传来雅各的呼喊……在暗夜当中，我看得到划手都弯身低伏，高举长桨，于是磷光便照耀桨叶……我阖上双眼，闭目片刻。顷刻之后，光芒大盛，透入眼帘，我环顾四望，发现我们身处一片奇异的光海中央，那幅盛景令人永难忘怀。光焰映现美妙透明色泽环绕我们，紫色、蓝色和绿色，却没有丝毫风吹气息……过没几秒钟，那幅罕见的曼妙晃动极光就通过我们。片刻之后便消失无踪。

就算这种报道所述——就如伯克兰所猜想——并非实情，而且极光并不会碰触地表，不过若有机会被极光吞没，却也令人难以抗拒，而攀登山巅似乎是最稳当的尝试做法[①]。1897年2月，伯克兰和两名助理动身前往芬兰远北地区勘查，在芬马克郡寻找合适的山顶位置。

刚开始还一切顺利。在这个季节，那么偏远的北部地带几乎不见丝毫日光，不过月亮会绽放灿烂光芒，照耀山顶的浓厚云层，为驯鹿队伍照亮路途，引领它们载运伯克兰的勘查小组和设备器材攀上山坡。2月9日，风速略为增强，刮起地面雪花构成阵阵烟雾。不过这没什么值得大惊小怪的，只是天气实在很冷，气温只有零下10摄氏度。路途只剩16公里了，不久就会抵达目的地——洛地堪小屋(Lodikken Hut)。

---

① 他还决定尝试测量极光高度，于是安排在相邻两处山巅分头记录，并拉电话线相互联系。他盼望，若是两个小组在同一瞬间，分别对同一幅极光各拍一张照片，由于位置略有不同，他应该可以借助简单的几何运算，求出极光的高度。然而他的照相机都出了毛病，这个构想便不了了之。

然而，当他们和芬马克向导一起加紧赶路时，风势却愈来愈强，而且始终逆向吹袭，似乎正是从他们想前往的小屋直接刮来。伯克兰开始担心了。这支小队继续挣扎前进。他们不再器宇轩昂端坐雪橇，在雪地轻巧地滑行。这时驯鹿都磨蹭不想前进，他们的向导迫于形势只好下橇领军，而且倘若还有人笨得继续坐在橇上，肯定要被强风刮起的乱石碎冰轰击。

最后驯鹿全都趴倒，不肯再前进，向导脸庞冻伤泛白，裹着芬兰皮大衣四肢伏地，同样再也不肯前进。这时已经无计可施，只好用行李和雪橇堆造一道挡风屏障，还在后方搭起一顶小帐篷。这次行程原本只需几个小时，因此，除了紧急帐篷之外，队伍几乎不带任何辎重补给，没有食物、燃料，而且就算他们带了火炉，在这种骇人强风的吹袭之下，也无法取得溶水。往后20个小时，在这段极地阴郁长夜当中，这支小队伍都蜷缩在睡袋里面，尽量不去理会饥渴痛苦，也设法不让他们的帐篷被风雪掩埋。黎明终于降临，尽管风势没有丝毫减弱，能见度依然只达几米距离，伯克兰还是决定出发，他觉得只有设法寻路回到山下，大家才有机会生还。

向导不情不愿慢慢起身，帮忙挣脱那顶细小营帐，并把驯鹿整顿好。等到略为解冻暖身，他才把本领施展出来。伯克兰回忆说道："下山那几小时，是我这辈子最兴奋的时候。直到这时，我们的向导才真正施出浑身解数，显示他名副其实是个行家。他的表现令人激赏，只见他东奔西跑，寻找小径或选定方向，还有当驯鹿变得难以驾驭时，就见他上前操控，接着突然之间，队伍又顶风继续前进。"

经历这次疯狂的行程，队伍安然回到加尔吉亚（Gargia），从他们出发到这时，已经过了31个小时。全队生还只能说是个奇迹，只有伯克兰的一位年轻助理，20岁的比约恩·赫兰–汉森（Bjørn

Helland-Hansen）严重冻伤。他的双手从指尖到手腕全都僵硬泛白。其他人都在山区小屋舒舒服服泡温水，可怜的赫兰–汉森却只能把双手泡进冰水，静坐等待血液恢复循环——还有不免要伴随而来的痛苦烧灼感受。后来他的多数手指都失去最前面一节，他成为外科医师的梦想也随之幻灭[①]。

太阳黑子

这次惨烈的探索旅程还是展现了它光明的一面。2月5日5点50分，伯克兰看到让他出神的现象。天气转晴，月球大放光明，照耀着雪地。接着，突然之间，一道更明亮的光线绽现，从东到西在天上划出一道拱弧。刚开始时光线很窄、很强，接着洒落垂现闪烁帘幕，像一束束玉米般捆扎并列。伯克兰肃然凝神，看着这出天光戏码自行上演，持续长达一个多小时。

接着，隔夜又出现相同的状况。刚过6点钟，极光又出现了，也历经完全相同的拱弧、帘幕和捆束过程。在伯克兰心目中，这简直就是个预兆。地球日复一日绕轴自转，一再回转面对太阳。他想着，既然极光这么一致，接连两天都在同一时间现身，那么它肯定是肇因于太阳。他从1896年开始涌现的直觉肯定正确无误。

同年秋季，伯克兰回到芬马克郡山区，下定决心要再试一次。这次，他在奥顿峡湾（Alter Fjord）西岸的哈尔德（Haldde）地区，如愿找到他的理想地点。伯克兰着手在两座相邻山峰分头搭建混凝土小石屋，建立了世界上第一座常设极光研究观测站。他对这两栋小屋极为自豪：

---

① 尽管身有残障，他终究还是成为世界有名的海洋学家。

天气清朗时，天空发生的现象一览无遗，从开始到结束一无遗漏。视野不受遮挡，从这两处观测站，特别是从最高、位置最北那处，视野绵延连贯，从西边克威南根（Kvaenang）山脉的尖耸蓝色峰峦向东延伸，直见到波桑格（Porsanger）山脉的和缓轮廓，再从北边的朗格峡湾（Lang Fjord）险峻悬崖以及斯提恩岛（Stjerne Island），向南伸展直达山区高原，极目远眺只见内陆景象波荡起伏，直望见山居拉普兰人（Lapland）的冬季栖居地带。俯视远望，底下峡湾横卧，就像一条黝黑的航道。

1899年9月，两栋小屋终于完工。伯克兰率领两队人马登上山顶，打算在那里度过整个冬季。那里的自然环境偶尔会大发慈悲，却更常显露骇人相貌。他们就要在那里度过新世纪的第一天，接着还要一直待到1900年4月。那里的风势十分骇人，经常刮起时速超过160公里的狂风。“有时狂风呼啸吹袭房屋，让你觉得自己是坐在瀑布底下；地板为之震颤，所有东西都在摇晃。我们很快就学会，如何由屋内噪音来衡量户外风暴的相对强度。”当风暴涌现，接连几天都没有人能离开小屋；真有人尝试外出，那么屋内三人，全都必须使劲用力才能把门关上。小屋内部，就算房门关着，尽管点着火炉，区区几米之外的水偶尔也要结冰。有一次，摆在房间中央桌上的一盏灯火，尽管房门紧闭却仍被吹熄。伯克兰表示：“不曾试过的人，没有人能想象在那种气候外出是什么滋味。”

有一个人不断走到户外投入这种风暴，那个人是芬马克郡的强悍邮差，每周都有一两次，携带外界消息莅临小屋。伯克兰说：“我们经常担心他，不过他总是安然无恙，只是有时候他来到这里的样子是全身盖满冰雪，面目全非。有一次我问他，气候那么恶劣，难道他从来不怕。刚开始他没有回答，只是坐下来静静地解冻；过了一会儿他答道：‘我太笨了，不懂得害怕。’”

尽管有风暴肆虐，探索之旅仍然大有斩获。队伍一次次见到辉煌极光，而且伯克兰最珍贵的仪器——他的磁强计——表现远超出所有预期。每具磁强计都安在石屋室内，各有一个专属房间。伯克兰进入房间之前都会检查口袋，把硬币、折叠小刀，或其他一切可能干扰仪器敏锐磁体核心的物件全部清空。连他衣物上的纽扣都以骨头制成，而且他的圆眼镜还采用不带磁性的黄金镶框。所有磁性金属全都禁止携入室内。房门铰链以黄铜制成，而且钉子不用铁质，都以铜料打造，暖气也都用陶管传输。

三具磁强计分由不同向度，持续监测地球磁场。一具记录磁场的指向，另一具监测水平强度，第三具则测定垂直强度。三件机具分别装在大型箱中，箱子侧边各开一个孔。箱内各有一条纤细石英线吊挂磁体，线上还装了一面镜子。箱外设有一盏油灯，火光透过透镜、聚焦构成纤细光束朝箱内射去，接着由镜子向外反射，并映照箱外的感光纸卷。只要顶上的磁场出现任何变化，都会触发磁体反应，带着镜子摇晃摆荡，因此反射的光线便会偏转。就算反应出现时没有人在室内，只要把感光纸处理显影，立刻可以清楚看出偏转现象。

纵贯这漫长冬季，每当研究小组见到头顶出现极光，磁强计镜片几乎都会摇晃，描画偏转路径的线条也猛然弯折。伯克兰的期望实现了，他所描绘的正是高空电流，也就是从太阳川流涌入的阴极射线。

结果也清楚显现极光完全没有随着冬季进展而向地面贴近，连这处高山峻岭也不例外。从一方面来看，这实在令人遗憾；伯克兰睁大双眼，迫切期望能被他钟爱的极光笼罩，享受这等美妙经验。不过，起码这就表示，往后他可以在较为接近海平面的地方进行考察。

因为伯克兰已经知道，往后还有多次探索机会，电流运动显然是复杂多端。伯克兰明白要追查那种蜿蜒路径，他就必须从远方更为偏荒的位置取得测量资料。于是他决定扩展他的作业范围。除了挪威之外，他还会在冰岛、俄罗斯，以及地处严寒北方的斯瓦尔巴群岛（Svalbard）设立天文观测站。伯克兰对外发出通知，向全球所有观测站征求磁强图，世界各地的天文台纷纷回应，资料开始涌入。

当伯克兰把测量资料安排妥当并拼凑出全貌时，呈现在眼中的一切全都证实了他的猜想。每当太阳黑子出现，同时电子束也像探照灯一般，从太阳向外射出。有些错过地球，有些和环绕整个地表的闭合磁场线圈擦身而过。其余电子束则由我们的防护磁场导引，安全流向两极。伯克兰没办法直接看到电子，不过他可以追踪电子从北极上空沿磁场线盘绕而下，测定其沿途生成的杂乱影响。接着，电子流会遇上一次短路。（那就是电离层，不过当时伯克兰还不知道这点。除了拦截入射X射线之外，电离层还提供一条便捷的横向管道，供入射电子通行。）当电子构成壮阔拱弧，在上空川流横向通行，同时也逐渐被空气的原子和分子吸收，而且没错，北极光也映现光辉。最后残存的电子全都自行附上新的场线，并循线螺旋回转向上，安然返还太空，终至完成回圈。

往后十年时间，伯克兰逐步搜集累积资料以验证他的理论。他把成果写成一部恢宏巨著对外发表，这部装订讲究的两册著作只算是锦上添花，让他在祖国更负盛名。他写道："自1896年以来所习得的放射性知识，支持我在那一年提出的观点，也就是，地表磁扰和北极光都是太阳射出的微粒射线造成的。"同时，"肯定无疑是循此方式垂直朝地球射来，从而构成极光射线的宇宙线，都要被大气彻底吸收”。

巨人陨落

照讲这应该成为伯克兰的黄金盛期和成就高峰。然而从年过四十开始，他年轻时代的活力和乐观态度，却莫名其妙地完全变质。早年他在巴黎偶尔会陷入忧郁，每次出现这种“神经质失能发作”，都让他连续卧床好几天。这时他这种症状发作愈见频繁，随之还出现偏执妄想和绝望，健康也日益恶化。还有，原本他十分肯定自己的理论理当受国际认可，结果并没有如愿，他感到益发失望泄气。部分问题出在他是以法文著述。选用法语不单是由于他的法语讲得流利，也因为法文早就是欧洲文化界和自然哲学界最重要的语言。然而，20世纪的大英帝国声势如日中天，英文也崛起成为最新的国际语言。

此外，英国科学家事先受了嘱咐，对伯克兰的观点早抱有成见。回顾1892年，英国最著名、最出色的物理学家之一，伟大的开尔文勋爵（Lord Kelvin）曾断然宣示：“证据确凿全无疑义，可断然驳斥地磁风暴是太阳磁性作用引发之见；或肇因于太阳内部任何强大作用之说……磁暴和太阳黑子所谓的连带关系并不存在，而两种周期之关系的表观论证则仅属巧合。”

开尔文的观点影响深远，因为他几乎永远是对的。结果证明这次例外，但是英国科学界依然信守开尔文的训辞。伯克兰一向饱受失眠之苦，这下更是愈来愈难入眠。他极力设法休息，对佛罗拿（veronal）仰赖日深，这种安眠药有种十分重要的特性，不至于让他在忧郁严重折腾之余雪上加霜。

他前往埃及，逐渐深信有某个神秘（又邪恶）的外国特务单位派员跟踪监视他。他决定回家，并打电报通知家人，他会在1917年12月13日他50岁生日之前回到挪威。这时第一次世界大战已经爆发，他必须迂回绕经东京。伯克兰在东京逗留，拜访了几位物理学界人士，1917年6月16日早上，其中一位物理学家来找他，发现伯克兰死在客居旅馆房内。他服下10克佛罗拿，而处方剂量只为半克，药物过量导致心脏衰竭。这或许是场意外。

伯克兰一生四度获提名角逐诺贝尔化学奖，还四度争取诺贝尔物理学奖。挪威科学家组成一个出色的委员会，正当他们把心目中一位史无前例、坚强无匹的物理奖人选的资料汇整妥当时，他的死亡消息却在这时传到挪威。于是颁奖计划悄然封存。

由于战火阻隔，挪威没有人能前往参加葬礼。最后由当初邀请伯克兰到日本的人士协力筹办了一场基督教葬礼和火葬仪式。仪式进行期间，有人表示："伯克兰在他五十年生命当中达成的成就，灿烂一如发散炫目波涛的极光，这等绚丽光芒也发出让他心荡神迷的吸引力量。"

伯克兰死后几十年间，他的理论始终无人过问。甚至在电离层发现之后，情况理应明朗，显然这就是伯克兰所说的通道，他的电流就是循此通道横扫天际，结果却仍没有几位科学家采信他的论据。直到20世纪60年代，他终于获得平反。因为这时已经进入太空时代，卫星得以在伯克兰一度模拟、监测，却始终碰触不得的世界往来穿梭。卫星早已发现太空具有放射性，而且这时它们还发现，伯克兰的所见自始至终是那么正确。

范艾伦带和伯克兰电流

1958年5月1日

詹姆斯·范艾伦向全世界呈现了他的发现成果。覆盖我们大气顶部的那片天空带有神秘的放射性，这点已经由“探索者一号”和“探索者三号”清楚证明。不过，他仍然不完全肯定这究竟有什么意义，以及为什么会如此重要。但是他全然不以为意，仍在齐聚国家科学院的科学家面前，铺陈他所得的结果。接下来是记者招待会，要向全国媒体记者解释就比较困难。范艾伦绞尽脑汁斟酌用词。他们发现的放射性，似乎汇聚为一片巨大云雾，形状就像个甜甜圈，而地球则是位于中央空洞区域。“这是种微粒辐射——也就是带电粒子——环绕地球构成一圈巨大的，喔……有点像是……”“你的意思是就像条环带？”一位记者追问。范艾伦回答：“对，就像条环带。”于是“范艾伦带”就此诞生。

不过还有许许多多不解之处。这种辐射究竟是从哪里来的？为什么困陷空中？为什么受阻，没有继续朝下向地表射去？范艾伦已经知道，自己该怎样做才能探明这点。因为当他赶回爱荷华州之时，随身便带着一件秘密。回顾当年春季，他获托从事一项很特别的极机密计划。陆军决定在高空引爆核弹。显然这必须严守机密，不得让外界得知（好比，万一俄罗斯人抢先实施）。表面看来，他们的目的是想要知道高空核爆会产生什么后果。然而有关爆炸辐射会导向何方，他们却无知得令人胆战心惊。随着探索者卫星发射升空，范艾伦的股票也蹿升天际，他愿不愿意帮忙呢？不知道可不可以请他设计一具卫星用来侦测辐射，也顺便学得些许知识，了解他新发现的环带有哪些作用？

是的，他当然愿意。范艾伦和他的团队立刻着手设计“探索者四号”，这时离预定试验日期只剩几个月了。但是陆军高层认为，范艾伦的太空仪器测定见解万无一失。整个夏季，科学家和政府官员络绎于途，奉命携带计划到爱荷华州出差，跋涉前往他的小小实验室听取他的见解。其中一位回忆，范艾伦待人和气令人诧异，而且，“我对那次访问记得最清楚的是，我在他办公室的时候，他接了一个电话，那是某位重要将领打来的。根据我的记忆，他的谈话内容是：‘是的，将军，我很乐意在下周到华盛顿为你的计划作证。不过，我有一位学生就排定在那个时候接受口试，我必须留在这里帮他。’从此以后，我对范艾伦另眼看待，认为他是疯狂世界的理性之声。”

范艾伦冷静看待这整件事情：“爱荷华大学的访客都感到惊讶，怎么这项重大工作的关键部分，竟然托付给两名研究生和两位兼职教授，由他们在1909年竣工的物理学大楼地下室的一间狭小的拥挤实验室中进行。不过我们懂得自己的专业，也无所畏惧。”

1958年8月1日，一枚代号“柚木”（Teak）的炸弹在中太平洋强斯顿环礁（Johnston Atoll）上空引爆，高度约76公里，爆炸当量为1000万吨。十二天后，另一枚跟着引爆，代号为“橙”（Orange），接着又有三枚在更高处引爆。这一切全都看在“探索者四号”眼里。那是前所未见的最棒卫星。发射前范艾伦和四号卫星合影，画面显示他和卫星吻别，却只见到他毛发稀疏的头顶。

“探索者四号”的所见完全实现了范艾伦的期望。尽管几次较低空核爆辐射完全消失无踪，高空几次却在第一道辐射带上方构成一圈新的环带。辐射带肯定是由被场线捕获的入射辐射构成，这和他的想法完全吻合。新的环带很黯淡薄弱，只维持几周就衰竭消失。眼看我们最强大的武器威力竟如此薄弱，而大自然却有办法施展力量，以地球为鱼肉施以无情宰割，两相比较，显见人类是多么卑微。

美国人又引爆了几枚高空核弹；俄国人也如法炮制。谢天谢地，1967年协议签署，颁布了高空核爆禁令。这时范艾伦又开始致力于其他课题。1958年12月6日，一艘新颖太空船，“先锋三号”（Pioneer Ⅲ）由卡纳维拉尔角离地升空向月球飞去。船上也载了范艾伦的盖革计数器。这次任务对刚创立的美国航空航天局是一剂强心针。距地表约10.01万公里上空，“先锋三号”优雅地绕了个弧圈，接着跌撞坠回地球。不过范艾伦还是很高兴。那枚卫星终究还是破了纪录，比人类之前建造的所有太空船都飞得更远，而且期间还成就了另一项重大发现：范艾伦带不止一条，共有两条。

这时范艾伦全副心神都放在外侧的第二圈环带。第二圈的位置高得多，它位于地表上空约13000—20000公里，而内圈高度约只达1500—5000公里。外圈直径较大，所含粒子也更为活泼。地球上方太空的这两圈放射性云雾，是从哪里来的？它们是不是就如伯克兰推测那般来自太阳？

如今，“旅伴号”发射五十年后，地球上空几乎到处都是哔哔作响的卫星。有些是通信卫星，有些是军事卫星，不过还有许多就像“探索者一号”，放上太空是为了让我们更深入地了解，地球大气最稀薄外缘的情况。我们发现，地球上方是一片复杂离奇、远远超乎想象的空域，连慧眼独具的伯克兰都始料未及。然而，他从极低位置仰望，竟能成就这等高明远见，实在令人叹服。

他的见解正确，阴极射线（明确而言就是电子）确实来自太阳。事实上，那群电子是一种川流集束，如今我们称之为太阳风。电子并不孤单，它们不可能单独存在。阴性彼此相斥，阳性也是如

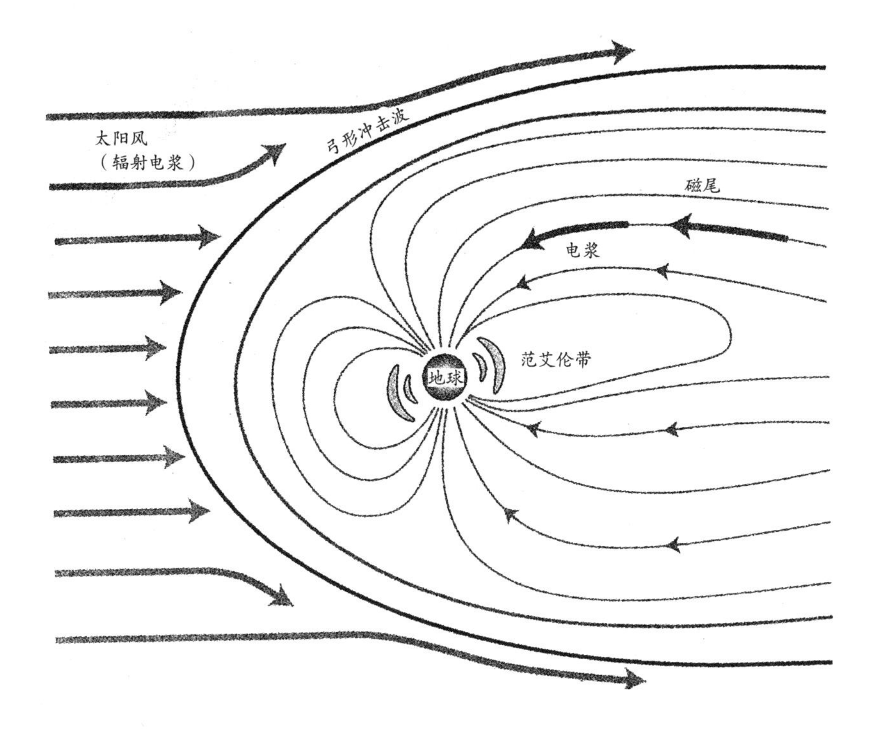

此，只有异性才会相吸。因此，若有一团带负电的电子云雾从太阳射来，早在抵达地球之前它就要消散不见。事实上，太阳风含有正负两类粒子（组成一团电浆，即等离子体），这批混合粒子从太阳大气的稀薄边缘向外甩出，温度达百万度。太阳风不断从太阳朝四面八方吹出。太阳风吹拂彗星，在后方拉出长长的彗尾。太阳风不断冲撞地球磁场，就像溪水流经岩块，它挤压前方场线，还把后方场线拉成条条长尾，在地球背侧绵延伸展成千上万公里。

然而引人关注的发射现象，也就是促成范艾伦的环带和伯克兰的极光的发射现象，源头却还要更为狂暴。太阳偶尔会抛出庞大无匹的电浆团，这种现象称为日冕质量抛射（coronal mass ejection）。伯克兰曾设想过这种情况，不过他或许没有想到其规模竟是如此庞大。一次喷发所含的炽热电浆，轻易可达十亿吨，并以太阳风的五倍速度向外发散。没有人知道太阳为什么有这种举止，但是（也如伯克兰揣测）这和太阳黑子或许有某种关系。可以确定的是，这种展现骇人规律性的致命云雾，是乘着太阳风的冲击波向我们高速扑来。太阳鱼雷来袭，第一线防区是地球弯弧磁性的最外层力场。最前方力线受迫向后陷缩，不过并没有瓦解。电浆受挫绕道，川流通过地球侧边，接着回转，重又压迫从地球暗侧向后遥遥延伸的绵长磁尾。电浆继续催迫压挤，终于突破磁力前哨，部分电浆也得以进入磁尾内部。这时电浆早已越过地球本体，但是这时磁尾场线也已经过度延展，撑不下去了；场线就像橡皮筋般猛然断裂，掉头把电浆向我们抛来。

接下来就出现一种奇异景象。当电浆掉头以高速朝地球射来时，更多场线也以同等高速聚集电浆，引导其中所含带电粒子，像串珠般朝两极盘转坠落。接着（就如伯克兰设想的情况）电离层空气把那批电子吞噬，从而绽放光芒，并使极光放射出飘忽不定的光辉①。

难怪几千年来民众都要害怕极光，极光正是太空恐怖攻击的初步征兆。只是有些人崇拜极光倒也没错，因为极光也显示我们的大气警卫，正坚守岗位②。

太阳辐射电浆迂回绕过地球磁场，突入绵长的磁尾，不过接着又被导向地球两极地区，在那里被空气吸收，有些则向外喷洒并生

---

① 质子也会促成这种现象，不过质子激发的极光肉眼见不到。

② 这套系统还能保护宇航员。宇宙飞船等任务的飞行高度并不如你想象的那么高，而且除了几次阿波罗任务之外，人类的一切太空飞行，全都在地球大气最外层防护圈的庇荫下执行。“阿波罗十六”和“阿波罗十七”两次任务之间，太阳迸发猛烈闪焰，威力足以在10个小时之内，让探月宇航员全都遭受致命剂量的辐射。所幸，没有人在那时升空飞行。将来，当人类进行太空飞行重返月球、探测火星，或前往其他任何地方，只要超出空气庇荫之外，全都必须装置非常厚重的屏障。

成范艾伦带。

范艾伦带是这套系统的错综环节。最初范艾伦本人认为，两圈环带能发挥“渗漏桶”（leaky bucket）作用，可以捕捉盛装电浆，直到满载溢出为止。如今我们知道，环带不只具有这种缓冲均流功能。（“渗漏桶”是种运算法，可将不规则的网络流量调节成固定的流速。）有时电浆能量太强，不可能被导向两极并任凭空气处置，这时电浆就会向上反弹，进入最外侧的范艾伦带。这批粒子在地球上空16000公里高处，受弯弧场线强力约束，动弹不得；粒子无法逃回太空，也无力威胁地面，只能平和流泄，并由新一批粒子取而代之[①]。

伯克兰地下有知，当为自己的真知灼见感到自豪，并乐见自己位尊显赫，肖像被印上了挪威的200克朗（kroner）纸币。钞票正面可以见到他那常见的半笑神情，身着潇洒西装，戴着圆形丝框眼镜，可惜头上没有红色土耳其毡帽。左边有一幅细小的“小地球”素描，他后面则是一幅正规的极光图。钞票反面有一幅北极地形图，上方标出不同卫星在空中发现流动电子的几处地点。这批电流和伯克兰根据磁测结果所作预测完全相符，为了纪念他的功劳，如今我们称之为伯克兰电流[②]（Birkeland current）。

同时，范艾伦也在美国科学界赢得了极高名望，在各种显赫场合现身，还上了《时代》周刊的封面。当然了，他也在空中留下大名，写进飘荡于我们顶上的辐射云雾当中。而他留下的印记不止于此，1973年，范艾伦在“先锋十号”卫星的无尘室中工作时，偷偷脱下他的白手套，在那艘航空器上留下一枚指纹。“先锋十号”是

---

① 范艾伦带内圈含有大批质子，不过其来源是宇宙θ射线，而不是太阳。

② 他却在这里犯了小错，尽管大气当中确实有垂直和横向电流，他所测量的影响起源，只不过是真实现象的衍生作用。不过没有人觉得有必要这样挑剔，这个名称便沿用下来。

第一枚与木星会合，接着还航向土星的人造卫星。随后它还继续前进，航向太阳系最外缘，接着便远航离去。到了2004年，范艾伦90岁生日之时，“先锋十号”已经航行1300亿公里光景。他在2006年8月辞世，享年91岁。那枚卫星仍然静静地向前飞行，飘往更深邃的深空，朝着金牛座主星——红巨星毕宿五航去。这次旅程要花两百多万年，范艾伦的指纹也会随着一同前往。

尾 声

2006年6月16日上午9点，格陵兰岛东部塔西拉克自治市（Tasiilaq）

“升空了。”当地气象人员瑟伦·巴斯博尔（Søren Basbøll）张手放开缆绳，他的气象探测气球猛力向上跃升。几秒钟后，我们必须伸长颈子才看得到那颗鼓胀的气球映衬着蓝天所展现的白色圆形身影。

几乎整整一周，云层低垂，四野一片单调的极地白光，今天黎明一起来，却是意外的清朗亮丽。举目远望，视野至少可达峡湾对岸的群山峰顶。层叠的山岭展现出崎岖山腰和险峻冈峦，就像孩童笔下的山脉景象，同时侧边依旧覆盖着白雪。我知道在这一列山脉的后方远有数不清的峰峦，1000公里光景，甚至更远范围之内，尽是山脉、冰河和雪地，而且多数山峰都是不曾为人征服的未知之域。

尽管阳光灿烂，气温依然低于冰点，现场还有一阵阵强风拂过。巴斯博尔撤回屋内，坐到电脑旁边喝他的咖啡，我继续待在室外观看天空。气球仍在视线之内，而且只要眯起眼睛，我还看得到底下垂着一根蛛丝般的缆绳，绳的末梢系着一个白色小匣子。匣子里面的仪器正在采集格陵兰的空气样本，仪器品尝、检验样本，所得读数便乘着马可尼的无线电波，源源不绝地传回地面：气温、压力、风速和湿度，这是气象界最重要的给养。

我查看手表。这时巴斯博尔的气球，应该已经通过地球大气的最底层部分，也就是对当地因纽特猎人，以及对全体人类都最为重要的部分。

格陵兰岛这里的空气似乎比较实在，略偏南方的空气完全不会给人这样的感受。或许是由于天气寒冷，或者是这里明显没有烟尘和工业污染，不过，每吸进一口空气，你都察觉得到某种清新甘甜的滋味，进入你的口中，充满你的肺部。

倘若波义耳来到这处北极小镇，要让居民明白大气的威力或大气的要素，他绝对不会遇上任何困难。因为每年冬季，当皮特拉克下降风（Piteraq wind）刮来，他们几乎都有机会亲身体验：沉重的冷空气由冰冠倾泻而下，气流受山势引导，加速朝下涌入冰河谷地，终于抵达城镇，以飓风般威力扯脱屋顶，粉碎窗户。雪橇犬只有在皮特拉克风肆虐期间，才得卸下锁链自由活动，设法自行找地方掩蔽——气流十分旺盛，要抛它们上天空是绰绰有余。

巴斯博尔是丹麦人，却在这里住了几十年，而且他还私下研发了一种风级尺标，来估定皮特拉克风的强度。当他最老的旧风速计放弃指望时，风速达到第一级。第二具测风仪器也步其后尘，风速为二级，约为185公里时速。然后当第二具风速计的焊接点松脱，开始胡乱拍动，像只剩一片桨叶的直升机一般失控翻飞时，就算三级风。当他所有仪器都弃械投降时，风速达四级。

这时我们快进入夏季，风速已经和缓下来。不过今天的微风，仍然足以让海湾变色。昨天的海水几乎完全澄清；今天，湾中挤满浮冰，全都是从外海被吹来此地的。年复一年，浮冰部分溶解又重新冻结，互撞聚拢又裂解分开，雕琢出仿佛发泡蛋白霜的模样。而且四面八方不时都有冰山浮现，高高耸立于海冰之上。这种高大冰山全都诞生自这片冰封大地的核心地带，历经几千年时光，缓缓滑向岸边，随后便加快步伐滑下陡峭斜坡，断裂落入峡湾水中，如今便乘风航向大海。

格陵兰岛是这颗动荡行星的敏感地带，对外界变化有敏锐的感应。气温略微滑降，整片峡湾就可能冻结；再略微攀升，便只剩汪洋不见残冰。我来这里，就是要见识这种由大气引发的变化。因为格陵兰岛的敏锐反应，代表二氧化碳的阴暗面已经展现威力。这里的冰冠逐渐消融，冰河流速渐增，愈来愈多的冰山被送进大海；海冰是海豹的乐园、北极熊的猎场，如今本身也末路穷途，踏上灭绝之路。卫星显示过去三十年间，海冰的夏季最窄分布范围，每十年都缩小8%，到了21世纪结束之际，这里的夏季将完全见不到冰。

这里的因纽特人表示，他们对这种前景毫不担心。他们是猎人，不是农夫。他们对改变习以为常，惯于解读动荡地球的各种迹象并随机应变。他们发挥创业精神来因应气象天候变化，眼看种种变化冲击格陵兰岛，他们必须南移。我们其他人还是学学这种精神为妙。

格陵兰岛也仰仗二氧化碳带来的自然暖化作用，还有大气重新分配世界暖化果实的能力。费雷尔的第三道巨大气流环圈就在这附近沉降，同时也从南方带来温暖。环顾这座冰封岛屿，眼前见不到多少生命，但若是没有费雷尔的气流环圈，这里根本不会有生命。

巴斯博尔的气球已经飘到气流层和天气层之上，那里的空气愈来愈稀薄，球体肯定愈胀愈大。气球在地面时直径只有约1米，然而，随着球内氢气推挤球体薄层的乳胶外皮所受的阻力愈来愈弱，到最后气球便要胀达四倍之大。

说不定气球已经达到30多公里高空，超过基廷格的观测位置。周围是一片黝黑太空；远方是地球的和缓曲线，还有薄薄一层蓝色大气；再往下是几片细小的云朵，还有我。

这时气球肯定遇上了地球最外层防线。在巴斯博尔的气球上方，说不定还有一片极光映衬着黝黑的天空，生机盎然摇曳闪烁。永昼夏阳照耀地面，照得我睁不开眼，不过我知道，这里是极光的根据地，若在冬季暗夜来到这里，我就可以亲眼见到极光。电离层就在这里守株待兔，静候地球磁场的场线，把来自太阳的放射线束导引入瓮；北极光也正是在这里，演示地球大气如何施展防护本领。我被束缚在大气汪洋的海床，设法想象汪洋顶层的情况。然而，尽管我博览群书，却依然难以相信，那层稀薄得不够我呼吸的大气，竟然拥有充分力量，足以击退太空向我们发动的一切攻势。

2003年10月，一连串爆炸撼动日面。一团壮阔闪焰爆出强烈的X射线烤炙地球，威力相当于五千颗太阳。闪焰抛射出一团电浆，以每小时320万公里的高速向我们狂飙而来。一位科学家表示，那团电浆所含的放射性，强度相当于把历来制成的所有核子弹头（提醒你，是制成的，不是引爆的），全部在同时引爆所得的威力。

结果地球上却没有人有丝毫感受（运气够好的话，你或许可以见到极光表演）。自有记录以来最庞大的太阳闪焰，加上有史以来数一数二的强烈放射性漩涡，双双遇上强悍无匹的恐怖敌手。它们轮番夹击地球，不见守军，却凭空逐一落败，因为敌人正是……捉摸不定的大气。

致　谢

十几年来，我不断撰文讲述层层大气的故事，然而，若非不断有人向我提问，我或许永远不会想到，该从整体角度全面检视大气。因此，我要感谢弗雷德·巴隆（Fred Barron）想学习有关气流的知识；还要感谢西蒙·辛格（Simon Singh）想知道我们最早是怎样发现大气分了许多层，还有各层大气的功能何在。西蒙还建议我，动手计算“空无一物”的音乐厅所含空气的重量，计算结果让我大感意外，他却没有那么惊讶。我还要感谢许多人士，他们希望更深入了解大气的变动状况。过去十年，我不断传讲气候变迁课题，对象显然都是圈内人。终于，这门学问成为这么热门的题材，让我非常振奋。

然而，直到基廷格纵身跃下，那幅景象才终于让我打定主意，提笔撰写大气。感谢乔纳森·雷努夫（Jonathan Renouf），他让我注意到基廷格，还把英国广播公司制作的一部节目影带借我观赏，那是有关大气层的节目，内容含有基廷格坠落时的若干镜头，由他的气球搭载的摄影机拍摄而成。雷努夫还提供“星尘号”资料，帮我认识那架在南天喷流中凭空消失的民航机。实际上，他正是英国广播公司《地平线科普系列》（*Horizon program*）负责那个题材的撰稿人和制作人。

当我播放影片，观看基廷格那壮阔的一跳时，我凝视大气那条蓝色的细线就浮在地球的弯曲地平线上方。然后在他纵身跃下之后，我看着他在大气汪洋中飘荡，然而，后来在他口中，那片汪洋却仿佛不值一提。基廷格坠落的这整片大气充满矛盾，令我痴迷。这么纤弱的事物，怎么也如此强健？这个充满激情又浑身弱点的无名英雄，让身为作家的我夫复何求？

我就这样着手工作。结果我钻研愈深，心中就愈加明白，由于一群杰出人士通力合作，我们才得知空气的威力。其中我十分喜爱，也极难寻得蛛丝马迹的是费雷尔。他是弗吉尼亚州西部的农夫，拿一支干草叉在他的谷仓门板上画圈，发展出贸易风的观念。感谢约翰·考克斯（John Cox）帮忙，提供费雷尔的生平相关资料。我也要感谢国家科学院的好伙伴，就在我力蹙势穷，再也找不出其他资料之时，他们将这位杰出人士身后留存的唯一概略自传，寄了一份副本给我。（拥有两套完整丛书的大英图书馆，怎么会把包含这篇草稿的那册遗失了，而且两套都缺了这册？还有，我在英国其他地方，也找到了几套这部丛书，为什么却都失之交臂？我甚至到美国几家大学拼命搜寻，为什么还是看漏了？我有点儿相信，害羞的费雷尔从墓中伸手，把那残留的几笔文字抹去，不让我读到他的生平细节。）此外就所有层面来看，大英图书馆都发挥宝贵功能、让我仰赖日深，也完全符合我的期许，其中科学门类第二阅览室有求必应的馆员也是如此。我还要谢谢伦敦图书馆，那里太棒了，感谢他们的馆员和馆长。但是基于某些因素，我不解的是注重文学的伦敦，竟然任凭这家重要机构大半湮没不显。我也没想到，圣詹姆斯广场那栋古色古香的建筑，却在书架迷宫当中，藏了一批古今卷帙珍宝。

最让人庆幸的，是可以借出伦敦图书馆的藏书并随身带走。就我的情况，我带着书本前往法国安河省（Ain）孔代西亚（Condeissiat），在那处面积不大却热情好客的村庄，完成本书的前半部。特别感谢希纳德一家（Famille Sinardet），还有莱佛斯（Les Fausses）的海伦（Hèléne）、让-克里斯（Jean-Chris）和于贝尔（Hubert），更别提萨米（Sammy）、舒佩特（Choupette）和克洛谢特（Clochette）。海伦不断提供无与伦比的香奶油派，男孩们供应乳酪、葡萄酒和英国好茶，还有几只动物在我需要散心的时候提供消遣，而且在我不想分心的时候（多少）让我独处。每天工作结束，于贝尔都以一道简单问题相迎：“完成了几个字？”这很能令人凝神专注工作，效果好得很。

本书第二部分我回到伦敦才动笔，在感觉非常漫长的寒冬季节完成。（尽管这时于贝尔已经去了南极洲，他还是帮我留了一段iPod录音，内容是：“完成了几个字？”……暂停……“好棒！”他并没有费心录制另一段话，针对字数没有达成，这点始终让我相当振奋，效果出人意料。）

在那个冬季，巴隆（芳邻和益友的最佳表率）逗我发笑，还供应牛排和经典电影来维持我的力量。在我撰写本书期间，他的表现始终可圈可点。从最早阶段，他便分享我的兴奋，一开始是针对题材，接着是人物角色。每当我想到新的情节，通常就是他第一个听我提起，我觉得我笔下的人物不仅在我眼前浮现，也同样活灵活现在他心中成形。巴隆是个喜剧作家，他能迅速指出我在哪里搞砸，无意间毁了自己的点睛之笔。

我的良师益友戴维·博丹尼斯（David Bodanis），也从一开始就出力协助。特别是第一章，他的中肯建言功劳极大。他还帮助我完成我写书最感艰苦的段落——开头部分，贡献之大无法尽数。

许多人帮我审阅手稿并提供建言，包括：罗勃特·孔茨（Robert Coontz）、理查德·斯通（Richard Stone）、约翰·范德卡（John Vandecar）、卡伦·索思韦尔（Karen Southwell）、多米尼克·麦金太尔（Dominick McIntyre）、弗雷德·巴隆、戴维·博丹尼斯、艾兰·麦卡利斯特（Elan McAllister）、迈克尔·本德（Michael Bender）、安迪·沃森（Andy Watson）、约翰·米切尔（John Mitchell）、戴维·林德（David Rind）和斯蒂芬·巴特斯比（Stephen Battersby）。罗莎·马洛伊（Rosa Malloy）发挥她的高度才气，指出内容解释过于繁琐或情节太过冗长的部分。他们的评论和批评都让这部书稿大有改进；当然了，若是还有其他错误，作者仍应自负全责。

谢谢我的代理，迈克尔·卡莱尔（Michael Carlisle），他的努力使我受益良多（甚至也嘉惠大气）。还要特别感谢业界最棒的两位编辑：哈考特（Harcourt）出版社的安德烈娅·舒尔茨（Andrea Schulz）和布鲁姆斯伯里（Bloomsbury）出版社的比尔·斯旺森（Bill Swainson）。两人协力帮我修改手稿当修之处，而没有错谬的部分也都能克制不去改动。（尽管我相当肯定他们没有通气，两人的意见却不谋而合，这令人非常安心。）

我和空气共同生活的这段生涯，还有许多人一团和气地陪伴我共度时光。谢谢范德卡、索思韦尔、巴特斯比和麦金太尔，感谢他们的大力支持和宽宏大量。

最后，感谢我的美好家人：萝莎、海伦、艾德、克里斯蒂安、莎拉、达米安、杰恩和孩子们，以及于贝尔。只有你们知道，若是没有你们，我的成就会是多么微不足道。

延伸阅读

前言

基廷格的跳跃壮举资料，主要得自他本人所撰的两部回忆录，参见Joseph W. Kittinger, Jr., “The Long, Lonely Flight”, *National Geographic*（February 1985），pp. 270–276，以及Joseph W. Kittinger, Jr., “The Long, Lonely Leap”, *National Geographic*（December 1960），pp.854–873；还有约翰尼·阿克顿（Johnny Acton）以生花妙笔写成的*The Man Who Touched the Sky*（London: Sceptre，2002）和克雷格·瑞安（Craig Ryan）生动又详尽的著述*Pre-Astronauts: Manned Ballooning on the Threshold of Space*（Annapolis: Naval Institute Press，1995）。

有关基廷格之前的尖端科技，请参阅美国陆军上尉阿尔伯特·斯蒂文斯（Albert W. Stevens）的精彩文章：“Man’s Farthest Aloft”, *National Geographic Society Stratosphere Series*, vol. 2（1936），pp. 173–216。

第一章

佛罗伦萨的科学史博物馆暨研究院（Institute and Museum of the History of

Science）拥有一个出色的网站，称为“Horror Vacui”（“惧怕真空”，亚里士多德认为自然惧怕真空，因此任何空间不可能空无一物），内容罗列投入发现空气重量的重要人物的小幅肖像和相关素描。里面还有一些漂亮的照片。请读者自行上网浏览，网址为：http://www.imss.fi.it/vuoto/。

尽管谈伽利略的书籍有好几百本，不过多数都着眼于他的早年生活，还有他最著名的几项发现，却很少提到他的空气实验。要想明白他的成果，最好是阅读他本人的（十分有趣的）著作。本书所述实验，都引自他的《关于两门新科学的对话》（*Dialogues Concerning Two New Sciences*），这本书于1638年在莱顿（Leiden）初版发行。我采用的是亨利·克鲁和阿方索·德萨尔维奥的译本（H. Crew and A. de Salvio trans., New York: Macmillan，1914）。书成之后近四个世纪，它读来依旧引人入胜。

有关托里拆利和伽利略的关系，还有气体力学早期发展的其他多方面论述，最佳资料来源为威廉·米德尔顿（W. E. Knowles Middleton）的*The History of the Barometer*（Baltimore: Johns Hopkins Press，1964）。尽管这本书的写作风格（和伽利略的书籍不同）不算世界上顶有趣的，却仍属包罗广泛、明晰易懂的著作，书中还收入若干漂亮的附表和插图，翔实呈现原始书信和图示。还有《科学传记辞典》（*Dictionary of Scientific Biography*，Charles Couiston Gillispie主编, New York: Scribner，1970—1980）也收录了一则很实用的托里拆利词条。布莱兹·帕斯卡（Blaise Pascal）的《物性论丛》（*Physical Treatises*, New York: Columbia University Press，1937）同样是了解托里拆利研究成果的优秀文献，这也是认识帕斯卡的好读物。我使用的是两位施皮尔斯（I. H. B. and A. G. H. Spiers）的译本。

迈克尔·亨特（Michael Hunter）的出色网站是了解罗勃特·波义耳（Robert Boyle）的绝佳入门起点，网址为：www.bkk.ac.uk/Boyle。亨特精研波义耳学术成就斐然，对波义耳也有独到认识，他的网站有很多富有参考价值的资料。这些年来，有关波义耳的书籍多半写得乏味，不然就只是歌功颂德，不过也有几本读来颇富兴味。我找到三本极佳的文献资料，包括：罗杰·皮尔金顿（Roger Pilkington）的*Robert Boyle, Father of Chemistry*（London: John Murray，1959），作者以鲜活文笔写出平实内容；路易·特伦查德·莫尔（Louis Trenchard More）的*The Life and Works of the Honourable Robert Boyle*（London: Oxford University Press，1944）；麦迪逊（R. E. W. Maddison）的*The Life of the Honourable Robert Boyle*（London: Taylor & Francis，1969）一书中翔实记载众多细节资料，引述周延可靠。还有一本好书是托马斯·法林顿（Thomas Farrington）的*A Life of the Honourable Robert Boyle FRS, Scientist and Philanthropist*（Cork, Ireland: Guy & Co. Ltd.，1917）。

不过，认识波义耳和了解伽利略的做法相同，最好是阅读他本人的著述（无可否认，有些写得相当冗长）。读者可试读詹姆斯·布莱恩特·科南特（James Bryant Conant）编纂的*Robert Boyle's Experiments in Pneumatics*, Harvard Case Histories in Experimental Sciences（Cambridge, MA: Harvard University Press，1967），本书旁征博引又能善加整理分析。这里还推荐亨特编纂的*Robert Boyle by Himself and His Friends*（London: Pickering & Chatto Ltd.，1994），内容有波义耳本人亲撰其早年生平之传略，还有多位朋友为他所写的传记评述，甚至还收入一篇在他葬礼上发表的繁冗致辞。

最好的文献要数波义耳的亲笔巨著*New Experiments Physico-mechanical Touching the Spring of the Air and its Effects*（*Made for the Most Part in a New Pneumatical Engine*），书中精彩地叙述了他的气泵实验细节。读者可以在这本书中读到波义耳本人的叙述，他如何证明空气有弹性，还有他的蜜蜂和老鼠实验，以及让他的淑女访客花容失色的鸟儿试验。

第二章

尽管普利斯特利的房子和文稿都遭纵火烧毁，他仍有充分成果保存下来，若有人感兴趣，想更深入探究他的生平和研究，这份丰硕史料已足敷使用。读者可以从几处好地方入手，包括爱德华·费贝尔（Eduard Faerber）编纂的《伟大化学家传略》书中所收“Joseph Priestley”部分：*Great Chemists*,

New York: Interscience Publishers，1961，pp. 241–251；还有罗勃特·斯科菲尔德（Robert E. Schofield）所著*The Enlightened Joseph Priestley*（University Park: Pennsylvania State University Press, 2004）。

这里推荐两篇好文章，一篇是罗勃特·安德森（Robert Anderson）的"Joseph Priestley: Public Intellectual"，*Chemical Heritage Newsmagazine,*vol. 23, no. 1（Spring 2005），另一篇是约翰·塞夫林豪斯（John W. Severinghaus）的"Priestley, the furious free-thinker of the enlightenment, and Scheele, the taciturn apothecary of Uppsala"，*Acta Anaesthesiologica Scandinavica*, vol. 46, pp. 2–9（2002）。

就普利斯特利本人的广博著述，我推荐两本书：Joseph Priestley, *Autobiography of Joseph Priestley, Memoirs Written by Himself, an Account of Further Discoveries in Air*（Bath, England: Adams & Dart, 1970）；斯科菲尔德编纂、评述的Joseph Priestley, *A Scientific Autobiography*（Cambridge, MA: MIT Press, 1966）。

艾克罗伊德（W. R. Aykroyd）的*Three Philosophers, Lavoisier, Priestley and Cavendish*（London: William Heinemann, 1935）内容丰富，叙述鲜活，卓识洞见俯拾皆是。另一部极佳的著作是詹姆斯·克劳瑟（James Gerald Crowther）的*Scientists of the Industrial Revolution: Joseph Black, James Watt, Joseph Priestley, Henry Cavendish*（London: Cresset Press, 1962）。

就氧气科学方面，尼克·莱恩（Nick Lane）的著作内容极为丰富详尽，此外不必他求：*Oxygen: The Molecule that Made the World*（London: Oxford University Press, 2002）。

《科学传记辞典》有一则很实用的拉瓦锡词条。更深入细节则可参阅让–皮埃尔·普瓦里耶（Jean-Pierre Poirier ）的*Lavoisier: Chemist, Biologist, Economist*，原文以法文写成，由丽贝卡·巴林斯基（Rebecca Balinski）译为英文（Philadelphia: University of Pennsylvania Press, 1996）。另一本较为枯燥，不过仍是本好书，即亚瑟·多诺万（Arthur Donovan）的*Antoine Lavoisier: Science, Administration and Revolution*（Cambridge, England: Cambridge

University Press, 1993)。

第三章

约瑟夫·布莱克（Joseph Black）生平可参见多诺万的*Philosophical Chemistry in the Scottish Enlightenment: The Doctrines and Discoveries of William Cullen and Joseph Black*（Edinburgh: Edinburgh University Press, 1975），这本书写得很流畅，还有威廉·拉姆齐（William Ramsay）爵士的*The Life and Letters of Joseph Black, MD*（London: Constable & Co., 1918)。亦可参见克劳瑟的出色作品*Scientists of the Industrial Revolution: Joseph Black, James Watt Joseph Priestley, Henry Cavendish* by James Gerald Crowther（London: Cresset Press, 1962)。费贝尔编纂的《伟大化学家传略》(*Great Chemists,* Eduard Faerber ed., New York: Interscience Publishers，1961）以数个章节同时谈到布莱克和阿列纽斯。

斯蒂芬·黑尔斯（Stephen Hales）的其他相关资料可参阅艾伦和斯科菲尔德（G. C. Allan and R. E. Schofield）的*Stephen Hales, Scientist and Philanthropist*（London: Scolar Press, 1980)。

约翰·丁铎尔（John Tyndall）相关资料的最丰富文献为布洛克、麦克米伦和莫兰（W. H. Brock, N. D. McMillan and R. C. Mollan）编纂的*John Tyndall: Essays on a Natural Philosopher*（Dublin: Royal Dublin Society, 1981)。这本论文集从多个角度来探究丁铎尔的生平，含括技术层面，以及他的宗教信仰、哲学思想和社会价值层面。

为了印制谈全球暖化的书籍，世人已经伐倒无数英亩的林木，有些树木牺牲得极有价值，印出斯潘塞·沃特（Spencer R.Weart）的杰作：*The Discovery of Global Warming*（Cambridge, MA: Harvard University Press, 2003)。亦请参见http://www.aip.org/history/climate/co2.htm，这个网站以简短篇幅，精确概述温室效应的发现历程，还罗列许多重要人物的小幅肖像和相关略图。

第四章

莱尔·沃森（Lyall Watson）的*Heaven's Breath*（London: Hodder and Stoughton, 1984）从多层面谈论风，论述精彩，巨细靡遗。谈哥伦布的著作相当多，我觉得其中以下几本最富参考价值：华盛顿·欧文（Washington Irving）的*The Life and Voyages of Christopher Columbus,* vol. 1（*London*: Cassell & Co. Ltd., 1827），本书篇幅浩繁，论述严谨，不过有趣的细节叙述俯拾皆是；萨缪尔·艾略特·莫里森（Samuel Eliot Morison）的*Christopher Columbus Mariner*（London: Faber and Faber, 1956）文笔鲜活得多，内容也有趣得多，不过书中偶有错误之处（比如哥伦布确实长了一头红发，不过他几度启程跨越大洋之时，头发却已经转白）；戴维·托马斯（David A. Thomas）的*Christopher Columbus Master of the Atlantic*（London: Andre Deutsch, 1991）。

不过，要了解哥伦布的航海历程，阅读他的亲笔论述绝对是最佳选择。就此可参阅*Christopher Columbus the Journal of His First Voyage to America*，这部著作有许多版本。我阅读的版本由范怀克·布鲁克斯（Van Wyck Brooks）译注（London: Jarrolds Publishers，1925）。

威廉·费雷尔生性害羞，留下的亲笔著述很少，不过《科学传记辞典》收有一则实用的生平叙述词条。约翰·考克斯（John D. Cox）的精彩著作*Storm Watchers*（Hoboken, New Jersey: John Wiley & Sons，2002）也有一则出色的费雷尔词条（pp. 65–74）。

就他朋友的回顾部分，《美国气象学期刊》搜罗了几篇追悼文章（参见*American Meteorological Journal*, December 1891, vol. viii, no. 8, pp. 337–369）。1888年2月，同一份期刊还曾刊出费雷尔的朋友，亚历山大·麦卡迪（Alexander McAdie）写的一篇讣文，见*American Meteorological Journal,* February 1888，vol. iv，no. 10，pp. 441–449。费雷尔还有一位挚友克利夫兰·阿贝（Cleveland Abbe），他也写了一篇讣文，刊于《华盛顿哲学学会学报》（*Bulletin of the Philosophical Society of Washington*, vol. 12，1892, pp. 448–460）。羞怯的费雷尔

的遗著当中，最有价值的要数他经过麦卡迪三催四请，才终于亲笔写成的概略自传。这篇自传收入*Biographical Memoirs of the National Academy of Sciences*, vol. 3（1895），pp. 265–309。同一部文献还包含一篇阿贝写的回忆传略，并搜罗费雷尔曾经发表的著述。亦见哈罗德·伯斯泰因（Harold L. Burstyn）的文章“William Ferrel and American Science in the Centennial Years”，出自埃弗里特·门德尔森（Everett Mendelson）编纂的*Transformation and Tradition in the Sciences, Essays in Honor of I. Bernard Cohen*（Cambridge, England: Cambridge University Press, 1984），pp. 337–351。

当然了，还有费雷尔本人亲著论文“An essay on the winds and currents of the ocean”，纳入论文集“Popular Essays on the Movements of the Atmosphere by Professor William Ferrel”，列为第一篇，该集收入*Professional Papers of the Signal Service*（Washington, D.C., 1882），为第十二册。

此外，有关风的科学研究亦可见罗杰·巴里（Roger G. Barry）和理查德·乔利（Richard J. Chorley）的*Atmosphere, Weather and Climate*（8th edition, London and New York: Routledge, 2003）。这里要郑重推荐此书，我认为这是历来谈空气运动和空气对天气之影响方式的最佳教科书；难怪此书已经出到第八版，而且后续版本可期。

威利·波斯特（Wiley Post）相关文献最出色的是布莱恩·施特林和弗朗西斯·施特林（Bryan B. Sterling and Frances N. Sterling）的*Forgotten Eagle: Wiley Post, America's Heroic Aviation Pioneer*（New York: Carroll & Graf, 2001）。可惜这本书已经绝版，所幸你还能买到二手书。然而还请注意：我买到的初版书中有一处印刷错误，漏订了波斯特至关重大（又很精彩）的平流层飞行事迹。幸好，我在科德角找到一位好心的二手书商，耐心核对他手中那本，确定从头到尾全无遗漏，随后才把书寄来伦敦给我。

有关那架失踪飞机的其他资料，请观赏英国广播公司（BBC）地平线系列的*Vanished: The Plane that Disappeared*，这集影片在2000年11月2日播出。这套精彩系列节目的脚本贴于BBC官方网站，参见：http://www.bbc.co.uk/science/horizon/2000/vanished.shtml。

第五章

托马斯·米奇利（Thomas Midgley）的生平和研究参见威廉·海恩斯（William Haynes）的文章，这篇文章写得很好，收入费贝尔编纂的*Great Chemists*（New York: Interscience Publishers, 1961），pp. 1589–1597，另外，《美国传记大辞典》增刊三也收有“Thomas Midgley”词条（*Dictionary of American Biography*, Supplement 3，New York: Charles Scribner's Sons, 1941–1945, pp. 521–523），还可参见查尔斯·凯特林（Charles Kettering）对他朋友的深切追思，该传略收于*Biographical Memoir of the National Academy of Sciences*, vol. xxiv, no. 2（1947），pp. 361–380。

艾斯林·欧文（Aisling Irwin）写了一篇好文章，叙述臭氧的种种内情，包括处境为什么恶化到这种程度，篇名为“An environmental fairytale”，收入格雷厄姆·法米罗（Graham Farmelo）编纂的*It Must Be Beautiful: Great Equations of Modern Science*（London: Granta Books, 2002）。莎伦·罗安（Sharon Roan）的作品篇幅较长，不过内容引人入胜，读来津津有味：*Ozone Crisis: The 15-Year Evolution of a Sudden Global Emergency*（New York: Wiley, 1988）。约翰·麦克尼尔（John McNeill）的*Something New Under the Sun: An Environmental History of the Twentieth Century*（New York: W. W. Norton & Co., 2000）写得一丝不苟，里面有一段精彩的“气候变迁与平流层臭氧”。不过，有关于臭氧战争，还有洛夫洛克非凡生平的其他部分，最佳读物要数他超群绝伦的自传*Homage to Gaia: The Life of an Independent Scientist*（Oxford: Oxford University Press, 2000）。

诺贝尔奖网站也收罗丰富的技术和传略信息，含括投身臭氧研究成就斐然的桂冠得主和他们的研究课题资讯，参见：http://nobelprize.org/chemistry/laureates/1995。

第六章

有关小精灵、喷焰和妖精的杰出论述，可参见刊于《新科学家》（*New Scientist*）的两篇专题报道，即凯伊·戴维森（Keay Davidson）的“Bolts from the Blue”（August 19，1995, p. 32）和哈里亚特·威廉斯（Harriet Williams）的“Rider on the Storm”（December 15，2001，p. 36）。有关电离层奇异科学的详细资料，可参见拉特克利夫（J. A. Ratcliffe）的*Sun, Earth and Radio: An Introduction to the Ionosphere and Magnetosphere*（London: Weidenfeld and Nicolson, 1970）。哈里森（J. A. Harrison）的*The Story of the Ionosphere or Exploring with Wireless Waves*（London: Hulton Educational Publications, 1958）完全仿效20世纪50年代学童的语气来撰述，读之令人兴味盎然。还有一本就比哈里森的书严肃、详细得多，参见罗勃特·申克和安德鲁·纳吉（Robert W. Schunk and Andrew F. Nagy）的*Ionospheres: Physics Plasma Physics and Chemistry*（New York: Cambridge University Press, 2000）。

许多书籍都谈到马可尼，并讨论他的成就，其中我要推荐乔利（W. P. Jolly）的*Marconi*（London: Constable, 1972）；奥林·邓拉普（Orrin E. Dunlap）的*Marconi: The Man and His Wireless*（New York: The MaCmillan Co., 1937）；特别是加文·韦特曼（Gavin Weightman）以生花妙笔写成的著作*Signor Marconi's Magic Box: How an Amateur Inventor Defied Scientists and Began the Radio Revolution*（London: HarperCollins, 2003）。德格娜·马可尼（Degna Marconi，马可尼的女儿）也提出了有趣的观点，参见她的*My Father Marconi*（London: F. Muller, 1962）。

许多出色传记作品都谈到了不起的亥维赛。首先该读的是《科学传记辞典》的实用词条。有关亥维赛科学成就的优秀概括文章，可以阅读罗素（A. Russell）优雅简练的讣文，刊于《自然》杂志（*Nature*, vol. 115, February 14，1925，pp. 237–238）。另外，比较有趣的著述有*The Heaviside Centenary Volume*（London: Institution of Electrical Engineers, 1950），这本书搜罗有关亥维赛研究成果的文章，还有几篇记述他个性品格的评论。请特别注意他的好友乔治·瑟尔（G. F. C. Searle）针对亥维赛怪诞举止的温馨描述。后来瑟尔更据此扩充，写成一本专书，满纸尽是前尘往事，书名为 *Oliver Heaviside, the Man*（Cambridge, England: CAM Publishing, 1988）。还有一本极佳读物，保罗·纳因（Paul J. Nahin）的*Oliver Heaviside, Sage in Solitude*（New York: IEEE Press, 1988）。

论述"泰坦尼克号"海难事件的专著相当多，因此我只介绍少数几本。试读约翰·布思和肖恩·库格林（John Booth and Sean Coughlan）的*Titanic: Signals of Disaster*（White Star Publications, 1993）和沃尔特·罗德（Walter Lord）的*A Night to Remember*（London: Longmans Green & Co., 1958）。杰克·塞耶（Jack Thayer）对当晚情况的回顾"The Sinking of the SS Titanic"历历在目，令人震撼，可惜这篇文章很难找到。文章原先在1940年初版发表，1974年由7C发行部重印，不过如今都已经绝版。

就阿普尔顿的相关资料，罗纳德·克拉克（Ronald W. Clark）的杰作是个无与伦比的文献资源：*Sir Edward Appleton,* G.B.E., K.CR, FR.S.（Oxford: Pergamon, 1971）。其他实用资料包括《科学传记辞典》收录的词条，以及阿普尔顿一位学生拉特克利夫的传记论述，见：J. A. Ratcliffe, *Biographical Memoirs of Fellows of the Royal Society,* vol. 12（1966），pp. 1–21。

第七章

有关范艾伦发现范艾伦带的情节，可从一份出色的著作入手：康斯坦丝·格林和米尔顿·洛马斯克（Constance McLaughlin Green and Milton Lomask）的*Vanguard. A History*，NASA SP-4202（Washington, D.C.: Smithsonian Institution Press, 1971）。这本书已经绝版，不过内容已经贴上网页，参见：http://www.hq.nasa.gov/office/pao/History/SP-4202/cover.htm。

范艾伦的亲笔著作可参见"What Is a Space Scientist? An Autobiographical

Example”, *Annual Review of Earth and Planetary Sciences*, June 1989。亦见他的文章“Radiation belts around the Earth”, *Scientific American*, vol. 200，no. 3（March 1959），pp.39—48，以及他的著作*Origins of Magnetospheric Physics*（Washington, D.C. Smithsonian Institution Press, 1983）。本章所收范艾伦资料多引自这四处来源。

较偏技术性的论述参见“Magnetospheric Currents”，这篇重量级文章收录于托马斯·波特姆拉（Thomas A. Potemra）编纂的*Geophysical Monograph* 28（Washington, D.C.: AGU，1983）。

斯图尔特和约翰·斯普雷特（C. Stewart Gillmor and John R. Spreiter）编纂的特辑“Discovery of the Magnetosphere”收录了几篇优秀文章，见*History of Geophysics*, vol. 7，Washington, D.C.: AGU，1997。这几篇文章有些讨论技术课题，部分则记述人物生平，还有一篇是范艾伦自己写的。克里斯蒂娜·哈拉斯（Christine Halas）写的“The James van Allen Papers”可上网浏览，参见：http://www.lib.uiowa.edu/speccoll/Bai/halas.htm。这篇文章讨论了爱荷华大学的范艾伦馆藏，因此也包含关于范艾伦本人的若干趣闻轶事。

有关磁层学问的其他资讯，以及其发现沿革的更深入资料，请参见戴维·斯特恩（David R. Stern）刊于《地球物理学评论》的精彩文章（*Reviews of Geophysics*, vol. 40，no. 3, September 2002, pp. 1—30）。这篇文章也见于网站http://www.phy6.org/Education/bh2_2.html。另一篇文章也很浅显有趣，篇名为“Watch out, here comes the sun”，黑兹尔·穆里（Hazel Muir）撰，刊于《新科学家》（*New Scientist,* February 3, 1996，p. 22），内容讨论太空天气。还有斯蒂芬·巴特斯比（Stephen Battersby）的“Into the sphere of fire”，刊于《新科学家》（*New Scientist*, August 2, 2003, p. 30），就磁层的古怪习性提出精辟论述。

克里斯蒂安·伯克兰（Kristian Birkeland）亲笔撰述他几次实地考察极光的历程，书名为*The Norwegian Aurora Polaris Expedition 1902—1903*, vol. 1, sections 1 and 2（Oslo: H. Aschehoug & Co., 1913）。绪论部分详细畅论考察队伍遇上的难关。（书名标示了“第一卷”，因为原本该有个第二卷，专门论述极光部分。然而，这册却始终没有发表，有些人揣测，伯克兰死后，其私人物品装船运输时遇上海难，书稿也随之亡佚。）

有关伯克兰其他生平事迹，参见埃格兰和利尔（A. Egeland and E. Leer）的“Professor Kr Birkeland: His life and work”，文出*IEEE Transactions on Plasma Science*, vol. PS-14, no. 6（December 1986）。这篇文章含有伯克兰的许多生平细节，还有他引人入胜的太阳系研究资料，比如太阳和土星环的运作功能。阿尔夫·埃格兰（Alv Egeland）还撰有其他很实用的论文，包括他精彩的“Kristian Birkeland: The Man and the Scientist”，收录于“Magnetospheric Currents”，*AGU Geophysical Monograph 28*（Washington, D.C., 1984），pp. 1—16。这部专题论文集还包含其他几篇实用论文，尤其是戴斯勒（A. J. Dessler）的“The evolution of arguments regarding the existence of field-aligned currents”，pp. 22—28。埃格兰撰有一篇论文，叙述电磁炮惨败的趣事，参见“Birkeland's Electromagnetic Gun: A Historical Review”，*IEEE Transactions on Plasma Science*, vol. 17，no. 2（April 1989），pp. 73—82。埃格兰还与威廉·柏克（William J. Burke）合著了一部伯克兰传记，其资料考据翔实论述严谨，书名为*Kristian Birkeland: The First Space Scientist*（Dordrecht, Netherlands: Springer，2005）。

露西·杰戈（Lucy Jago）也写了一本伯克兰传：*The Northern Lights: How One Man Sacrificed Love, Happiness and Sanity to Unlock the Secrets of Space*（London: Hamish Hamilton，2001）。这本书写得很好，读来引人入胜，而且研究十分周密。不过请注意作者令人气恼的写法，竟然不直述参考文献，也不做脚注，还自说自话表示她“引申”出若干内情，以利情节铺陈，作者还就某些未指明的情况做出“合理”假设。不幸的是，这样一来，除非有其他文献佐证，否则书中细节资料就很难为人采信。

伯克兰的前任实验助理奥拉夫·德维克（Olaf Devik）写了一篇个人回顾，记述伯克兰的独特作风，见“Kristian Birkeland as I knew him”，收录于埃格兰和霍尔特（A. Egeland and J. Holtet）编纂的研讨会论文集*Birkeland Symposium on Aurora and Magnetic Storms*（Paris: CNRS, 1968）。

最后，有关北极光本身的其他著述，请参见阿斯格·布雷克（Asgeir

Brekke）和阿尔夫·埃格兰（Alv Egeland）著，詹姆斯·安德森（James Anderson）翻译的*The Northern Lights*（Oslo: Grondabl Dreyer，1994）。这是以神话传说、文学、历史和科学交织编成的一席锦绣挂毯，完整描绘出人类对北极光的种种反应。书中还纳入若干精美插图。

新知文库

01《证据：历史上最具争议的法医学案例》[美] 科林·埃文斯 著 毕小青 译

02《香料传奇：一部由诱惑衍生的历史》[澳] 杰克·特纳 著 周子平 译

03《查理曼大帝的桌布：一部开胃的宴会史》[英] 尼科拉·弗莱彻 著 李响 译

04《改变西方世界的 26 个字母》[英] 约翰·曼 著 江正文 译

05《破解古埃及：一场激烈的智力竞争》[英] 莱斯利·亚京斯 著 黄中宪 译

06《狗智慧：它们在想什么》[加] 斯坦利·科伦 著 江天帆、马云霏 译

07《狗故事：人类历史上狗的爪印》[加] 斯坦利·科伦 著 江天帆 译

08《血液的故事》[美] 比尔·海斯 著 郎可华 译

09《君主制的历史》[美] 布伦达·拉尔夫·刘易斯 著 荣予、方力维 译

10《人类基因的历史地图》[美] 史蒂夫·奥尔森 著 霍达文 译

11《隐疾：名人与人格障碍》[德] 博尔温·班德洛 著 麦湛雄 译

12《逼近的瘟疫》[美] 劳里·加勒特 著 杨岐鸣、杨宁 译

13《颜色的故事》[英] 维多利亚·芬利 著 姚芸竹 译

14《我不是杀人犯》[法] 弗雷德里克·肖索依 著 孟晖 译

15《说谎：揭穿商业、政治与婚姻中的骗局》[美] 保罗·埃克曼 著 邓伯宸 译 徐国强 校

16《蛛丝马迹：犯罪现场专家讲述的故事》[美] 康妮·弗莱彻 著 毕小青 译

17《战争的果实：军事冲突如何加速科技创新》[美] 迈克尔·怀特 著 卢欣渝 译

18《口述：最早发现北美洲的中国移民》[加] 保罗·夏亚松 著 暴永宁 译

19《私密的神话：梦之解析》[英] 安东尼·史蒂文斯 著 薛绚 译

20《生物武器：从国家赞助的研制计划到当代生物恐怖活动》[美] 珍妮·吉耶曼 著 周子平 译

21《疯狂实验史》[瑞士] 雷托·U. 施奈德 著 许阳 译

22《智商测试：一段闪光的历史，一个失色的点子》[美] 斯蒂芬·默多克 著 卢欣渝 译

23《第三帝国的艺术博物馆：希特勒与“林茨特别任务”》[德] 哈恩斯—克里斯蒂安·罗尔 著 孙书柱、刘英兰 译

24《茶：嗜好、开拓与帝国》[英] 罗伊·莫克塞姆 著 毕小青 译

25《路西法效应：好人是如何变成恶魔的》[美] 菲利普·津巴多 著 孙佩妏、陈雅馨 译

26《阿司匹林传奇》[英] 迪尔米德·杰弗里斯 著 暴永宁 译

27《美味欺诈：食品造假与打假的历史》[英] 比·威尔逊 著　周继岚 译

28《英国人的言行潜规则》[英]凯特·福克斯 著　姚芸竹 译

29《战争的文化》[美] 马丁·范克勒韦尔德 著　李阳 译

30《大背叛：科学中的欺诈》[美] 霍勒斯·弗里兰·贾德森 著　张铁梅、徐国强 译

31《多重宇宙：一个世界太少了？》[德] 托比阿斯·胡阿特、马克斯·劳讷 著　车云 译

32《现代医学的偶然发现》[美] 默顿·迈耶斯 著　周子平 译

33《咖啡机中的间谍：个人隐私的终结》[英] 奥哈拉、沙德博尔特 著　毕小青 译

34《洞穴奇案》[美] 彼得·萨伯 著　陈福勇、张世泰 译

35《权力的餐桌：从古希腊宴会到爱丽舍宫》[法]让—马克·阿尔贝 著　刘可有、刘惠杰 译

36《致命元素：毒药的历史》[英]约翰·埃姆斯利 著　毕小青 译

37《神祇、陵墓与学者：考古学传奇》[德]C. W. 策拉姆 著　张芸、孟薇 译

38《谋杀手段：用刑侦科学破解致命罪案》[德]马克·贝内克 著　李响 译

39《为什么不杀光？种族大屠杀的反思》[法] 丹尼尔·希罗、克拉克·麦考利 著　薛绚 译

40《伊索尔德的魔汤：春药的文化史》[德] 克劳迪娅·米勒—埃贝林、克里斯蒂安·拉奇 著
王泰智、沈惠珠 译

41《错引耶稣：〈圣经〉传抄、更改的内幕》[美] 巴特·埃尔曼 著　黄恩邻 译

42《百变小红帽：一则童话中的性、道德及演变》[美] 凯瑟琳·奥兰丝汀 著　杨淑智 译

43《穆斯林发现欧洲：天下大国的视野转换》[美] 伯纳德·刘易斯 著　李中文 译

44《烟火撩人：香烟的历史》[法] 迪迪埃·努里松 著　陈睿、李欣 译

45《菜单中的秘密：爱丽舍宫的飨宴》[日] 西川惠 著　尤可欣 译

46《气候创造历史》[瑞士] 许靖华 著　甘锡安 译

47《特权：哈佛与统治阶层的教育》[美] 罗斯·格雷戈里·多塞特 著　珍栎 译

48《死亡晚餐派对：真实医学探案故事集》[美] 乔纳森·埃德罗 著　江孟蓉 译

49《重返人类演化现场》[美] 奇普·沃尔特 著　蔡承志 译

50《破窗效应：失序世界的关键影响力》[美] 乔治·凯林、凯瑟琳·科尔斯 著　陈智文 译

51《违童之愿：冷战时期美国儿童医学实验秘史》[美] 艾伦·M. 霍恩布鲁姆、朱迪斯·L. 纽曼、
格雷戈里·J. 多贝尔 著　丁立松 译

52《活着有多久：关于死亡的科学和哲学》[加] 理查德·贝利沃、丹尼斯·金格拉斯 著　白紫阳 译

53《疯狂实验史Ⅱ》[瑞士] 雷托·U. 施奈德 著　郭鑫、姚敏多 译

54《猿形毕露：从猩猩看人类的权力、暴力、爱与性》[美] 弗朗斯·德瓦尔 著　陈信宏 译

55《正常的另一面：美貌、信任与养育的生物学》[美] 乔丹·斯莫勒 著　郑嬿 译

56《奇妙的尘埃》[美]汉娜·霍姆斯 著　陈芝仪 译

57《卡路里与束身衣：跨越两千年的节食史》[英]路易丝·福克斯克罗夫特 著　王以勤 译

58《哈希的故事：世界上最具暴利的毒品业内幕》[英]温斯利·克拉克森 著　珍栎 译

59《黑色盛宴：嗜血动物的奇异生活》[美]比尔·舒特 著　帕特里曼·J. 温 绘图　赵越 译

60《城市的故事》[美]约翰·里德 著　郝笑丛 译

61《树荫的温柔：亘古人类激情之源》[法]阿兰·科尔班 著　苜蓿 译

62《水果猎人：关于自然、冒险、商业与痴迷的故事》[加]亚当·李斯·格尔纳 著　于是 译

63《囚徒、情人与间谍：古今隐形墨水的故事》[美]克里斯蒂·马克拉奇斯 著　张哲、师小涵 译

64《欧洲王室另类史》[美]迈克尔·法夸尔 著　康怡 译

65《致命药瘾：让人沉迷的食品和药物》[美]辛西娅·库恩等 著　林慧珍、关莹 译

66《拉丁文帝国》[法]弗朗索瓦·瓦克 著　陈绮文 译

67《欲望之石：权力、谎言与爱情交织的钻石梦》[美]汤姆·佐尔纳 著　麦慧芬 译

68《女人的起源》[英]伊莲·摩根 著　刘筠 译

69《蒙娜丽莎传奇：新发现破解终极谜团》[美]让—皮埃尔·伊斯鲍茨、克里斯托弗·希斯·布朗 著　陈薇薇 译

70《无人读过的书：哥白尼〈天体运行论〉追寻记》[美]欧文·金格里奇 著　王今、徐国强 译

71《人类时代：被我们改变的世界》[美]黛安娜·阿克曼 著　伍秋玉、澄影、王丹 译

72《大气：万物的起源》[英]加布里埃尔·沃克 著　蔡承志 译

新知文库近期预告（顺序容或微调）

- 《碳时代：文明与毁灭》[美]埃里克·罗斯顿 著　吴妍仪 译
- 《通往世界的尽头：跨西伯利亚大铁路的故事》[英]克里斯蒂安·沃尔玛 著　李阳 译
- 《纸影寻踪：旷世发明的传奇之旅》[英]亚历山大·门罗 著　史先涛 译
- 《黑丝路：从里海到伦敦的石油溯源之旅》[英]詹姆斯·马里奥特、米卡·米尼奥—帕卢埃洛 著　黄煜文 译
- 《一念之差：关于风险的故事和数字》[英]迈克尔·布拉斯兰德、戴维·施皮格哈尔特 著　威治 译
- 《生命的关键决定：从医生决定到患者赋权》[美]彼得·于贝尔 著　张琼懿 译
- 《笑的科学：解开笑与幽默感背后的大脑谜团》[美]斯科特·威姆斯 著　刘书维 译
- 《小心坏科学：医药广告没有告诉你的事》[英]本·戈尔达克 著　刘建周 译
- 《南极洲：一片神秘大陆的真实写照》[英]加布里埃尔·沃克 著　蒋功艳 译
- 《上穷碧落：热气球的故事》[英]理查德·霍姆斯 著　暴永宁 译
- 《牛顿与伪币制造者：科学巨人不为人知的侦探工作》[美]托马斯·利文森 著　周子平 译
- 《共病时代：动物疾病与人类健康的惊人联系》[美]芭芭拉·纳特森—霍洛威茨、凯瑟琳·鲍尔斯 著　陈筱婉 译　吴声海 审订
- 《谁是德古拉？：布莱姆·斯托克的血色踪迹》[美]吉姆·斯坦梅尔 著　刘芳 译
- 《竞技与欺诈：运动药物背后的科学》[美]克里斯·库珀 著　孙翔、李阳 译